육군
3사관학교

육군장교
육군3사관학교

초판 발행	2022년 01월 21일
개정2판 발행	2023년 01월 11일

편 저 자 | 장교시험연구소

발 행 처 | (주)서원각

등록번호 | 1999-1A-107호

주　　소 | 경기도 고양시 일산서구 덕산로 88-45(가좌동)

교재주문 | 031-923-2051

팩　　스 | 031-923-3815

교재문의 | 카카오톡 플러스친구 [서원각]

홈페이지 | www.goseowon.co.kr

육군 정예장교 양성의 요람인 육군3사관학교는 2022년 현재 창설 54주년을 맞이하였다.

이에 부응하여 학교는 육군의 중견간부 양성을 목적으로 한 "단기사관학교 설치법"에 의해 1968년 10월 15일 창설된 후 1970년 1월 제1기 사관생도(771명) 배출을 시작으로 창설 및 요람기, 성장기, 변환기, 발전 및 도약기를 거쳐 거듭 발전해 왔으며, 2011년도까지는 매년 사관생도 과정을 포함한 10개 과정 21세기의 장교를 양성함으로써 육군 장교의 50% 이상을 배출하였고 이후 2012년도부터는 사관생도 과정만을 전담하는 세계 유일의 편·입학 사관학교로서 명실상부한 대한민국 최대의 장교 양성기관으로 발전하였다.

육군3사관학교는 올바르고, 유능하며, 헌신하는 정예장교를 육성하기 위해 학교의 교수·교관과 훈육요원 등 전 장병이 최선의 노력을 경주하고 있으며 개교 이래 한결 같은 국가안보의 한축을 담당해 온 호국간성의 요람답게 국가방위 중심군으로 소명을 다하는 육군의 초석을 다지는 마음으로 '미래 육군을 이끌어나갈 핵심인재 양성'에 모든 역량을 집중해 나가고 있다.

본서는 육군3사관학교에 입교하고자 하는 수험생들을 위한 2차 시험 대비서로, 2차 시험에서 실시하는 간부선발도구(지적능력)을 철저히 분석하여 체계적으로 구성하였다. 육군3사관학교에서 제시하고 있는 간부선발도구 예시문 분석은 물론, 이를 바탕으로 출제가 예상되는 문제를 수록하여 간부선발도구 유형 파악이 가능하게 하였으며, 실제 시험과 동일한 문항수로 구성된 모의고사를 수록하여 최종적인 실력점검을 할 수 있도록 구성하였다.

군 전문가로서 군과 사회를 주도해 나갈 호국간성을 꿈꾸는 수험생 여러분의 목표를 이루는 데 본서가 든든한 동반자가 되길 바란다.

Structure

01 간부선발도구 예시문

군에서 제시하는 예시문을 통해 각 영역별 출제유형을 파악하고, 출제 분석과 풀이요령으로 문제를 효율적으로 접근할 수 있도록 구성하였습니다. 짧은 시간 안에 문제를 분석하고 어떻게 풀어나가야 하는지 파악해보세요.

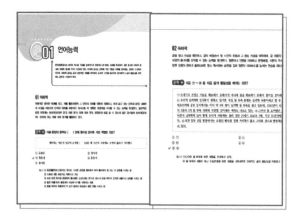

02 간부선발도구(지적능력)

각 영역별로 출제 가능성이 높은 예상 문제를 수록하여 유형을 익히고 학습 할 수 있도록 하였습니다. 다양한 난도로 구성되었으니 예상문제를 통해 고득점을 위한 전략을 실행해보세요

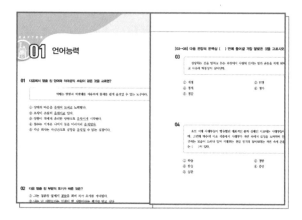

03 실력평가 모의고사

실전 대비를 위해 실제 시험과 유사한 구성으로 4회분을 다양한 난도로 수록하였습니다. 모의고사로 시간 관리 및 자신의 실력을 점검해보세요.

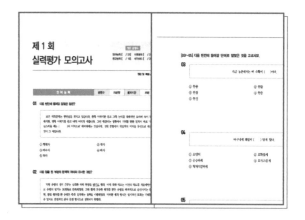

04 정답 및해설

간부선발도구 및 모의고사에 대한 상세하고 꼼꼼한 해설을 수록하여 매 문제마다 내용정리 및 개인학습이 가능하도록 구성하였습니다. 오답뿐만 아니라 정답까지 다회독하며 정답을 높여보세요.

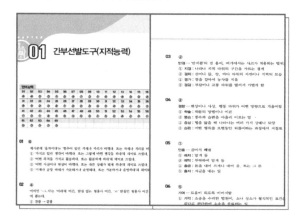

Contents

정시생도

지원자격

① 1998년 3월 1일 ~ 2004년 2월 29일(19세 ~ 25세) 사이 출생한 대한민국 국적을 가진 미혼 남녀

② 사관학교에 입학하려는 사람은 다음의 요건을 갖춘 자

   ㉠ 4년제 대학교 2학년 이상 수료자 또는 2023년 2월 2학년 수료 예정자로 수료일 기준 재학 중인 대학의 2학년 수료학점을 취득한 자

      ※ 대학 3, 4학년 재학생과 졸업자도 지원 가능

   ㉡ 2년제 대학교 졸업자 또는 2023년 2월 졸업예정자

      ※ 3년제 대학교 3년 졸업 / 졸업 예정자

   ㉢ 학점은행제는 전문학사(80학점) 취득자, 학사학위 취득 신청자 중 전문학사 이상 학위 취득자 또는 2023년 2월 전문학사 이상 취득 예정자

   ㉣ 해외대학교 2, 3, 4학년에 재학 중이거나 졸업한 유학생

   ㉤ 위와 동등 이상의 학력이 있다고 교육부장관이 인정한 자

   ㉥ 군 인사법 제10조에 의거 장교 임관 자격상 결격사유가 없는 자

   ㉦ 자격을 갖춘 자 중 현재 복무중인 현역병 및 부사관 지원 가능

      ※ 육군 현역병 / 부사관은 해당 부대 "대대장급 지휘관" 추천을 받은 자(타군의 경우 해당 군 "참모총장" 추천을 받은 자)

지원서 접수

① 접수방법[인터넷 접수] … 육군3사관학교 홈페이지 접속 → 지원서접수 배너 click → 회원가입 및 로그인(스마트폰 이용 가능) → 지원서 작성(PC 이용) → 입력사항 확인 → 수수료 결제(카드결제, 계좌이체 가능) → 수험표, 지원서, 인터넷 접수증 출력 → 구비서류 3사교 등기 우송

② 지원 시 구비서류(인터넷 접수 후 등기우편으로 제출할 서류)

   ㉠ 공통

     • 인터넷 접수증 1부 : 원서접수 홈페이지에서 출력 후 서류봉투 겉표지에 부착

     • 육군3사관학교 지원서 1부 : 원서접수 홈페이지에서 출력

     • 대학성적증명서 1부 : 2학년의 경우 1학년 성적만 제출, 3(4)학년 재학생은 2(3)학년 성적까지 제출, 졸업생은 전 학년 성적 제출, 외국대학 졸업(수료)자는 번역본을 해당국 주재 대사관 공인인증 받은 후 제출

     • 고등학교 생활기록부(내신 성적 포함) 1부 : 모든 수험생 제출, 검정고시 출신자 성적증명서 제출, 외국고교 졸업 / 성적증명서는 번역본을 해당국 주재 대사관 공인인증 받은 후 제출

   ㉡ 해당자

     • 대학수학능력평가 성적 1부 : 고교내신성적을 적용할 인원은 미제출

     • 지휘관 추천서(군인만 해당) 1부 : 육군 현역병 / 부사관 복무 지원자는 해당부대 대대장급 지휘관 추천서(타군의 경우 해당 군 참모총장 추천서)

     • 가산점 적용대상 서류 1부 : 일반가산점(자격증/성적표 사본 가능), 우수인재(특기자) 선발 가산점, 고른 기회 선발가산점(증빙서류 원본)

③ 원서접수 간 유의사항

    ㉠ 사진입력 : 최근 6개월 이내 촬영한 증명사진(3.5cm×4.5cm)을 업로드

        ※ 두 귀와 눈썹이 보여야 하고, 얼굴길이는 2.5 ~ 3.5cm가 되도록 하며, 이때 포토샵을 이용한 사진조작, 모자착용은 안 되니 유의하도록 한다.

    ㉡ 개명, 주민등록번호 변경 시 주민등록등본에 기재된 내용과 일치

    ㉢ 2차 시험 장소 : 전국 7개 고사장 지역 중 본인이 가능한 지역 선택

    ㉣ 서류발송 시 기한 준수 : 우체국 소인 도장 날인까지 접수

    ㉤ 서류 미비 시에 발생하는 불이익은 지원자에게 있음(사진 불량으로 얼굴식별 불가능, 원본 제출이 필요한 서류에 사본 제출, 서류누락 등)

    ㉥ 고등학교 생활기록부 / 대학수학능력평가 성적, 대학성적(61기 예비생도는 대학 재학증명서), 우수인재 선발 가산점, 고른기회 선발가산점은 원본만 인정

    ㉦ 공인영어성적과 일반가산점 서류는 사본 제출 가능

    ㉧ 어학성적은 2년 이내 취득한 성적만 인정

▌1차 선발 시험(서류전형)

① 선발기준

    ㉠ 전형방법 : 서류전형(대학성적 + 대학수학능력평가 성적 또는 고교내신성적)

    ㉡ 배점기준(140점)

      • 대학수학능력평가 성적 제출자 : 대학성적(40점) + 대학수학능력평가 성적(100점) 적용

      • 대학수학능력평가 성적 미제출자 : 대학성적(40점) + 고교내신성적(100점) 적용

② **선발방법** … 대학성적 + 대학수학능력평가 성적 또는 대학성적 + 고교내신 성적 순으로 선발

▌2차 선발 시험(선발고사)

① 선발기준

    ㉠ 전형방법 : 영어, 간부선발도구(지적능력)]

    ㉡ 대상 : 1차 선발시험 합격자 전원

    ㉢ 시험과목 / 배점

구분	계	영어	간부선발도구(지적능력)				
			소계	언어능력	자료해석	공간능력	지각속도
점수	160점	60점	100점	38점	38점	12점	12점

    ※ 영어시험은 모의토익(reading 100문제) 평가 *listening 제외

    ※ 간부선발도구는 지적능력 평가만 실시(자질 · 상황판단능력 평가 제외)

② 시험 시 유의사항

    ㉠ 신분증(주민등록증, 여권, 운전면허증, 공무원증) 미소지자는 시험장 입장 불가

    ㉡ 입실시간 준수 : 13 : 00 ~ 13 : 10(※ 13 : 10 이후 고사장 입장 절대 불가)

    ㉢ 대중교통 이용 권장

    ㉣ 시험 간 부정행위자와 휴대금지 품목을 1교시 시작 이후 소지 시 불이익 발생

② **선발방법** … 1차 성적(서류심사 결과) + 2차 성적(선발고사)을 합산하여 고득점자 순으로 선발

▎3차 선발 시험(적성)

① 일정 ※ 지원자 개인별 1박 2일 시행

    ㉠ 1일차
- 인도인접 / 등록
- 신체검사(국군대구병원 / 오전)
- 인성 / 성격검사(오후)
- 체력검정 : 팔굽혀펴기, 윗몸일으키기

    ㉡ 2일차
- 면접시험(오전 / 오후)
- 종료 / 복귀

② 시험과목 및 배점

구분	계	면접	체력검정	신체검사
배점	100점	60점 / 합 · 불제	40점 / 합 · 불제	합 · 불제

③ 면접(60점)

구분	1시험장	2시험장	3시험장	4시험장
요소	인성 / 심리검사	자세 / 태도	개인자질, 적성 / 지원동기, 집단토의	종합판정

④ 체력검정(40점)

    ㉠ 문화체육관광부 "국민체력인증센터 체력인증서" 제출(* 기존 체력검정을 "체력인증서" 제출로 대체)

    ㉡ 인증서 유효기간 : 2022. 2. 1. 이후 취득한 인증서

    ㉢ 평가항목(체력평가 5종목 중 필수항목 측정)

⑤ 신체검사 … 국군대구병원

▎최종 선발방법 / 합격자 발표

① 최종 선발방법 … 1~3차 성적 합산

    ㉠ 신원조회 : 합 · 불제 적용

    ㉡ 학력조회 : 학점 취득결과로 합 · 불제 적용

    ㉢ 후보 합격자 선정 : 최종심의 시 결정(합격자 발표시 포함)

② 최종 / 추가 합격자 발표 … 인트라넷(학교 홈페이지) / 문자메시지

③ 합격자 유의사항

　㉠ 질병, 부상, 그 밖의 사유로 인해 기초군사훈련을 포함한 생도교육이 불가하다고 판단된 자는 합격 취소됩니다.(등록불가)

　㉡ 최종 합격자 발표 후 진로변경자(자진 / 등록 포기자)는 육군3사관학교 평가실로 연락 후 진로변경서(자진포기서)를 작성하여 제출(우편, FAX 등)하여야 한다.

　㉢ 다음과 같은 경우는 입학 후라도 퇴학 될 수 있다.

- 지원자격의 학력조건을 충족하지 못한 자
- 위 · 변조 또는 허위의 서류를 제출하거나 임관 결격사유가 확인된 자
- 사회적 물의를 일으키는 사고를 발생시킨 자
- 입학 요건 또는 성적산정에 영향을 주는 요인이 허위 또는 불충족 사유가 확인된 자
- 사관생도 과정에 최종 합격하여 이중학적을 보유한 사람은 육군3사관학교 입학일 이전에 전적대학을 자퇴처리해야 하며, 이후 이중학적으로 밝혀지게될 경우 합격(입학)이 취소될 수 있음.

▌지원자 유의사항

① 기본사항

　㉠ 지원과 관련된 세부사항은 육군3사관학교 홈페이지 '입학안내'를 참고한다.

　㉡ 입학시험 성적 및 평가내용은 『공공기관의 정보공개에 관한 법률』 제 9조에 따라 공개하지 않는다.

　㉢ 입시와 관련된 모든 사항은 학교 사정에 따라 변동될 수 있으니 단계별 시험실시 전 육군3사관학교 홈페이지를 통해 변경사항 여부를 확인한다.

　㉣ 본 요강에 명시되지 않은 사항은 육군3사관학교 생도선발예규 및 선발위원회에서 결정하는 바에 따른다.

② 지원서 접수 유의사항

　㉠ 인터넷 접수 시 입력 사항의 착오, 누락, 오기 등으로 인한 불이익에 대한 책임은 지원자에게 있으므로 신중하게 작성한다.

　㉡ 접수된 제출서류는 지원서 접수기간 이후에는 취소 또는 변경할 수 없다.

　㉢ 구비서류를 등기우편으로 발송 시 분실사고에 대비하여 등기접수증(영수증)을 보관하기 바라며 우편배송 과정에서 발생하는 지연도착, 미도착으로 인한 불이익에 대한 책임은 지원자에게 있다.

　㉣ 시험과정에서 신분증으로 본인 여부를 확인하니 반드시 신분증을 지참한다.

③ 합격자 발표 관련사항

　㉠ 최종합격자 발표 후 개인신상 변동발생 시 육군3사관학교 평가관리실 입시담당자에게 연락한다.

　㉡ 추가합격자 발표는 개별통지(휴대폰, 집 전화번호)하므로 지원서 작성 시 정확하게 기재하고 변동이 있을 시 연락을 하며 통화 불가로 인해 합격 통보 제한 시 합격이 취소될 수 있다.

　　※ 예비생도 선발은 추가합격자 선발을 하지 않는다.

⊜ Information

예비생도

▌지원자격

① 1999년 3월 1일 ~ 2005년 2월 28일(18세~24세) 사이 출생한 대한민국 국적을 가진 미혼 남녀

② 사관학교에 입학하려는 사람은 다음의 요건을 갖춘 자

　㉠ 4년제 대학교 1학년 재학 중인 자 ※ 2024년 2월 2학년 수료예정자로 수료일 기준 재학 중인 대학의 2학년 수료학점을 취득한 자

　㉡ 2년제 대학 1학년 재학 중인 자 또는 3년제 대학 2학년 재학 중인 자

　　※ 2024년 2월 2·3학년 졸업예정자(3년제 대학 1학년 지원불가)

　㉢ 해외대학교 1학년에 재학 중인 유학생

　㉣ 군 인사법 제10조에 의거 장교 임관 자격상 결격사유가 없는 자

▌지원서 접수

① 접수방법[인터넷 접수] ··· 육군3사관학교 홈페이지 접속 → 지원서접수 배너 click → 회원가입 및 로그인(스마트폰 이용 가능) → 지원서 작성(PC 이용) → 입력사항 확인 → 수수료 결제(카드결제, 계좌이체 가능) → 수험표, 지원서, 인터넷 접수증 출력 → 구비서류 3사교 등기 우송

② 지원 시 구비서류(인터넷 접수 후 등기우편으로 제출할 서류)

　㉠ 공통

　　• 인터넷 접수증 1부 : 원서접수 홈페이지에서 출력 후 서류봉투 겉표지에 부착

　　• 육군3사관학교 지원서 1부 : 원서접수 홈페이지에서 출력

　　• 대학 재학증명서 1부 : 외국대학 졸업(수료)자는 번역본을 해당국 주재 대사관공인인증 받은 후 제출

　　• 고등학교 생활기록부(내신 성적 포함) 1부 : 모든 지원자 제출, 검정고시 출신자 성적증명서 제출, 외국고교 졸업 / 성적증명서는 해당국 주재 대사관 공인인증을 받은 후 제출

　　• 대학수학능력평가 성적(수능 미 응시자는 불필요) 1부 : 공인영어성적을 적용할 인원은 불필요, 공인영어성적을 적용하지 않은 인원은 반드시 제출

　　• 공인영어성적(수능 응시자는 불필요) 1부 : 토익, 텝스, 토플 중 택 1, 대학수학능력성적을 적용할 인원은 불필요

　㉡ 해당자

　　• 지휘관 추천서(군인만 해당) 1부 : 육군 현역병 / 부사관 복무지원자는 해당부대 대대장급 지휘관 추천서(타군의 경우 해당 군 참모총장 추천서)

　　• 가산점 적용대상 서류 1부 : 일반가산점 : (자격증 / 성적표 사본 가능) 우수인재(특기자) 선발 가산점, 고른기회 선발가산점 : 증빙서류 원본

③ 원서접수 간 유의사항

　㉠ 사진입력 : 최근 6개월 이내 촬영한 증명사진(3.5cm × 4.5cm)을 업로드

　　※ 두 귀와 눈썹이 보여야 하고, 얼굴길이는 2.5~3.5cm가 되도록 하며, 이때 포토샵을 이용한 사진조작, 모자착용은 안되니 유의하여야 한다.

　㉡ 개명, 주민등록번호 변경 시 주민등록등본에 기재된 내용과 일치

ⓒ 2차 시험 장소 : 전국 7개 고사장 지역 중 본인이 가능한 지역 선택

ⓔ 서류발송 시 기한 준수 : 우체국 소인 도장 날인까지 접수

ⓜ 서류 미비 시에 발생하는 불이익은 지원자에게 있음(사진 불량으로 얼굴식별 불가능, 원본 제출이 필요한 서류에 사본 제출, 서류누락 등)

ⓗ 고등학교 생활기록부 / 대학수학능력평가 성적, 대학성적(61기 예비생도는 대학 재학증명서), 우수인재 선발 가산점, 고른기회 선발가산점은 원본만 인정

ⓢ 공인영어성적과 일반가산점 서류는 사본 제출 가능

ⓞ 어학성적은 2년 이내 취득한 성적만 인정

▌1차 선발 시험(서류전형)

① 선발기준

ⓐ 전형방법 : 서류전형(고교내신, 대학수학능력평가 또는 공인영어성적)

ⓑ 배점기준(140점)

• 공통 : 고교내신(90점)

• 선택 : 대학수학능력평가(50점), 공인영어성적(50점)

② 선발방법 ⋯ 고교 내신성적 + 대학수학능력평가 성적 또는 고교 내신성적 + 공인 영어성적 순으로 선발

▌2차 선발 시험(선발고사)

① 선발기준

ⓐ 전형방법 : 영어, 간부선발도구(지적능력)

ⓑ 대상 : 1차 선발시험 합격자 전원

② 시험과목 및 배점

구분	계	영어	간부선발도구(지적능력)				
			소계	언어능력	자료해석	공간능력	지각속도
점수	160점	60점	100점	38점	38점	12점	12점

※ 영어시험은 모의토익(reading 100문제) 평가 *listening 제외

※ 간부선발도구는 지적능력 평가만 실시(자질 · 상황판단능력 평가 제외)

③ 시험 시 유의사항

ⓐ 신분증(주민등록증, 여권, 운전면허증, 공무원증) 미소지자는 시험장 입장 불가

ⓑ 입실시간 준수 : 13 : 00 ~ 13 : 10(13 : 10 이후 고사장 입장 절대 불가)

ⓒ 대중교통 이용 권장

ⓔ 시험 간 부정행위자와 휴대금지 품목을 1교시 시작 이후 소지 시 불이익 발생

② 선발방법 ⋯ 1차 성적(서류심사 결과) + 2차 성적(선발고사)을 합산하여 고득점자 순으로 선발

ⓠ Information

▌3차 선발 시험(적성)

① 일정 ※ 지원자 개인별 1박 2일 시행

ⓐ 1일차
- 인도인접 / 등록
- 신체검사(국군대구병원 / 오전)
- 인성 / 성격검사(오후)
- 체력검정 : 팔굽혀펴기, 윗몸일으키기

ⓑ 2일차
- 면접시험
- 종료 / 복귀

② 시험과목 및 배점

구분	계	면접	체력검성	신체검사
배점	100점	60점 / 합·불제	40점 / 합·불제	합·불제

③ 면접(60점)

구분	1시험장	2시험장	3시험장	4시험장
요소	인성 / 심리검사	자세 / 태도	개인자질, 적성 / 지원동기, 집단토의	종합판정

④ 체력검정(40점) : 1.5km(여자는 1.2km)달리기, 윗몸일으키기, 팔굽혀펴기

ⓐ 문화체육관광부 "국민체력인증센터 체력인증서" 제출(* 기존 체력검정을 "체력인증서" 제출로 대체)

ⓑ 인증서 유효기간 : 2022. 2. 1. 이후 취득한 인증서

ⓒ 평가항목(체력평가 5종목 중 필수항목 측정)

⑤ 신체검사 ··· 국군대구병원

▌최종 선발 / 합격자 발표

① 최종 선발방법 ··· 1~3차 성적 합산

② 합격자 유의사항

ⓐ 질병, 부상, 그 밖의 사유로 인해 기초군사훈련을 포함한 생도교육이 불가하다고 판단된 자는 합격취소됩니다.(등록불가)

ⓑ 최종 합격자 발표 후 진로변경자(자진 / 등록 포기자)는 육군3사관학교 평가관리실로 연락 후 진로변경서(자진 포기서)를 작성하여 제출(우편, FAX 등) 하여야 한다.

ⓒ 다음과 같은 경우는 입학 후라도 퇴학 될 수 있다.
- 지원자격의 학력조건을 충족하지 못한 자
- 위·변조 또는 허위의 서류를 제출하거나 임관 결격사유가 확인된 자
- 사회적 물의를 일으키는 사고를 발생시킨 자
- 입학 요건 또는 성적산정에 영향을 주는 요인이 허위 또는 불충족 사유가 확인된 자
- 사관생도 과정에 최종 합격하여 이중학적을 보유한 사람은 육군3사관학교 입학일 이전에 전적대학을 자퇴처리해야 하며, 이 후 학적으로 밝혀지게 될 경우 합격(입학)이 취소될 수 있음

▌ 지원자 유의사항

① 기본사항

　㉠ 지원과 관련된 세부사항은 육군3사관학교 홈페이지 '입학안내'를 참고한다.

　㉡ 입학시험 성적 및 평가내용은 『공공기관의 정보공개에 관한 법률』 제9조에 따라 공개하지 않는다.

　㉢ 입시와 관련된 모든 사항은 학교 사정에 따라 변동될 수 있으니 단계별 시험실시 전 육군3사관학교 홈페이지를 통해 변경사항 여부를 확인한다.

　㉣ 본 요강에 명시되지 않은 사항은 육군3사관학교 생도선발예규 및 선발위원회에서 결정하는 바에 따른다.

② 지원서 접수 유의사항

　㉠ 인터넷 접수 시 입력 사항의 착오, 누락, 오기 등으로 인한 불이익에 대한 책임은 지원자에게 있으므로 신중하게 작성한다.

　㉡ 접수된 제출서류는 지원서 접수기간 이후에는 취소 또는 변경할 수 없다.

　㉢ 구비서류를 등기우편으로 발송 시 분실사고에 대비하여 등기접수증(영수증)을 보관하기 바라며 우편배송 과정에서 발생하는 지연도착, 미도착으로 인한 불이익에 대한 책임은 지원자에게 있다.

　㉣ 시험과정에서 신분증으로 본인 여부를 확인하니 반드시 신분증을 지참한다.

③ 합격자 발표 관련사항

　㉠ 최종합격자 발표 후 개인신상 변동발생 시 육군3사관학교 평가관리실 입시담당자에게 연락한다.

　㉡ 추가합격자 발표는 개별통지(휴대폰, 집 전화번호)하므로 지원서 작성 시 정확하게 기재하고 변동이 있을 시 연락을 하며 통화 불가로 인해 합격 통보 제한 시 합격이 취소될 수 있다.

　　※ 예비생도 선발은 추가합격자 선발을 하지 않는다.

PART

01

간부선발도구 예시문

언어논리, 자료해석, 공간지각, 지각속도

군 간부선발 시 적용하고 있는 필기평가 중 지원자들이 생소하게 생각하고 있는 간부선발도구의 예시문항이며, 문항수와 제한시간은 다음과 같습니다.

구분	언어능력	자료해석	공간능력	지각속도
문항 수	25문항	20문항	18문항	30문항
시간	20분	25분	10분	3분

※ 본 자료는 참고 목적으로 제공되는 예시 문항으로서 각 하위검사별 난이도, 세부 유형 및 문항 수는 차후 변경될 수 있습니다.

01 언어능력

언어능력검사는 언어로 제시된 자료를 논리적으로 추론하고 분석하는 능력을 측정하기 위한 검사로 어휘력 검사와 독해력 검사로 크게 구성되어 있다. 어휘력 검사는 문맥에 가장 적합한 어휘를 찾아내는 문제로 구성되어 있으며, 독해력 검사는 글의 전반적인 흐름을 파악하고, 논리적 구조를 올바르게 분석하거나 글의 통일성을 파악하는 문제로 구성되어 있다.

01 어휘력

어휘력은 풍부한 어휘를 갖고, 이를 활용하면서 그 단어의 의미를 정확히 이해하고, 이미 알고 있는 단어와 문장 내에서의 쓰임을 바탕으로 단어의 의미를 추론하고 의사소통 시 정확한 표현력을 구사할 수 있는 능력을 측정한다. 일반적인 문항 유형에는 동의어/반의어 찾기, 어휘 찾기, 어휘 의미 찾기, 문장완성 등을 들 수 있는데 많은 검사들이 동의어(유의어)·반의어, 또는 어휘 의미 찾기를 활용하고 있다.

문제 ★ 다음 문장의 문맥상 (   ) 안에 들어갈 단어로 가장 적절한 것은?

> 계속되는 이순신 장군의 공세에 (   )같던 왜 수군의 수비에도 구멍이 뚫리기 시작했다.

① 등용문   ② 청사진

✔ ③ 철옹성   ④ 풍운아

⑤ 불야성

> **해설** ① 용문(龍門)에 오른다는 뜻으로, 어려운 관문을 통과하여 크게 출세하게 됨 또는 그 관문을 이르는 말
> ② 미래에 대한 희망적인 계획이나 구상
> ③ 쇠로 만든 독처럼 튼튼하게 둘러쌓은 산성이라는 뜻으로, 방비나 단결 따위가 견고한 사물이나 상태를 이르는 말
> ④ 좋은 때를 타고 활동하여 세상에 두각을 나타내는 사람
> ⑤ 등불 따위가 휘황하게 켜 있어 밤에도 대낮같이 밝은 곳을 이르는 말

02 독해력

글을 읽고 사실을 확인하고, 글의 배열순서 및 시간의 흐름과 그 중심 개념을 파악하며, 글 흐름의 방향을 알 수 있으며 대강의 줄거리를 요약할 수 있는 능력을 평가한다. 장문이나 단문을 이해하고 문장배열, 지문의 주제, 오류 찾기 등의 다양한 유형의 문제가 출제되므로 평소 독서하는 습관을 길러 장문의 이해속도를 높이는 연습을 하도록 하여야 한다.

문제 ★ 다음 ㉠～㉺ 중 다음 글의 통일성을 해치는 것은?

㉠ 21세기의 전쟁은 기름을 확보하기 위해서가 아니라 물을 확보하기 위해서 벌어질 것이라는 예측이 있다. ㉡ 우리가 심각하게 인식하지 못하고 있지만 사실 물 부족 문제는 심각한 수준이라고 할 수 있다. ㉢ 실제로 아프리카와 중동 등지에서는 이미 약 3억 명이 심각한 물 부족을 겪고 있는데, 2050년이 되면 전 세계 인구의 3분의 2가 물 부족 사태에 직면할 것이라는 예측도 나오고 있다. ㉣ 그러나 물 소비량은 생활수준이 향상되면서 급격하게 늘어 현재 우리가 사용하는 물의 양은 20세기 초보다 7배, 지난 20년간에는 2배가 증가했다. ㉤ 또한 일부 건설 현장에서는 오염된 폐수를 정화 처리하지 않고 그대로 강으로 방류하는 잘못을 저지르고 있다.

① ㉠
② ㉡
③ ㉢
④ ㉣
✔ ⑤ ㉤

✅해설 ㉠㉡㉢㉣ 물 부족에 대한 내용을 전개하고 있다.
㉤ 물 부족의 내용이 아닌 수질오염에 대한 내용을 나타내므로 전체적인 글의 통일성을 저해하고 있다.

CHAPTER

02 자료해석

자료해석검사는 주어진 통계표, 도표, 그래프 등을 이용하여 문제를 해결하는데 필요한 정보를 파악하고 분석하는 능력을 알아보기 위한 검사이다. 자료해석 문항에서는 기초적인 계산 능력보다 수치자료로부터 정확한 의사결정을 내리거나 추론하는 능력을 측정하고자 한다. 도표, 그래프 등 실생활에서 접할 수 있는 수치자료를 제시하여 필요한 정보를 선별적으로 판단 · 분석하고, 대략적인 수치를 빠르고 정확하게 계산하는 유형이 대부분이다. 최근 들어, 수열, 방정식 등 기초적인 수리 및 계산능력을 평가하는 문항이 추가되고 있는 실정이다.

문제 1 다음과 같은 규칙으로 자연수를 1부터 차례로 나열할 때, 8이 몇 번째에 처음 나오는가?

1, 2, 2, 3, 3, 3, 4, 4, 4, 4, …

① 18
② 21
✔ ③ 29
④ 35

해설 1, 2, 2, 3, 3, 3, 4, 4, 4, 4 …

1이 한 번, 2가 두 번, 3이 세 번 4가 네 번 … 이런 식으로 자연수가 나열되는 경우이므로
1은 1번째, 2는 2번째, 3은 4번째, 4는 7번째, 5는 11번째 … 이런 식으로 각 수가 처음 나오게 된다.
순서를 잘 살펴보면

이런 식으로 변화됨을 알 수 있다.
그러므로 8이 처음 나오는 순서는
$1+2+3+4+5+6+7=28$은 7까지 끝나는 순서이므로 8이 처음 나오면 1을 더해야 한다.
$28+1=29$
그러므로 8이 처음 나오는 순서는 29번째가 된다.

문제 2 다음은 국가별 수출액 지수를 나타낸 그림이다. 2000년에 비하여 2006년의 수입량이 가장 크게 증가한 국가는?

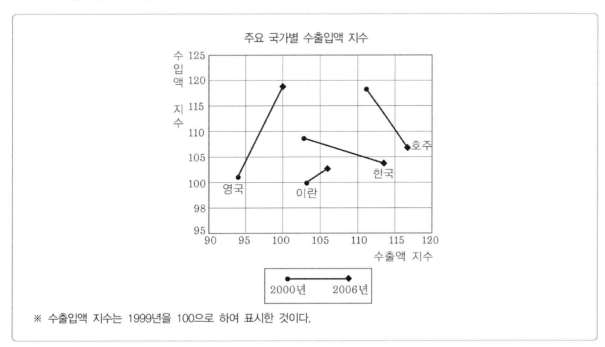

주요 국가별 수출입액 지수

※ 수출입액 지수는 1999년을 100으로 하여 표시한 것이다.

✔ ① 영국   ② 이란
③ 한국   ④ 호주

> 해설 수입량이 증가한 나라는 영국과 이란 뿐이며, 한국과 호주는 감소하였다. 영국과 이란 중 가파른 상승세를 나타내는 것이 크게 증가한 것을 나타내므로 영국의 수입량이 가장 크게 증가한 것으로 볼 수 있다.

03 공간능력

공간능력검사는 입체도형의 전개도를 고르는 문제, 전개도를 입체도형으로 만드는 문제, 제시된 그림처럼 블록을 쌓은 경우 그 블록의 개수 구하는 문제, 제시된 블록들을 화살표 표시한 방향에서 바라봤을 때의 모양을 고르는 문제 등 4가지 유형으로 구분할 수 있다. 물론 유형의 변경은 사정에 의해 발생할 수 있음을 숙지하여 여러 가지 공간능력에 관한 문제를 접해보는 것이 좋다.

[유형 ① 문제 푸는 요령]

주어진 입체도형을 전개하여 전개도로 만들 때 그 전개도에 해당하는 것을 찾는 형태로 주어진 조건에 의해 기호 및 문자는 회전에 반영하지 않으며, 그림만 회전의 효과를 반영한다는 것을 숙지하여 정확한 전개도를 고르는 문제이다. 그러므로 그림의 모양은 입체도형의 상, 하, 좌, 우에 따라 변할 수 있음을 알아야 하며, 기호 및 문자는 항상 우리가 보는 모양으로 회전되지 않는다는 것을 알아야 한다.

제시된 입체도형은 정육면체이므로 정육면체를 만들 수 있는 전개도의 모양과 보는 위치에 따라 돌아갈 수 있는 그림을 빠른 시간에 파악해야 한다. 문제보다 보기를 먼저 살펴보는 것이 유리하다.

문제 1 다음 입체도형의 전개도로 알맞은 것은?

• 입체도형을 전개하여 전개도를 만들 때, 전개도에 표시된 그림(예 : ▌, ◪ 등)은 회전의 효과를 반영한다. 즉, 본 문제의 풀이과정에서 보기의 전개도 상에 표시된 "▐"와 "▬"은 서로 다른 것으로 취급한다.
• 단, 기호 및 문자(예 : ☎, ♨, ♨, K, H)의 회전에 의한 효과는 본 문제의 풀이과정에 반영하지 않는다. 즉, 입체도형을 펼쳐 전개도를 만들었을 때에 "☎"의 방향으로 나타나는 기호 및 문자도 보기에서는 "☎"방향으로 표시하며 동일한 것으로 취급한다.

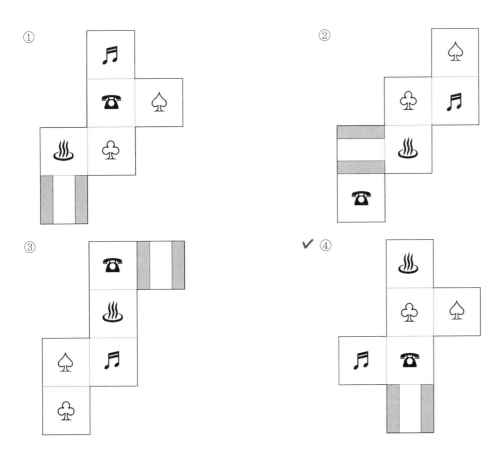

①　②　③　✔ ④

모양의 윗면과 오른쪽 면에 위치하는 기호를 찾으면 쉽게 문제를 풀 수 있다. 기호나 문자는 회전을 적용하지 않으므로 4번이 답이 된다.

[유형 ② 문제 푸는 요령]

평면도형인 전개도를 접어 나오는 입체도형을 고르는 문제이다. 유형 ①과 마찬가지로 기호나 문자는 회전을 적용하지 않는다고 조건을 제시하였으므로 그림의 모양만 신경을 쓰면 된다.

보기에 제시된 입체도형의 윗면과 옆면을 잘 살펴보면 답의 실마리를 찾을 수 있다. 그림의 위치에 따라 윗면과 옆면에 나타나는 문자가 달라지므로 유의하여야 한다. 그림을 중심으로 어느 면에 어떤 문자가 오는지를 파악하는 것이 중요하다.

문제 2 다음 전개도로 만든 입체도형에 해당하는 것은?

- 전개도를 접을 때 전개도 상의 그림, 기호, 문자가 입체도형의 겉면에 표시되는 방향으로 접는다.
- 전개도를 접어 입체도형을 만들 때, 전개도에 표시된 그림(예 : ▌▌, ◢ 등)은 회전의 효과를 반영한다. 즉, 본 분제의 풀이과정에서 보기의 전개도 상에 표시된 "▌▌"와 "▭"은 서로 다른 것으로 취급한다.
- 단, 기호 및 문자(예 : ☎, ♨, ♨, K, H)의 회전에 의한 효과는 본 문제의 풀이과정에 반영하지 않는다. 즉, 전개도를 접어 입체도형을 만들었을 때에 "☏"의 방향으로 나타나는 기호 및 문자도 보기에서는 "☎" 방향으로 표시하며 동일한 것으로 취급한다.

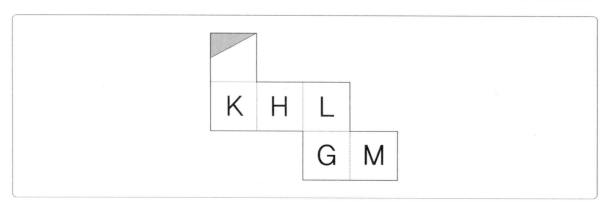

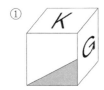 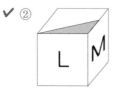 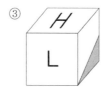 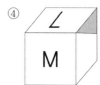

✔해설 그림의 색칠된 삼각형 모양의 위치를 먼저 살펴보면
① G의 위치에 M이 와야 한다.
③ L의 위치에 H, H의 위치에 K가 와야 한다.
④ 그림의 모양이 좌우 반전이 되어야 한다.

쌓아 놓은 블록을 보고 여기에 사용된 블록의 개수를 구하는 문제이다. 블록은 모두 크기가 동일한 정육면체라고 조건을 제시하였으므로 블록의 모양은 신경을 쓸 필요가 없다.

블록의 위치가 뒤쪽에 위치한 것인지 앞쪽에 위치한 것인지에서부터 시작하여 몇 단으로 쌓아 올려져 있는지를 빠르게 파악해야 한다. 가장 아랫면에 존재하는 개수를 파악하고 한 단씩 위로 올라가면서 개수를 파악해도 되며, 앞에서부터 보이는 블록의 수부터 개수를 세어도 무방하다. 그러나 겹치거나 뒤에 살짝 보이는 부분까지 신경 써야 함은 잊지 말아야 한다. 단 1개의 블록으로 문제의 승패가 좌우된다.

문제 3 아래에 제시된 그림과 같이 쌓기 위해 필요한 블록의 수는?(단, 블록은 모양과 크기는 모두 동일한 정육면체이다)

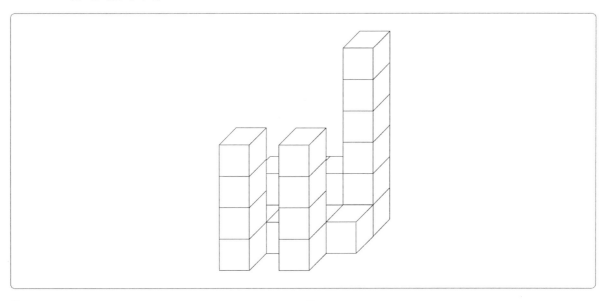

① 18

② 20

③ 22

✔ ④ 24

✅**해설** 그림을 쉽게 생각하면 블록이 4개씩 붙어 있다고 보면 쉽다. 앞에 2개, 뒤에 눕혀서 3개, 맨 오른쪽 눕혀진 블록들 위에 1개 4개씩 쌓아진 블록이 6개 존재하므로 24개가 된다.

[유형 ④ 문제 푸는 요령]

제시된 그림에 있는 블록들을 오른쪽, 왼쪽, 위쪽 등으로 돌렸을 때의 모양을 찾는 문제이다.

모두 동일한 정육면체이며, 원근에 의해 블록이 작아 보이는 효과는 고려하지 않는다는 조건이 제시되어 있으므로 블록이 위치한 지점을 정확하게 파악하는 것이 중요하다.

실수로 중간에 있는 블록의 모양을 놓치는 경우가 있으므로 쉽게 모눈종이 위에 놓여 있다고 생각하며 문제를 풀면 쉽게 해결할 수 있다.

문제 4 아래에 제시된 블록들을 화살표 표시한 방향에서 바라봤을 때의 모양으로 알맞은 것은?

- 블록은 모양과 크기는 모두 동일한 정육면체이다.
- 바라보는 시선의 방향은 블록의 면과 수직을 이루며 원근에 의해 블록이 작게 보이는 효과는 고려하지 않는다.

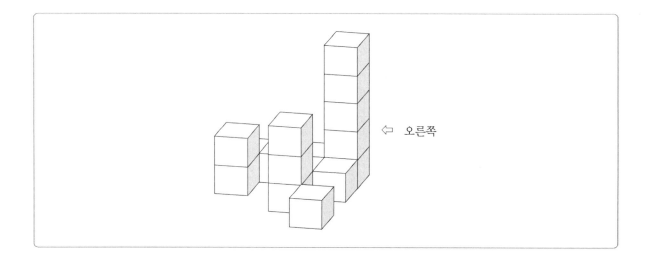

⇦ 오른쪽

✔ ①   ②

③   ④

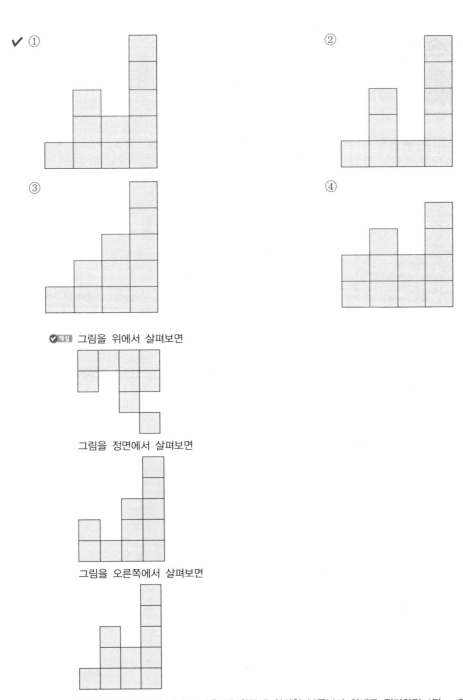

✔ 해설 그림을 위에서 살펴보면

그림을 정면에서 살펴보면

그림을 오른쪽에서 살펴보면

오른쪽에서 바라볼 때의 모양을 맨 왼쪽에 위치한 블록부터 차례로 정리하면 1단 – 3단 – 2단 – 5단임을 알 수 있다.

지각속도

지각속도검사는 지각속도를 측정하기 위한 검사로 틀릴 경우 감점으로 채점하고, 풀지 않은 문제는 0점으로 채점이 된다. 총 30문제로 구성이 되며 제한시간은 3분이므로 많은 연습을 통해 빠르게 푸는 요령을 습득하여야 한다.

[유형 ①] 대응하기

아래의 문제 유형은 일련의 문자, 숫자, 기호의 짝을 제시한 후 특정한 문자에 해당되는 코드를 빠르게 선택하는 문제이다.

문제 1 아래 〈보기〉의 왼쪽과 오른쪽 기호의 대응을 참고하여 각 문제의 대응이 같으면 답안지에 '① 맞음'을, 틀리면 '② 틀림'을 선택하시오.

─ 〈보기〉 ─

| a = 강 | b = 응 | c = 산 | d = 전 |
| e = 남 | f = 도 | g = 길 | h = 아 |

강 응 산 전 남 – a b c d e

✔ ① 맞음   ② 틀림

> **예설** 〈보기〉의 내용을 보면 강=a, 응=b, 산=c, 전=d, 남=e이므로 a b c d e이므로 맞다.

[유형 ②] 숫자세기

아래의 문제 유형은 제시된 문자, 기호, 숫자가 오른쪽에 몇 개가 나열되어 있는지를 고르는 문제로, 특정한 문자 혹은 숫자의 개수를 빠르게 세어 그 개수를 찾는 문제이다.

문제 2 다음의 〈보기〉에서 각 문제의 왼쪽에 표시된 굵은 글씨체의 기호, 문자, 숫자의 갯수를 오른쪽에 서 찾으시오.

─────── 〈보기〉 ───────

3　　　　　　　7830206420682048720387307962050406 7321

① 2개　　　　　　　　　　　　　✔ ② 4개
③ 6개　　　　　　　　　　　　　④ 8개

> 🔲해설 나열된 수에 3이 몇 번 들어 있는가를 빠르게 확인하여야 한다.
> 78**3**0206420682048720**3**8**3**079620504067**3**21 → 4개

─────── 〈보기〉 ───────

ㄴ　　　　　　　　나의 살던 고향은 꽃피는 산골

① 2개　　　　　　　　　　　　　② 4개
✔ ③ 6개　　　　　　　　　　　　　④ 8개

> 🔲해설 나열된 문장에 ㄴ이 몇 번 들어갔는지 확인하여야 한다.
> **나**의 살**던** 고향**은** 꽃피**는** 산골 → 6개

02

간부선발도구(지적능력)

≫ 정답 및 해설 **p.322**

01 다음에서 밑줄 친 단어와 의미상의 쓰임이 같은 것을 고르면?

> 지레는 받침과 지렛대를 이용하여 물체를 쉽게 <u>움직일</u> 수 있는 도구이다.

① 상대의 마음을 <u>움직여</u> 보려고 노력했다.
② 조직이 은밀히 <u>움직이고</u> 있다.
③ 상황이 적에게 유리한 방향으로 <u>움직이기</u> 시작했다.
④ 철수는 지겨운 나머지 몸을 이리저리 <u>움직였다</u>.
⑤ 지금 회사는 자금난으로 공장을 <u>움직일</u> 수 없는 실정이다.

02 다음 밑줄 친 부분의 표기가 바른 것은?

① 그는 정류장 옆에서 <u>곁불</u>을 쬐며 차가 오기를 기다렸다.
② 나는 난 사람보다는 인격이 <u>된</u> 사람이라는 평가를 받고 싶다.
③ 투고한 글이 잡지에 <u>개재</u>되었다.
④ 얼마나 <u>부지런한지</u> 열 사람 몫의 일을 해낸다.
⑤ 오늘 점심 메뉴는 <u>순대국</u>이다.

[03~08] 다음 문장의 문맥상 (　) 안에 들어갈 가장 알맞은 것을 고르시오.

03

> 상상하는 것을 말하고 듣는 과정에서 사람의 인지는 힘찬 운동을 하게 되며, 사고의 (　)이(가) 넓어지고 사유의 역동성이 살아난다.

① 지경　　　　　　　　　　② 반경
③ 경치　　　　　　　　　　④ 경가
⑤ 경감

04

> 조선 시대 사대부들이 향유했던 대표적인 문학 갈래인 시조에는 사대부들이 지향하는 삶이 잘 나타나 있다. 그런데 다수의 시조 작품에서 사대부가 자연 속에서 심성을 도야하며 안빈낙도(安貧樂道)하는 삶을 추구하는 모습이 드러나 있어 사대부는 현실 정치의 참여보다는 자연 속에 은둔하는 삶을 지향한다고 여겨지는 (　)이 있다.

① 학술　　　　　　　　　　② 경향
③ 풍습　　　　　　　　　　④ 증상
⑤ 습관

05

> 독일의 학자 아스만(Asmann. A)의 구분에 의하면 기억의 장소는 동일한 내용을 불러일으키는 것을 목적으로 하는 장소로, 내용을 체계적으로 저장하고 (　)하기 위한 암기의 수단으로 쓰인다.

① 인출　　　　　　　　　　② 예치
③ 예탁　　　　　　　　　　④ 출금
⑤ 출자

06

신농업 확대가 농축산물의 품질개선 및 생산성 증대로 이어져 친환경농업 발전에 (   )할 것으로 기대된다.

① 기각   ② 기립
③ 기만   ④ 기승
⑤ 기여

07

　소비자들은 어떤 제품이나 서비스를 선택할 때 쉽사리 (   )을 내리지 못한다. 이를테면 기능은 만족스럽지만 가격이 비싸거나, 반대로 가격은 만족스러운데 기능은 그렇지 않다거나 하는 경우를 들 수 있다.

① 미결   ② 타협
③ 결심   ④ 결정
⑤ 가격

08

　프로그램 제작자들은 높은 시청률을 제시하며 자신들이 시청자들의 욕구에 (   )하는 프로그램을 만들고 있다는 믿음을 갖고 싶어 한다.

① 부응   ② 응답
③ 응대   ④ 호응
⑤ 응수

[09~12] 다음 글에서 ㉠과 ㉡의 관계와 가장 유사한 것을 고르시오.

09

> ㉠명태는 말린 정도에 따라 생태, 동태, 황태, 코다리, 백태, 흑태, 깡태 등으로 나뉜다. 생물 상태인 생태, 얼린 상태인 동태, 덕장에서 말린 황태, 내장과 아가미를 빼고 4~5마리를 한 코에 꿰어 말린 코다리, 하얗게 말린 백태, 검게 말린 흑태, 딱딱하게 말린 깡태 등이 있다. 그리고 성장 상태에 따라 불리는 이름도 있는데 어린 명태를 애기태, 애태 혹은 잘 알려진 ㉡노가리라 한다.

① 간자미 : 강아지　　　　　　　② 호랑이 : 개호주
③ 무녀리 : 부룩소　　　　　　　④ 송아지 : 망아지
⑤ 참새 : 고도리

10

> 한산도는 거제도와 고성 사이에 위치하여 사방으로 헤엄쳐나갈 길이 없고, 적이 상륙한다 해도 굶어죽기에 알맞은 곳이다. 이리하여 먼저 판옥선 5, 6척으로 하여금 적의 선봉을 쫓아가서 전진하여 급습하였고, 이에 적선이 일시에 쫓아 나오자 아군 함선은 거짓으로 후퇴를 하며 적을 유인했다.

① 막연 – 명확　　　　　　　　② 지시 – 명령
③ 격려 – 고무　　　　　　　　④ 혼잡 – 번잡
⑤ 입증 – 증명

11

> 현악기는 계절을 심하게 타는 악기이다. 현악기의 예민함에 대처하는 방법에는, 우선 악기가 아프지 않고 다치지 않게 꾸준히 신경 써야 한다. 나무는 수분 함량에 따라 쉽게 변한다. 습도가 낮아져 수분이 부족해지면 나무도 덩달아 ㉠수축한다. 그러면 악기의 앞판이 갈라지거나 접합부가 벌어진다. 반대로 습도가 높아 수분이 과하면 나무가 ㉡팽창한다. 습도를 유지하는 가장 적절한 방법은 방 안의 습도를 조절하는 것이다. 악기 케이스 내부를 아무리 신경 써도 악기를 꺼냈을 때 습도가 적절하지 않으면 소용이 없다.

① 단점 : 약점　　　　　　　　② 방해 : 훼방
③ 손해 : 결점　　　　　　　　④ 눌변 : 달변
⑤ 명령 : 지시

12

요즈음 점술가들의 사업이 크게 번창하고 있다는 말이 들린다. 이름난 점술가를 한 번 만나 보기 위해 몇 달 전, 심지어는 일 년 전에 예약을 해야 한다니 놀라운 일이다. 더욱 흥미로운 것은 이들 '사업'에 과학 문명의 첨단 장비들까지 한몫을 한다는 점이다. 이들은 전화로 예약을 받고 컴퓨터로 장부 정리를 하며 그 랜저를 몰고 온 손님을 맞이하는 것이다. ㉠과학과 ㉡점술의 기묘한 공존 방식이다.

① 차다 : 뜨겁다   ② 유죄 : 무죄
③ 인간 : 학생   ④ 꽃 : 나비
⑤ 자유 : 평등

13 다음 ( ) 안에 들어갈 말로 알맞은 것은?

암행어사가 임무를 효과적으로 수행하려면 왕의 통치방침과 국법을 잘 알아야 하며 조사방법에 정통하여 야 한다. 과거에 급제한 시종신(侍從臣)이 주로 암행어사에 임명되었다. 조선에서 400년간 파견된 암행어사 는 약 1,170명으로서 매년 평균 3명 내외이다. 암행어사는 통상 10 ~ 20개 고을을 지정받아 1 ~ 2개월 동 안 염찰(廉察)하였다.

암행어사는 민의를 수렴하고 지방수령의 잘잘못을 따져 왕의 통치이념을 실현하고 국법을 수호하는 역할 을 담당했다. 그런데 왕은 불시에 암행어사를 임명하여 출발하게 하였고 인력 대비 과중한 업무를 수행하게 하였다. 사헌부 감찰이나 암행어사 경력자 가운데에서 임명한 경우도 있었지만 대부분은 암행어사에 처음 임명된 자들이고 연소기예(年少氣銳)한 젊은이들이었다. 따라서 (   )

① 암행어사가 작성한 보고서는 기록이 꼼꼼하여 정연하였다.
② 암행어사는 구체적으로 사건을 확인하기 위해 그 지역을 오래 머물렀다.
③ 암행어사는 그 지역에 대한 정보를 사전에 수집, 연구하는 한편 전문적인 조사기법을 습득한 자였다.
④ 왕의 통치이념이나 국법 등은 잘 알았지만 암행염찰기법을 배우거나 다른 어사의 경험을 전수받을 기회 는 좀처럼 주어지지 않았다.
⑤ 각 지방에서 민원을 아뢰는 사람도 매우 적어 염찰기간에 비해 업무량이 너무 부족했다.

[14~16] 다음 글을 순서대로 바르게 나열한 것은?

14

㉠ 적응의 과정은 북쪽의 문헌이나 신문을 본다든지 텔레비전, 라디오를 시청함으로써 이루어질 수 있는 극복의 원초적 단계이다.

㉡ 이질성의 극복을 위해서는 이질화의 원인을 밝히고 이를 바탕으로 해서 그것을 극복하는 단계로 나아가야 한다. 극복의 문제도 단계를 밟아야 한다. 일차적으로는 적응의 과정이 필요하다.

㉢ 남북의 언어가 이질화되었다고 하지만 사실은 그 분화의 연대가 아직 반세기에도 미치지 않았고 맞춤법과 같은 표기법은 원래 하나의 뿌리에서 갈라진 만큼 우리의 노력 여하에 따라서는 동질성의 회복이 생각 밖으로 쉬워질 수 있다.

㉣ 문제는 어휘의 이질화를 어떻게 극복할 것인가에 귀착된다. 우리가 먼저 밟아야 할 절차는 이질성과 동질성을 확인하는 일이다.

① ㉡㉠㉢㉣ ② ㉡㉢㉣㉠
③ ㉢㉣㉡㉠ ④ ㉣㉡㉢㉠
⑤ ㉣㉢㉡㉠

15

㉠ 규정되지 않은 규범은 강제성이 따르지 않으므로 도덕적으로는 당연히 지켜야하나 법적 의무는 없다. 그렇기에 법으로 규정함에 따라 도덕적인 차원에서 인간이 해야 할 일, 그리고 국가나 사회 공공질서를 유지함을 목적으로 일부 국가에서는 이를 형법으로 규정하고 있는 것이다.

㉡ 다른 사람의 생명이나 신체에 위험이 가해지는 것을 보면서도 구조하지 않는 경우, 처벌하는 착한 사마리아인 법은 강도를 만난 유태인을 같은 유태인 제사장과 레위인은 그냥 지나쳤으나 당시 사회적으로 멸시받던 사마리아인이 자신에게 피해가 오거나 특별한 의무가 없음에도 최소한의 도덕심으로 돌봐주었다는 이야기에서 비롯된 것이다.

㉢ 그러나 이를 법을 규정함으로써 강제성이 더해진다면 도덕 문제는 법적인 문제가 되고 개인의 자유까지 침해 될 가능성이 크다는 주장도 적지 않다. 즉, 찬성 측이 공동체 의식을 높이고 사회적으로 연대할 수 있는 규정이라는 입장이라면 반대 측은 개인의 자유를 침해하며 법이 아닌 교육을 통한 행위여야 한다는 입장이다.

㉣ 프랑스 형법에 보면 "위험에 처해 있는 사람을 구조해주어도 자기가 위험에 빠지지 않음에도 불구하고, 자의(自意)로 구조해 주지 않은 자는 5년 이하의 징역, 혹은 7만 5천유로 이하의 벌금에 처한다."고 규정하고 있다.

① ㉠㉣㉢㉡ ② ㉠㉡㉣㉢
③ ㉡㉣㉠㉢ ④ ㉡㉢㉠㉣
⑤ ㉡㉠㉣㉢

16

> ㉠ 일터에서 사고를 당하거나 질병을 얻는 노동자가 산재 피해자로 인정받으면 배상·보상 등을 통해 최소한의 삶을 유지할 수 있다는 점에서 그나마 다행스러운 일이다.
>
> ㉡ 또한 산재 사망자는 10% 가까이 증가했다. 사고로 971명이, 질병으로 1,171명이 각각 숨졌다.
>
> ㉢ 고용노동부는 지난해 산업현장에서 재해를 당한 노동자가 10만 2,305명으로 2017년보다 14% 늘었다고 발표했다.
>
> ㉣ 산재 노동자가 증가한 것은 적용 사업장을 확대하고 신청·심사 과정 등을 개선해 승인이 쉽도록 한 덕분이라고 정부는 말했다.

① ㉠㉢㉡㉣

② ㉠㉣㉡㉢

③ ㉢㉡㉠㉣

④ ㉢㉡㉣㉠

⑤ ㉣㉢㉠㉡

17 다음 글의 밑줄 친 부분과 바꿔 쓰기에 가장 적절한 것은?

> 영화가 이 세상에 처음 모습을 보였을 때는 그것을 만든 사람조차 영화가 어떤 행태로 성장할 지 예상하지 못했다. 잘해야 호기심 많은 사람들의 흥미를 채워 줄 과학적 장난감 이상의 대접을 받기는 어려울 것이라고 생각했다. 그러나 사냥꾼과 조련사는 서로 다른 솜씨와 감각으로 동물을 다루듯, '움직이는 사진'에 흥미를 보이는 사람이 의뢰로 많다는 것을 눈치 챈 흥행사들은 그것을 재빨리 상품화시키기 시작했다. 짧지만 이야기를 집어넣고 촬영술을 이용한 다양한 표현을 개발함으로서 '움직이는 사진'은 더 많은 사람들이 돈을 주고서라도 보기를 원하는 대중적인 상품인 영화로 발전하기 시작했다.
>
> 상품성을 바탕으로 한 영화의 대중화는 예술과 문화의 소비 형태에 근본적인 바탕을 일으켰다. 왕실이나 귀족 또는 종교계 등을 통해 선별적이고 고급적으로 유통되던 기존의 예술 또는 문화가 영화의 등장으로 인해 대량 생산과 대량 소비라는 형태적 전환을 가져왔고, 이는 곧 질적인 변화로 연결되었다. 돈이 없고 교육을 받지 못한 사람들이라 하더라도 입장료를 내기만 하면 언제든 영화를 즐길 수 있게 되었으며, 영화 제작자는 더 많은 관객을 <u>끌어들이기</u> 위해 대중이 좋아하는 배우를 쓰고 이야기도 누구나 쉽게 이해할 수 있는 수준으로 영화를 만들었다.

① 유치(誘致)하기

② 초빙(招聘)하기

③ 영입(迎入)하기

④ 호출(呼出)하기

⑤ 견인(牽引)하기

18 다음 글과 내용이 일치하지 않는 것은?

조선 후기에는 하층민이 성장하여 신분제가 동요하는 등 많은 변화가 있었다. 대외적으로 청에 대해서는 북벌론과 북학이라는 서로 다른 시각이 나타났다. 성리학적 이념을 가진 집권층은 이러한 사회변화에 대응하여 다양한 현실 대응책을 모색하였다.

호락논쟁을 벌인 성리학자들은 "인간 본성은 선하며, 선한 본성을 실현한 사람을 성인이라고 하는데, 사람은 누구나 그 순선(純善)한 본연지성(本然之性)을 실현할 수 있다"는 것을 논리적으로 설명하고자 했다는 점에서 목적의식은 같았다. 그러나 서로 다른 방법과 입장을 가지고 그것을 설명하고자 하였다. 낙론계는 '본연지성은 기질과 연관해서 논할 수 없는 보편적 선임'을 강조하였다. 호론계는 '본연지성을 기질과 분리해서 논의할 수 없다'는 현실적인 차별성을 전제하되, 기질변화의 필요성을 강조하였다.

낙론계열의 임성주는 지방수령으로 부임했을 때 서리들에게 "하늘이 사람을 낳음에 인의를 균일하게 품부하셨으니 비록 너희 서리들이라 할지라도 다름이 있겠느냐? 나는 성실과 믿음으로 서로를 대하고 염치로 서로를 권면하고자 하니, 너희들은 마땅히 스스로 연마하여 옛날의 잘못을 척결하고 새로운 깨달음을 발하여 자신들을 대하기를 선비와 군자를 대하듯 하라."고 당부하였다.

호론계열인 한원진은 낙론을 비판하면서 "하늘이 명한 것을 성이라 하는 것[천명지위성(天命之謂性)]은 아버지가 낳은 것을 자식이라고 이르는 것과 같다. 명하는 것이 하늘에 속함은 낳는 것이 아버지에 있음과 같은 것이다. 만약 아버지를 자식이라 부르고 자식을 아버지가 부른다면 또한 명분이 문란하게 되어 윤리법도가 거꾸로 되지 않겠는가?"라고 반문하였다.

① 조선 후기는 청에 대해 북벌론과 북학이라는 서로 다른 시각이 대두되던 때다.
② "순선한 본연지성은 누구나 실현할 수 있다"는 이론을 논리적으로 설명하려는 목적의식이 있었다.
③ 낙론계는 본연지성은 기질과 분리하여 논하여야 한다는 입장이었다.
④ 낙론계는 본연지성의 현실적인 차별성을 인정하며 기질변화의 필요성을 강조하였다.
⑤ 호론계는 천명지위성을 언급하며 낙록계 주장에 대해 반문하였다.

[19~20] 다음 제시문을 읽고 질문에 답하시오.

> 광화문 광장이 '공원 같은 광장'으로 재탄생했다. 다시 돌아온 '광화문 광장'은 광장 면적의 1/4(9,367㎡)이 푸른 녹지로 채워졌으며 '자연과 녹음이 있는 편안한 쉼터'에서 일상의 멋과 여유를 느낄수 있다. 또한 광장 곳곳우리나라 고유 수종 중심으로 키 큰 나무 300그루를 포함한 5,000주의 나무를 식재하고 여러 휴식공간을 마련하였다.
> 광화문 광장 앞에 펼쳐진 '육조마당'에는 조선시대 육조거리 모습과 현재 광화문의 아름다운 경관을 강조하기 위해 넓은 잔디광장을 만들었다. 1392년 조선 건국부터 현재까지 매년 역사를 돌판에 기록한 역사물길이 이 육조마당에서 시작된다. 역사물길 옆에 설치된 '앉음 벽'에 앉으면 역사의 흐름을 느낄수 있으며 바로 옆 소나무 숲 향기까지 맡을 수 있다.
> 광장초입에 배치된 사계절 푸르른 소나무는 우리나라 역사 속 문인들과 화가들에게 사랑받아온 나무이다. '소나무 정원'에 식재된 장송(강원도 강릉산) 군락 사이 산책로를 따라 광화문과 북악산의 경관을 볼 수 있다.

19 위 제시문을 작성할 때 유의할 사항으로 적절한 것은?

① 업무와 관련된 요청사항이나 방안을 적극적으로 제안해야 한다.
② 곧바로 업무 진행이 가능하도록 지시 내용을 포함해야 한다.
③ 정보 제공을 위한 문서이므로 내용이 정확해야 한다.
④ 상투적인 문구, 유행어 등을 사용하여 이해하기 쉽게 전달해야 한다.
⑤ 육하원칙에 의거하여 내용을 요약하여 제시해야 한다.

20 위 제시문에서 확인할 수 없는 사항은?

① 광화문 광장은 '자연과 녹음이 있는 편안한 쉼터'를 지향한다.
② '육조마당'에서는 역사의 흐름을 느낄 수 있다.
③ '소나무 정원'에는 강원도 강릉산 장송이 심어져 있다.
④ 광화문 광장 초입에서는 소나무를 볼 수 있다.
⑤ 광화문 광장에는 우리나라 산에서 쉽게 볼 수 있는 참나무류를 심었다.

[21~22] 다음 중 통일성을 해치는 것은?

21

> ㉠ 통계청 자료에 따르면 국내 등록 차량 수는 2022년 기준 2,490만 대다. 2025년이면 2,700만 대를 돌파할 것으로 예상된다. 이 같은 차량 증가세는 외국도 마찬가지이다. 문제는 차량 수가 증가할수록 배출가스로 인한 대기오염이 점점 심각해진다는 것이다.
>
> ㉡ 최근 네덜란드 연구진이 자동차 배출 오염 물질을 도로가 흡수할 수 있도록 '도로 코팅법'을 개발해 화제이다. 네덜란드 아인트호벤공과대학 발라리 박사팀은 이산화티타늄(titanium oxide) 화합물을 코팅한 도로와 그렇지 않은 일반 도로에서 자동차가 지나갈 때 발생하는 오염물질 농도를 관찰한 결과, 이산화티타늄으로 코팅된 도로에서 질소산화물의 농도가 최대 45%까지 적다는 사실을 확인했다.
>
> ㉢ 연구진은 네덜란드 동부 헹겔로 지역에 있는 도로 중 약 150m를 골라 교통량, 온도, 습도 등 외부 환경을 비슷하게 설정한 다음, 한 쪽 도로에는 이산화티타늄 코팅을 하고, 다른 한 쪽 도로에는 아무런 조치를 취하지 않고 1년 동안 오염물질 발생 정도를 관찰했다.
>
> ㉣ 질소산화물이란 질소와 산소의 화합물로써, 연소 과정에서 공기 중의 질소가 고온에서 산화되어 발생한다. 산성비의 원인이 될 뿐 아니라 식물을 말라죽게 만드는 등 주요 대기오염물질로 규제되고 있다.
>
> ㉤ 연구진은 도로를 코팅하는 간단한 방식으로 의미 있는 효과를 낸 만큼 건물 외벽에도 이 방식을 적용한다면 도심 지역 대기오염 수치를 낮출 수 있을 것으로 예상했다.

① ㉠

② ㉡

③ ㉢

④ ㉣

⑤ ㉤

22

㉠ 스콧 피츠제럴드는 유럽과 미국을 오가며 작품 활동을 하던 중 1925년에 발표한 소설 「위대한 개츠비」로 자신의 이름을 세계적으로 알렸다. 「위대한 개츠비」는 1922년 미국 뉴욕과 롱아일랜드를 배경으로 1차 세계대전 이후 미국사회와 무너져 가는 아메리칸 드림을 그린 소설로 20세기 미국 소설을 대표하는 걸작이라고 할 수 있다.

㉡ 재즈시대란 1차 세계대전 이후부터 미국 대공황이 시작되기 전 1920년을 말하는데, 소설에서 이 시대의 타락하고 변질된 모습을 예리하고 세심하게 그려내어 재즈시대를 이보다 더 날카롭게 비판한 작품은 없다고 할 정도이다.

㉢ 작가는 소설의 비극적인 결말, 꿈과 야망을 실현하기 위해 수단과 방법을 가리지 않은 인물, 상류층의 위선과 교만 그리고 타락을 적나라하게 보여주는 인물을 통해 자신의 태도를 형상화했다.

㉣ 그래서일까 작품에서 파생된 "개츠비 같은"이라는 신조어가 생길 정도로, 또 미국인이 즐겨 읽는 고전에 매년 선정될 정도로 사랑을 받고 있다. 서정적인 문체는 출간 당시부터 유명 작가와 비평가들로부터 완벽하다는 평가를 받기도 했다.

㉤ 요즘 청소년들은 고전을 고리타분하다고 생각한다. 컴퓨터를 켜면 수많은 지식을 손쉽게 얻을 수 있기 때문이다. 그러나 고전 속에서는 시대를 초월한 삶의 지혜가 담겨 있으며 고전을 읽음으로써 문제를 다양하게 바라보는 안목이 생기고 이를 해결할 수 있는 방안도 찾을 수 있다.

① ㉠

② ㉡

③ ㉢

④ ㉣

⑤ ㉤

[23~26] 밑줄 친 부분과 같은 의미로 사용된 것을 고르시오.

23

> 컴퓨터로 작업을 하다가 전원이 꺼져 작업하던 데이터가 사라져 낭패를 본 경험이 한 번쯤은 있을 것이다. 이는 현재 컴퓨터에서 주 메모리로 D램을 사용하기 때문이다. D램은 전기장의 영향을 받으면 극성을 <u>띠게</u> 되는 물질을 사용하는데 극성을 띠면 1, 그렇지 않으면 0이 된다. 그런데 D램에 사용되는 물질의 극성은 지속적으로 전원을 공급해야만 유지된다. 그래서 D램은 읽기나 쓰기 작업을 하지 않아도 전력이 소모되며, 전원이 꺼지면 데이터가 모두 사라진다는 문제점을 안고 있다.

① 우리는 역사적 사명을 <u>띠고</u> 이 땅에 태어났다.
② 우리가 혁명의 기폭제로 진영을 도마 위에 올린 것은 바로 농촌과 도시의 중간적 성향을 <u>띤</u> 이 지역의 특수성에 있는 것이다.
③ 관악산은 이미 그늘져 침침한 회청색을 <u>띠고</u> 있었다.
④ 그 남자는 품에 칼을 <u>띠고</u> 있었다.
⑤ 두 눈은 움푹 패어 조용한 빛을 <u>띠고</u> 있었으나 흡사 그는 허깨비같이 보였다.

24

> 뉴미디어는 정보에 <u>밝은</u> 시민, 고용인 및 소비자들이 의사 결정 조직들과 보다 직접적인 커뮤니케이션을 할 수 있도록 도와줄 뿐만 아니라 의사 결정 조직에 더욱 직접적으로 참여할 수 있도록 해 주어 원칙적으로 민주주의를 강화할 것이다.

① 횃불이 <u>밝게</u> 타오르다.
② 세상 물정에 <u>밝은</u> 사람은 드물다.
③ 그 친구는 인사성과 예의가 <u>밝다</u>.
④ 이 분야는 앞으로의 전망이 <u>밝다</u>.
⑤ 벽지가 <u>밝아서</u> 집 안이 아주 환해 보인다.

25

> 맹자가 말하길, 자포(自暴, 스스로를 해침)자와는 더불어 도리에 맞는 말을 할 수 없고 자기(自棄, 스스로를 포기함)와는 더불어 도리에 맞는 일을 할 수 없다. 예와 의가 아닌 것을 떠벌이는 것을 일러 자포라 하고 나와 같이 사람이 인(仁)에 머물거나 의(義)를 따름을 불가능하다고 하다는 것을 일러 자기라고 한다. 인이란 사람이 편안하게 머무는 집과 같으며 의란 사람을 올바르게 <u>인도</u>하는 길과 같다. 편안한 집을 비워 두고 머물지 않거나 올바른 길을 버리고 따르지 않는다면 이 어찌 애통하지 않겠는가.

① 좀처럼 길을 찾지 못하는 나에게는 여행지까지 <u>인도</u>해줄 전문가가 필요하다.
② 귀한 물건을 매수인에게 <u>인도</u>하자니 가슴에 멍이 들 지경이다.
③ 전쟁 포로를 제삼국에 <u>인도</u>하기로 약속했다.
④ 불량 학생을 바른길로 <u>인도</u>해야 한다는 사명이 있다.
⑤ 중생을 부처의 깨달음으로 <u>인도</u>했다.

26

> 고전적 조건형성은 행동주의 심리학의 이론으로, 무조건 반응(행동)을 발생시키는 무조건 자극과 연합된 중성 자극이 반복적인 노출을 <u>통해</u> 조건 자극이 되어 무조건 반응과 유사한 조건 반응을 일으킨다는 원리를 말한다. 우리가 잘 알고 있는 파블로프의 개 실험이 이것에서 시작되었다.

① 실습을 <u>통해</u> 이론을 제대로 익히려는 것이다.
② 바람이 잘 <u>통해야</u> 곰팡이가 슬지 않는다.
③ 저 사람의 주장은 앞뒤가 <u>통하지</u> 않는다.
④ 흰 고양이는 창문을 <u>통해</u> 바깥을 내다보고 있다.
⑤ 나는 어릴 적 보릿고개 시절을 <u>통해</u> 고난과 인내를 함께 배웠다.

[27~28] 다음 제시문을 읽고 질문 답하시오.

최근 우리 주변에는 타인의 시선은 전혀 의식하지 않은 채 나만 좋으면 된다는 소비 행태가 날로 늘어나고 있다. 이를 가리켜 우리는 '과소비'라고 하는데, 경제학에서는 이와 비슷한 말로 '과시 소비'라는 용어를 사용한다.

과시 소비란 자신이 경제적 또는 사회적으로 남보다 앞선다는 것을 여러 사람들 앞에서 보여 주려는 본능적 욕구에서 나오는 소비를 말한다. 그런데 문제는 정도에 지나친 생활을 하는 사람을 보면 이를 무시하거나 핀잔을 주어야 할 텐데, 오히려 없는 사람들까지도 있는 척 하면서 그들을 부러워하고 모방하려고 애쓴다는 사실이다. 이러한 행동은 '모방 행동' 때문에 나타난다. 모방 본능은 필연적으로 '모방 소비'를 부추긴다.

모방 소비란 내게 꼭 필요하지도 않지만 남들이 하니까 나도 무작정 따라 하는 식의 소비이다. 이는 마치 남들이 시장에 가니까 나도 장바구니를 들고 덩달아 나서는 격이다. 이러한 모방 소비는 참여하는 사람들의 수가 대단히 많다는 점에서 과시 소비를 못지않게 큰 경제 악이 된다는 것을 ㉠유념해야 할 것이다.

27 다음 중 대체할 수 있는 말로 옳지 않은 것은?

① 각심
② 명기
③ 처심
④ 실념
⑤ 강기

28 위 제시문을 읽은 후 반응으로 옳지 않은 것은?

甲 : 사실 나도 굳이 바꾸지 않아도 되는 휴대폰 기종을 요즘 유행하는 새 기종으로 바꿨어.
乙 : 요새 휴대폰 사면 휴대폰 액세서리까지 구입하게끔 소비욕구를 자극하더라니까.
丙 : 요즘 10대들 사이에서도 SNS의 셀러브리티들을 보고 명품을 따라 구입한대.
丁 : 청소년들의 문제만은 아닌 것 같아. 나도 어제 드라마 속 주인공이 입은 잠옷을 구입했거든. 잠옷 많은데….
戊 : 난 와인 안 마시는데도 와인을 사서 마셨다는 거 아니겠어? 다음날 진짜 힘들었지.

① 甲
② 乙
③ 丙
④ 丁
⑤ 戊

[29~31] 다음 글을 순서대로 바르게 배열한 것을 고르시오.

29

ⓐ 근대 이전에는 평범한 사람들이 책을 소유하는 것은 쉬운 일이 아니었다. 글자를 아예 읽을 수 없는 문맹자도 많았으며, 신분이나 성별에 따른 차별 때문에 누구나 교육을 받을 수도 없었다. 옛사람들에게 책은 지금보다 훨씬 귀하고 비싼 물건이었다. 인쇄 기술이 발달하지 않았고 책을 쓰고 읽는 일 자체를 아무나 할 수 없었기 때문이다.

ⓑ 그래서 옛사람들의 독서와 공부 방법은 요즘과 달랐다. 그들은 책을 수없이 반복하여 읽었고, 통째로 외우는 방법으로 공부했다. 또 글을 쓸 때면 책에 담긴 이야기와 성현의 말씀을 인용하며 자기주장을 펼쳤다.

ⓒ 활자로 인쇄된 종이 책을 서점에서 값을 치르고, 집에서 혼자 눈으로 읽는 독서 방식은 보편적인 것도 영원불변한 것도 아니다. 현재 이러한 독서는 매우 흔하지만 우리나라를 비롯하여 전 세계적으로 20세기에 들어서고 나서야 일반화된 것이다.

ⓓ 어렸을 때 천연두를 심하게 앓아 총기(聰氣)를 잃자, 같은 글을 수십 수백 번, 수천수만 번씩 읽고 외워 과거에 급제하고 시인이 되었다는 조선 중기 관료이자 시인 김득신의 일화는 조선 시대의 독서 문화를 상징적으로 보여주기도 한다. 고전이나 그에 버금가는 글을 수없이 읽고 암송하고 그것을 펼쳐 내는 일이 곧 지성을 갖추고 표현하는 일이었다.

① ⓐⓑⓓⓒ   ② ⓑⓓⓐⓒ
③ ⓒⓐⓑⓓ   ④ ⓒⓓⓑⓐ
⑤ ⓓⓒⓐⓑ

30

ⓐ 진실된 보도는 일반적으로 수난의 길을 걷기 마련이다. 양심적이고자 하는 언론인은 때로 형극의 길과 고독의 길을 걷는다. 이러한 걸음을 두려워하여 왜곡된 보도를 한다면, 언론을 향한 대중의 신뢰, 나아가 사회를 향한 신뢰도 함께 무너지는 것이다.

ⓒ 언론이 무게를 인지하지 못하고 책임과 권한을 권력으로 삼을 때, 자신들에게 유리하게끔 보도하려는 외부 세력이 존재할 때 바로 큰 문제가 발생하는 것이다. 언론이 권력을 쥐면 진실된 보도는 불가하다. 그러니 언론인들은 바르고 투명한 보도를 하겠다는 처음 지녔던 순수한 신념을 잊지 말아야 한다.

ⓑ 이러한 준칙을 강조하는 것은 기자들의 기사 작성 기술이 미숙하기 때문이 아니라, 이해관계에 따라 특정 보도의 내용이 달라지기 때문이다. 따라서 언론은 무게를 인지해야 한다.

ⓓ 언론이 진실을 보도해야 한다는 것은 지극히 당연하며 새삼스러운 설명이 필요 없는 이야기이다. 대중들은 언론보도를 통해 정보를 인식하고 사실로 간주한다. 때문에 언론의 역할은 중요하며 큰 책임과 권한을 지니고 있다. 언론은 정확한 보도를 위해서라면 문제를 전체적으로 보아야 하며 역사적으로 새로운 가치의 편에서 봐야 하며, 무엇이 근거이고, 무엇이 조건인가를 명확히 해야 한다.

① ⓐⓑⓒⓓ   ② ⓐⓓⓒⓑ
③ ⓑⓓⓐⓒ   ④ ⓒⓑⓐⓓ
⑤ ⓓⓑⓒⓐ

31

⊙ 본래 지식인들은 지적 능력과 관계되는 일을 통해 어느 정도의 명성을 얻고, 이 명성을 '남용하여' 자기들의 영역을 벗어나 인간이라고 하는 보편적인 개념을 내세워 기존 권력을 비판하려고 드는 사람들을 의미한다고 생각한다.

⊙ 지식인이 자기와 무관한 일에 끼어들려고 하는 사람이라는 지적은 옳다. 그러니까, 지식인은 자기와 하등 상관도 없는 일에 간섭하고 참견하는 사람이라는 것이다.

⊙ 반(反)드레퓌스파의 입장에서 미루어볼 때 드레퓌스 대위가 무죄석방이 되느냐 유죄판결을 받느냐 하는 문제는 군사법정, 즉 국가가 관여할 문제였다. 그런데 드레퓌스 옹호자들은 피의자의 결백을 확신한 나머지 '자기들의 권한 바깥까지' 손을 뻗은 것이다.

⊙ 사실 드레퓌스 사건이 일어났을 당시 '지식인' 아무개라고 하는 말이 부정적 의미와 함께 유행하기도 하였다. 드레퓌스 사건이란 1894년 프랑스에서 유대인 사관(士官) 드레퓌스의 간첩 혐의를 둘러싸고 정치적으로 큰 물의를 빚은 사건이다.

① ㉠㉢㉡㉣　　　　　　② ㉡㉣㉢㉠

③ ㉡㉠㉣㉢　　　　　　④ ㉢㉠㉣㉡

⑤ ㉣㉠㉡㉢

[32~33] 다음 중 통일성을 해치는 것은?

32

> ㉠ MBO는 조직의 상·하위계층 구성원들이 참여를 통해 조직과 구성원의 목표를 설정하고 그에 따른 생산활동을 수행한 뒤, 업적을 측정하고 평가함으로 관리의 효율을 기하려는 총체적인 조직관리 체제를 말한다.
>
> ㉡ 1954년 미국의 경제학자 피터 드러커가 저서 「경영의 실제」에서 제시한 이론으로 맥그리거에 의해 발전되었다. 피터 드러커는 기업의 계획행태를 개선하는 데 중점을 두고 이를 관리 계획의 한 방법으로 소개하였으며, 맥그리거는 업적평가의 방법 중 하나로 정착시켰다.
>
> ㉢ 조직의 개선과 성장을 위해 현재 상태를 인지하고 단기간에 달성해야 할 목표를 구제적으로 정하는데, 이때 구성원들의 참여를 통해 조직의 최종 목표와 각 부문, 개인 목표를 설정한다.
>
> ㉣ 일상적으로 사용하는 일부 재화를 제외하고는, 그 재화를 사용해 보기 전까지 효용을 제대로 알 수 없다. 예를 들면 처음 가는 음식점에서 주문한 음식을 실제로 먹어 보기 전까지는 음식 맛이 어떤지 알 수 없다. 그러므로 소비를 하기 전에 최대한 많은 정보를 수집하여 구입하려는 재화로부터 예상되는 편익을 정확하게 조사하여야 한다.
>
> ㉤ 구체적이라함을 예를 들면 '생산비용 절감'이 아닌 '생산비용 7% 절감'이라는 것이다. 뿐만 아니라 현실성이 있고 실현 가능해야 하며 명확한 기간 설정 역시 중요하다.

① ㉠　　　　　　　　　　　　② ㉡

③ ㉢　　　　　　　　　　　　④ ㉣

⑤ ㉤

33

> ㉠ 홍콩 민주화 운동, 미얀마 민주화 운동 등 민주화 운동을 펼치고 있는 해외에서도 울려퍼지는 임을 위한 행진곡은 1981년에 만들어진 민중가요로 소설가 황석영이 백기완의 옥중지 「묏비나리」의 일부를 차용하여 가사를 썼다.
>
> ㉡ 한강 작가와 김경욱 작가는 「소년이 온다」, 「야구란 무엇인가」를 통해 5·18 민주화운동을 그려냈으며 제주 출신 현기영 작가는 「순이 삼촌」을 통해 제주에서 일어난 대량 학살의 참혹함과 후유증을 고발했다. 이 작품은 당시 금서로 지정되기도 하였다.
>
> ㉢ 1997년 5·18 민주화운동 기념일이 지정된 이후 2008년까지 5·18 기념식에서 제창되어 왔으나 2009년 이명박 정부에서 '임을 위한 행진곡' 제창을 식순에서 제외했다.
>
> ㉣ 야당 및 5·18단체는 본 행사 식순에 '임을 위한 행진곡'을 반영할 것을 지속적으로 요구했으며, 이에 2011년부터 '임을 위한 행진곡'이 본 행상에 포함됐으나 합창단이 합창하고 원하는 사람만 따라 부를 수 있도록 하여 이를 둘러싼 논란은 계속됐다.
>
> ㉤ 그러다 2017년 문재인 정부에 들어서 5·18 기념식에서는 2008년 이후 9년 만에 임을 위한 행진곡이 제창되었다.

① ㉠　　　　　　　　　　　　② ㉡

③ ㉢　　　　　　　　　　　　④ ㉣

⑤ ㉤

34 다음 글에서 논리 전개상 불필요한 문장은?

> 민담은 등장인물의 성격 발전에 대해서는 거의 중점을 두지 않는다. ㉠ 민담에서 과거 사건에 대한 정보는 대화나 추리를 통해서 드러난다. ㉡ 동물이든 인간이든 등장인물은 대체로 그들의 외적 행위를 통해서 그 성격이 뚜렷하게 드러난다. ㉢ 민담에서는 등장인물의 내적인 동기에 대해서는 전혀 관심을 기울이지 않는다. ㉣ 늑대는 크고 게걸스럽고 교활한 반면 아기 염소들은 작고 순진하며 잘 속는다. ㉤ 말하자면 이들의 속성은 이미 정해져 있어서 민담의 등장인물은 현명함과 어리석음, 강함과 약함, 부와 가난 등 극단적으로 대조적인 양상을 보여 준다.

① ㉠
② ㉡
③ ㉢
④ ㉣
⑤ ㉤

35 다음 글에서 추론할 수 없는 내용은?

> 오늘날의 남성용 정장 등장은 프랑스혁명과 매우 밀접한 관련이 있다. 1789년 프랑스혁명이 일어나기 전 프랑스에서는 귀족과 서민의 옷차림은 각각 달랐다. 계층 구분이 오래전부터 규범되어 온 까닭이었다. 최상계층의 옷차림은 화려하였으며 반대로 하층민의 옷차림은 낡고 투박하기 그지없었다. 프랑스혁명이 일어나면서 옷차림에도 정치적 의미가 부여되기 시작하였는데, 1793년 프랑스 국민공회는 어느 누구도 남녀 관계없이 특정한 방식으로 옷을 입으라고 강요할 수 없으며 자신의 성에 적절한 의복을 착용할 수 있다고 선포하였다. 이후 일률적인 남성용 정장이 유행하게 된 것이다.

① 프랑스혁명이 일어나기 전에는 계급에 따른 차별이 존재하였다.
② 혁명이 일기 전 당시 부르주아 남성은 치장을 중시하였다.
③ 의복의 자유는 곧 프랑스 시민들의 평등권과 자유의 의미를 지닌다.
④ 선포 이후 다채로운 의복보다는 획일적인 정장이 등장하였다.
⑤ 프랑스혁명 이후 국기에 평등을 상징하는 흰색이 더해졌다.

36 다음 밑줄 친 단어들의 의미 관계가 다른 하나는?

① 이 상태로 나가다가는 현상 <u>유지</u>도 어려울 것 같다.

　그 어른은 이곳에서 가장 영향력이 큰 <u>유지</u>이다.

② 그의 팔에는 강아지가 <u>물었던</u> 자국이 남아 있다.

　모기가 옷을 뚫고 팔을 마구 <u>물어</u> 대었다.

③ 그 퀴즈 대회에서는 한 가지 상품만 <u>고를</u> 수 있다.

　울퉁불퉁한 곳을 흙으로 메워 판판하게 <u>골라</u> 놓았다.

④ 고려도 그 말년에 원군을 불러들여 삼별초 수만과 그들이 근거한 여러 <u>도서</u>의 수십 만 양민을 도륙하게 하였다.

　많은 <u>도서</u> 가운데 양서를 골라내는 것은 그리 쉬운 일이 아니다.

⑤ 우리는 발해 유적 조사를 위해 중국 만주와 러시아 연해주 지역에 걸쳐 광범위한 <u>답사</u>를 펼쳤다.

　재학생 대표의 송사에 이어 졸업생 대표의 <u>답사</u>가 있겠습니다.

37 다음 중 (　　　) 안에 공통으로 들어갈 단어는?

> • 반갑게 인사했을 뿐인데도 선을 긋는 모습에 (　　　)을 느꼈다.
> • 너무 큰 실수가 (　　　)하여 얼굴을 제대로 들 수가 없다.

① 곤혹　　　　　　　　　② 곤욕

③ 무안　　　　　　　　　④ 환멸

⑤ 수모

38 다음에 제시된 문장의 밑줄 친 부분의 의미가 나머지와 가장 다른 것은?

① 머리 위로 기분 좋은 바람이 <u>불어</u>온다.

② 너무 긴장한 나머지 차가운 커피를 호호 <u>불어</u> 마셨다.

③ 봉투 안이 궁금하여 훅 <u>불어</u> 확인했다.

④ 사람들이 손을 <u>부는</u> 모습에 겨울이 오는 것을 느꼈다.

⑤ 생일 축하는 역시 촛불을 입으로 <u>불어</u> 끄는 것이 메인이다.

39 다음 글의 내용과 일치하지 않는 것은?

국어의 역사는 외래어를 받아들인 역사라 해도 과언이 아니다. 과거에는 중국어로부터 한자어를 많이 받아들였기 때문에 오늘날 국어 어휘의 반 이상이 한자어이다. 20세기에 들어와서는 영어에서 어휘가 무수히 흘러들어왔고 지금 이 순간에도 들어오고 있다. 물론 그렇다고 해서 영어에서만 외래어가 들어오는 것은 아니다. 프랑스 어에서 들어온 어휘도 적지 않으며 음악 용어는 대부분 이탈리아 어에서 들어왔다.

외래어는 외국어에서 들어온 국어 어휘이다. 그런데 외래어라고 해서 모두가 같은 것은 아니다. 외국어에서 들어온 지 너무 오래 되었기 때문에 고유어처럼 여겨지는 말이 있는가 하면, 들어온 지 얼마 되지 않아 아직 외국어라는 느낌이 강한 말까지 있다. '남포'나 '담배'가 전자의 예라면, '컴퓨터'나 '인터넷'과 같은 말은 후자에 속한다. 그리고 국어의 반 이상을 차지하는 한자어는 중국어에서 들어왔으나 국어로 익었기 때문에 언중의 의식 속에 외래어라는 느낌이 별로 없다.

그래도 넓은 의미의 외래어에는 한자어도 포함된다. 외래어란 어원적으로 외국어에서 온 말이기 때문이다. 그러나, 좁은 의미의 외래어는 언중들의 의식 속에 외국어에서 온 말이라는 느낌이 뚜렷한, 주로 서양의 언어에서 들어온 외래어를 말하며, 한자어는 제외된다. 한자어는 들어온 지 오래되었기 때문에 외국어에서 온 느낌이 별로 없으며 또한 어형이 흔들림 없이 고정되어 있다. 이에 반해 서양 언어에서 들어온 외래어는 어형이 매우 불안정하다는 특징이 있다. '텔레비전'만 하더라도 표준형인 '텔레비전' 외에 '텔레비젼', '텔레비죤' 등이 사용되는 것을 발견할 수 있고, '가스'를 '개스'라고 쓰는 사람도 있다.

외래어는 외국어에서 들어오는 말이기 때문에 들어올 당시에는 외국어이다. 그것이 차츰 국어 속에 퍼지면서 외국어의 색이 엷어지고, 국어 단어로서의 자격을 갖기 시작한다. 신문에서 낯선 외국어를 처음 쓸 때는 인용 부호를 사용하기도 한다. 그 이유는 처음 보는 새로운 말임을 표시해 주기 위해서다. 그러나 그 말이 널리 쓰이면서 인용 부호는 빠지게 된다.

이론적으로는 외래어란 국어 속에 들어와 국어의 일부가 된 어휘이고 외국어는 아직 국어가 되지 못한 어휘로 규정되지만, 실제의 예를 보면 아직 국어가 되었는지 되지 않았는지 불분명한 경우가 많다. 어떤 말이 어느 사전에는 실려 있는데 다른 사전에는 실려 있지 않은 예가 종종 발견되기도 한다. 그것은 사람마다 들어온 말을 두고 그것이 외래어인지 아닌지에 대한 판단이 다르기 때문이다.

외국의 지명, 인명은 특히 외래어인지 외국어인지 논란의 대상이 된다. 전문 서적일수록 외국인 이름을 원어의 철자 그대로 쓰는 경향이 강하고, 반대로 신문이나 아동 도서에서는 외국인 이름을 한글로 쓴다. 외국의 지명, 인명을 원어의 철자대로 쓰면 표기의 혼란은 막을 수 있겠지만 어떻게 읽어야 할지 알 수가 없게 된다. 'Clinton'을 'Clinton'이라고 적으면 어떻게 발음해야 할지 몰라서 발음을 못하는 사람이 생긴다. 이에 반해 '클린턴'이라고 적으면 누구나 '클린턴'이라고 발음할 수 있게 된다. 외국의 지명, 인명도 그것이 본래 외국어임에는 틀림없지만 국어 생활 속에서는 한글로 옮기지 않을 수 없게 된다. 결국 외국의 지명, 인명도 외래어에 포함시킬 수밖에 없다는 결론에 이른다.

① 사람들은 한자어를 외래어로 여기지 않는다.
② 사람마다 외래어 여부에 대한 판단이 다르다.
③ 국어 어휘에서 외래어가 차지하는 비중이 높다.
④ 외국어는 국어로 인정받지 못하고 있는 어휘이다.
⑤ 외국의 인명은 원어의 철자대로 쓰는 것이 원칙이다.

40 다음 두 글에서 공통적으로 말하고자 하는 것은?

(가) 많은 사람들이 기대했던 우주왕복선 챌린저는 발사 후 1분 13초 만에 폭발하고 말았다. 사건조사단에 의하면, 사고 원인은 챌린저 주엔진에 있던 O - 링에 있었다. O - 링은 디오콜사가 NASA로부터 계약을 따내기 위해 저렴한 가격으로 생산될 수 있도록 설계되었다. 하지만 첫 번째 시험에 들어가면서부터 설계상의 문제가 드러나기 시작하였다. NASA의 엔지니어들은 그 문제점들을 꾸준히 제기했으나, 비행시험에 실패할 정도의 고장이 아니라는 것이 디오콜사의 입장이었다. 하지만 O - 링을 설계했던 과학자도 문제점을 인식하고 문제가 해결될 때까지 챌린저 발사를 연기하도록 회사 매니저들에게 주지시키려 했지만 거부되었다. 한 마디로 그들의 노력이 미흡했기 때문이다.

(나) 과학의 연구 결과는 사회에서 여러 가지로 활용될 수 있지만, 그 과정에서 과학자의 의견이 반영되는 일은 드물다. 과학자들은 자신이 책임질 수 없는 결과를 이 세상에 내놓는 것과 같다. 과학자는 자신이 개발한 물질을 활용하는 과정에서 나타날 수 있는 위험성을 충분히 알리고 그런 물질의 사용에 대해 사회적 합의를 도출하는 데 적극 협조해야 한다.

① 과학적 결과의 장단점
② 과학자와 기업의 관계
③ 과학자의 윤리적 책무
④ 과학자의 학문적 한계
⑤ 과학의 연구 결과의 진실

41 다음 글을 바탕으로 바람직한 삶의 자세에 대한 글을 쓰려 할 때 이끌어 낼 수 있는 내용으로 볼 수 없는 것은?

어떤 농부가 세상을 떠나며 형에게는 기름진 밭을, 동생에게는 메마른 자갈밭을 물려주었다. 형은 별로 신경을 쓰지 않아도 곡식이 잘 자라자 날이 덥거나 은 날에는 밭에 나가지 않았다. 반면 동생은 메마른 자갈밭을 고르고, 퇴비를 나르며 땀 흘려 일했다. 이런 모습을 볼 때마다 형은 "그런 땅에서 농사를 지어 봤자 뭘 얻을 수 있겠어!" 하고 비웃었다. 하지만 동생은 형의 비웃음에도 아랑곳하지 않고 자신의 밭을 정성껏 가꾸었다. 그로부터 3년의 세월이 지났다. 신경을 쓰지 않았던 형의 기름진 밭은 황폐해졌고, 동생의 자갈밭은 옥토로 바뀌었다.

① 협력을 통해 공동의 목표를 성취하도록 해야 한다.
② 끊임없이 노력하는 사람은 자신의 미래를 바꿀 수 있다.
③ 환경이 좋다고 해도 노력 없이 이룰 수 있는 것은 없다.
④ 자신의 처지에 안주하면 좋지 않은 결과가 나올 수 있다.
⑤ 열악한 처지를 극복하려면 더 많은 노력을 기울여야 한다.

42 다음 글에서 추론할 수 있는 진술로 가장 옳은 것은?

> 세상에는 재덕(才德)을 갖추었음에도 이를 충분히 발휘하지 못한 사람이 있는데, 이 경우 사람들은 그 사람의 상에다 그 허물을 돌리지만, 그 상을 따르지 않고 이 사람을 우대했더라면 이 사람도 재상이 되었을 것이다. 또 이해에 밝고 귀천을 살폈는데도 종신토록 곤궁한 사람이 있는데, 이 사람의 경우도 사람들은 상에다가 역시 그 허물을 돌리지만, 그 상을 따지지 않고 이 사람에게 자본을 대주었더라면 이 사람 또한 큰 부자가 되었을 것이다.

① 물고기는 물을 떠나서는 살 수 없고, 꿀벌은 꽃을 떠나서는 살 수 없다.
② 고양이가 발톱을 갈고 호랑이 목소리를 흉내낸다 하여 호랑이가 될 수는 없다.
③ 똑같은 종이라도 생선을 포장했던 종이는 비린내가 나고, 꽃을 포장했던 종이는 향기가 난다.
④ 내가 하찮게 생각하여 버리는 잡동사니가 다른 사람에게는 없어서는 안 될 보물이 될 수 있다.
⑤ 주변 분위기를 좋게 하는 꽃은 정신 건강에, 필요한 영양소를 제공해 주는 과일은 육체 건강에 좋다.

43 다음 글을 읽고 뒤에 이어질 내용으로 적절하지 않은 것은?

> 존경하는 ○○경찰서장님, 안녕하십니까? 저는 서원고등학교 학생회장 □□□입니다. 저는 서장님께 우리 학교 앞 도로에 횡단보도를 설치해 줄 것을 건의하려고 합니다. 우리 학교 앞에는 왕복 2차로의 도로가 있습니다. 그런데 횡단보도가 없어서 대부분의 학생들이 무단 횡단을 하고 있습니다. 특히 아침 등교 시간에 달리는 차 사이를 요리조리 피하며 건너는 학생들을 보면 너무 안타깝습니다.

① 학생들의 거주지에 따른 통학 수단을 조사한 통계자료
② 횡단보도로 건너기 위해 멀리 돌아가야 하는 학생들의 불만
③ 학교 앞 도로에 횡단보도를 설치할 것을 요구하는 학생들의 의견
④ 횡단보도가 설치된 학교와의 비교를 통한 횡단보도 설치의 필요성
⑤ 아침 등굣길에 무단 횡단을 하다가 차에 치어 다리를 다친 학생의 사례

44 다음 글에서 추론할 수 있는 진술로 가장 옳지 않은 것은?

각 민족의 전통 옷은 오랜 역사와 흐름 속에서 고유한 문화의 일부가 되었다. 기후와 산천의 영향 그리고 생산력과 문화 역량이 모두 다채로운 색깔과 다양한 옷 모습에 속속들이 어우러져 있다. 그런데 근대에 들어와 서구 문화의 영향으로 많은 민족의 전통 옷이 사라지고 있다. 한국의 전통 옷인 한복도 한때 그러한 운명에 처한 적이 있었으나 최근 이런 움직임에 변화가 일고 있다. 우리 한복의 아름다움과 서양 의복의 편리성을 접목시켜 우리의 멋을 지키려는 생활 한복의 등장이 그것이다.

① 문화는 자연 환경과 사회적 상황의 산물이다.
② 전통 문화는 과거에 머물러 있는 것만은 아니다.
③ 문화는 그 시대를 살아가는 사람들의 가치를 반영한다.
④ 문화 요소 간 변동 속도의 차이가 문화 지체를 일으킨다.
⑤ 전통 문화는 문화 수용 주체에 의해 생명력을 얻기도 한다.

45 다음 글에 대한 이해로 옳지 않은 것은?

외국인들이 입을 모아 말하는 한국어 특징 중 하나는 높임말이다. 사실 이 높임말은 한국인도 헷갈리며 외국인들이 한국어를 배울 때 가장 어려워하는 부분이다. 높임법에는 주체, 객체, 상대 높임법이 있는데 주체 높임법은 서술의 주체, 그러니까 주어를 높이는 것이고 객체 높임법은 서술의 객체, 즉 목적어나 부사어가 가리키는 대상을 높이는 것이다. 상대높임법은 말하는 이가 듣는 이를 높이거나 낮추는 것을 말한다. 상대 높임법에 대해 더 이야기하자면, 상대 높임법은 격식체와 비격식체 두 가지로 나눌 수 있다. 격식체는 의례적으로 쓰며 직접적이고 단정적이며 객관적이다. '해라체', '하게체', '하오체', '합쇼체' 따위로 나뉜다. 비격식체는 표현이 부드럽고 주관적인 느낌을 주며, '해체', '해요체' 따위로 나뉜다.

① '아버지께서 외출을 하시다.'는 주체 높임에 해당한다.
② 객체 높임법은 듣는 이를 높이는 것을 말한다.
③ 상대 높임법은 의례적인가, 의례적이지 않은가에 따라 나눌 수 있다.
④ 높임말은 한국어를 공부하는 외국인과 한국인들이 한국어의 가장 특징으로 꼽는다.
⑤ '자네는 과제를 따로 제출하도록 하게'는 상대 높임에 해당한다.

46 다음 글의 제목으로 가장 적절한 것은?

> 메타버스(Metaverse)는 초월이라는 의미의 메타(Meta)와 세계를 뜻하는 유니버스(Universe)의 합성어로, 현실 세계와 가상공간이 상호작용하는 3차원 가상세계를 의미한다. 기존의 가상현실보다 업그레이드 된 개념으로 가상현실이 현실세계에 흡수된 형태이다. 즉, 가상세계의 현실화인 셈이다. 산업계는 이미 메타버스 얼라이언스, 이른바 메타버스 연합군이 형성되어 있으며, 최근 기업들 사이에서도 메타버스를 차세대 플랫폼으로 주목하고 있다. 특히 MZ세대와의 소통을 위해 취업 상담, 채용 설명회 등 취업 시장에서도 메타버스 플랫폼을 도입하고 있으며, 이제는 메타버스 플랫폼을 활용한 인재 채용 과정은 하나의 트렌드가 되었다. 여기서 더 나아가 교육이나 수료식 등 다양한 상황에서도 메타버스 플랫폼을 적극 활용하고 있다.

① 메타버스의 연구 성과
② MZ세대가 메타버스를 즐기는 방법
③ 비대면 교육시장에 스며든 메타버스
④ 메타버스 얼라이언스의 취지
⑤ 취업 시장에까지 부는 메타버스 바람

47 다음 내용에서 주장하고 있는 것은?

> 기본적으로 한국 사회는 본격적인 자본주의 시대로 접어들었고 그것은 소비사회, 그리고 사회 구성원들의 자기표현이 거대한 복제기술에 의존하는 대중문화 시대를 열었다. 현대인의 삶에서 대중매체의 중요성은 더욱 더 높아지고 있으며 따라서 이제 더 이상 대중문화를 무시하고 엘리트 문화지향성을 가진 교육을 하기는 힘든 시기에 접어들었다. 세계적인 음악가로 추대 받고 있는 비틀즈도 영국 고등학교가 길러낸 음악가이다.

① 대중문화에 대한 검열이 필요하다
② 한국에서 세계적인 음악가의 탄생을 위해 고등학교에서 음악 수업의 강화가 필요하다.
③ 한국 사회에서 대중문화를 인정하는 것은 중요하다.
④ 교양 있는 현대인의 배출을 위해 고전음악에 대한 교육이 필요하다.
⑤ 자본주의를 바탕에 둔 소비사회로의 이행을 접어야 한다.

[48~49] ( ) 안에 들어갈 접속어를 순서대로 나열한 것은?

48

최근 우리 주변에는 타인의 시선은 전혀 의식하지 않은 채 나만 좋으면 된다는 소비 행태가 날로 늘어나고 있다. 이를 가리켜 경제학에서는 '과시 소비'라는 용어를 사용한다.

과시 소비란 자신이 경제적 또는 사회적으로 남보다 앞선다는 것을 여러 사람들 앞에서 보여주려는 본능적 욕구에서 나오는 소비를 말한다. (㉠) 문제는 오히려 없는 사람들까지도 있는 척 하면서 과시 소비를 모방하려고 애쓴다는 사실이다. 이러한 행동은 '모방 행동' 때문에 나타난다. 모방 본능은 필연적으로 '모방 소비'를 부추긴다.

모방 소비란 내게 꼭 필요하지도 않지만 남들이 하니까 나도 무작정 따라하는 식의 소비이다. (㉡) 남들이 시장에 가니까 나도 장바구니를 들고 덩달아 나서는 것이다. 이러한 모방 소비는 참여하는 사람들의 수가 대단히 많다는 점에서 과시 소비 못지않게 큰 경제 악이 된다는 것을 유념해야 할 것이다.

	㉠	㉡
①	그러나	하지만
②	또한	반대로
③	그래서	그리하여
④	하지만	그러므로
⑤	그런데	예를 들면

49

한국인의 행동을 규정지었던 「소학」이나 「내훈」에서 방에 들기 전에 반드시 건기침을 하라 했고, 문밖에 신 두 켤레가 있는데 말소리가 없으면 들어가서는 안 된다고 가르쳤다. 본래 정착 농경민이었던 한국인은 기침으로 백 마디 말을 할 줄 안다. 농경사회에서는 작업을 수행하는 구성원 간에 별다른 말이 없어도 안정적인 생활을 영위할 수 있었다. (㉠) 정착보다는 이동이, 안정보다는 전쟁이 많았던 유럽에서는 그러한 생활환경 때문에 정확한 의사 교환이 중시되었다. 이처럼 변화가 심하고 위급한 상황이 잦은 사회에서는 통찰에 의한 의사소통이 발달하기 어려웠다.

근대화 과정에서 우리가 사회가 서구화되면서 서구식의 정확한 의사소통이 점점 더 요구되고 있다. 전통 사회에서 널리 통용되던 통찰의 언어는 때때로 실수나 오해를 빚기도 한다. 그러나 통찰의 언어는 상호 간의 조화를 이루는 데에 매우 효과적인 의사소통 수단이다. 상대를 배려하는 마음으로 말하고 행동함으로써 친밀한 인간관계를 형성할 수 있게 하기 때문이다. (㉡) 우리는 일상의 언어생활에서 통찰에 의한 의사소통 문화를 살려 나갈 필요가 있다.

	㉠	㉡
①	예를 들면	또한
②	그러나	하지만
③	반면에	그러므로
④	더욱이	또한
⑤	그런데	그리고

[50~56] 다음 밑줄 친 부분과 같은 의미로 사용된 것을 고르시오.

50

> 중세 사회가 단일한 가치로 통일된 절대주의적 사회라면 현대 사회는 다양한 가치의 공존을 인정하는 상대주의적 사회라고 할 수 있다. 조선의 건국과 함께 성리학이 통치 이념으로 자리 잡은 이래로 조선 성리학자들은 하늘이 인간에게 준 본성이 착하다는 성선(性腺)을 절대적인 가치관으로 받아들이고 이것을 수양과 교화의 근거로 <u>삼았다</u>. 그러나 불교와 양명학은 이러한 인간관에 대해 의심을 품고 있었다. 만약 성선의 가치관이 파기된다면, 선악 판단이 불가능한 혼란으로 떨어지게 될 것이기 때문에 조선 성리학자들에게 상대주의적 가치관에 대한 대응은 조선 전기 동안 중요한 문제였다.

① 지나간 일을 왜 이제 와서 문제 <u>삼는지</u> 모르겠다.
② 운동 <u>삼아</u> 옆 동네 마트까지 걸어갔다.
③ 내 후계자로 <u>삼기</u> 딱 좋은 인물이나.
④ 저 둘의 파렴치한 행동을 안주로 <u>삼아</u> 이야기했다.
⑤ 유기견을 내 가족으로 <u>삼았다</u>.

51

> 한 물체가 다른 물체에 힘을 작용하면 그 힘을 작용한 물체에도 크기가 <u>같고</u> 방향은 반대인 힘이 동시에 작용한다는 것이 작용 반작용 법칙이다. 예를 들어 바퀴가 달린 의자에 앉아 벽을 손으로 밀면 의자가 뒤로 밀리는데, 사람이 벽을 미는 작용과 동시에 벽도 사람을 미는 반작용이 있기 때문이다. 이 법칙은 물체가 정지하고 있을 때나 운동하고 있을 때 모두 성립하며, 두 물체가 접촉하여 힘을 줄 때뿐만 아니라 서로 떨어져 힘이 작용할 때에도 항상 성립한다.

① 옛날 <u>같으면</u> 남녀가 한자리에 앉는 건 상상도 못 한다.
② 사람 <u>같은</u> 사람이라야 상대를 하지.
③ 내 나이는 그의 나이와 <u>같다</u>.
④ 욕심 <u>같아서는</u> 모두 사 주고 싶지만 그럴 형편이 못 된다.
⑤ 이런 불효자식 <u>같으니라고</u>.

52

물은 상온에서 액체 상태이며, 100℃에서 끓어 기체인 수증기로 변하고, 0℃ 이하에서는 고체인 얼음으로 변한다. 만일 물이 상온 상태에서 기체이거나 또는 보다 높은 온도에서 끓어 고체 상태라면 물이 구성 성분의 대부분을 차지하는 생명체는 존재하지 않았을 것이다.

① 몸이 불덩이 같이 <u>끓는다</u>.
② 가마솥에서는 부엌 용마루를 덮으며 물이 <u>끓고</u>, 그 위에 차려진 국수틀에 장정이 매달려서 국수를 뽑았다.
③ 가슴속에서 울화가 <u>끓는</u> 것 같다.
④ 어린 손자는 목에서 늘 가래가 <u>끓고</u> 기침이 끊이지 않았다.
⑤ 해수욕장은 많은 인파로 <u>끓고</u> 있었다.

53

쇼윈도는 소비사회의 대표적인 문화적 표상 중 하나이다. 책을 읽기 전에 표지나 목차를 먼저 읽듯이 우리는 쇼윈도를 통해 소비 사회의 공간 텍스트에 입문할 수 있다. '텍스트'는 특정한 의도를 가지고 소통할 목적으로 생산한 모든 인공물을 <u>이르는</u> 용어이다. 쇼윈도는 '소비 행위'를 목적으로 하는 일종의 공간 텍스트이다. 기호화 이론에 따르면 '소비 행위'는 이런 공간 텍스트를 매개로 하여 생산자와 소비자가 의사소통하는 과정으로 이해할 수 있다.

① 두 시간 만에 목적지에 <u>이르렀다</u>.
② 마침내 죽을 지경에 <u>이르다</u>.
③ 그는 열다섯에 이미 키가 육 척에 <u>이르렀다</u>.
④ 이를 추측이라고 <u>이른다</u>.
⑤ 동생은 엄마에게 내가 벽에 낙서를 했다고 <u>일렀다</u>.

54

언론이 진실을 보도해야 한다는 것은 지극히 당연하며 새삼스러운 설명이 필요 없는 이야기이다. 대중들은 언론보도를 통해 정보를 인식하고 사실로 간주한다. 때문에 언론의 역할은 중요하며 큰 책임과 권한을 지니고 있다. 언론은 정확한 보도를 위해서라면 문제를 전체적으로 보아야 하며 역사적으로 새로운 자치의 편에서 봐야 하며, 무엇이 근거이고, 무엇이 조건인가를 명확히 해야 한다.

① 은사님은 불량 청소년들을 보도하는 일을 해 오셨다.
② 오늘의 경기 결과는 보도로 접했다.
③ 임금님이 내려 주신 보도를 가보로 간직하고 있다.
④ 비오는 날 보도를 따라 걸었다.
⑤ 소년원의 보도 행정이 제구실을 못하고 있다는 지적이 많다.

55

국가인권위원회는 교실 내 CCTV 설치가 사생활을 침해하고, 표현의 자유를 제약하는 등 '인권침해'의 소지가 있다는 판단을 내린 바 있다. '학생들의 행동자유권, 교사들의 교육 자주성 확보 등 기본권 제한이 적지 않다'는 이유에서이다. 그렇지만 다른 한편에서는 학교 폭력의 예방이라는 공적인 이익을 내세워 CCTV 설치를 요구하기도 한다.

① 건물주는 세입자들을 쫓아내기 위해 주먹깨나 쓰는 사람들을 내세웠다.
② 오늘날에 와서는 대부분의 나라가 민주주의를 내세우고 있다.
③ 그는 자신이 문제를 해결했음을 내세웠다.
④ 신입 사원을 직원들 앞에 내세워 소개하였다.
⑤ 젊은 사람을 대통령 후보에 내세웠다.

56

> 이해할 수 있는 부분은 주의를 기울여 읽고, 금방 이해가 안 되는 부분은 멈추지 말고 그냥 넘어가라. 아무리 난해해도 계속 읽으면 곧 이해할 수 있는 부분이 나타날 것이다. 그러면 다시 이 부분을 집중해서 읽는 것이다. 이렇게 각주, 주석, 참고문헌 등으로 <u>빠져나가지</u> 말고 끝까지 읽는다. 딴 데로 <u>새면</u> 길을 잃게 된다. 모르는 문제는 붙들고 있어봤자 풀 수 없다. 다시 읽어야 훨씬 쉽게 이해할 수 있게 된다. 그러나 '일단 처음부터 끝까지' 읽고 나서 다시 읽어야 한다.

① 동생은 학교를 안 가고 딴 곳으로 <u>새</u> 버렸다.
② 권세란 흐르는 물과 같은 것으로 언제 어디서 흘러왔다가 언제 어디로 <u>새어</u> 나갈지 누구도 모른다.
③ 아버님이 계신 방으로 소리가 <u>새지</u> 않도록 조그맣게 이야기를 했다.
④ 연구 결과가 외부 연구 기관에 <u>새고</u> 있었다.
⑤ 병력이 딴 데로 <u>새지</u> 않도록 관리를 철저히 하시오.

57 다음 내용에서 주장하는 바로 가장 적절한 것은?

> 언어와 사고의 관계를 연구한 사피어(Sapir)에 의하면 우리는 객관적인 세계에 살고 있는 것이 아니다. 우리는 언어를 매개로 하여 살고 있으며, 언어가 노출시키고 분절시켜 놓은 세계를 보고 듣고 경험한다. 워프(Whorf) 역시 사피어와 같은 관점에서 언어가 우리의 행동과 사고의 양식을 주조(鑄造)한다고 주장한다. 예를 들어 어떤 언어에 색깔을 나타내는 용어가 다섯 가지밖에 없다면, 그 언어를 사용하는 사람들은 수많은 색깔을 결국 다섯 가지 색 중의 하나로 인식하게 된다는 것이다.

① 언어와 사고는 서로 관련이 없다.
② 언어가 우리의 사고를 결정한다.
③ 인간의 사고는 보편적이며 언어도 그러한 속성을 띤다.
④ 사용언어의 속성이 인간의 사고에 영향을 줄 수는 없다.
⑤ 언어는 분절성을 갖는다.

아들러는 우월성이란 개념을 자기완성 혹은 자아실현이란 의미로 사용하였다. 아들러는 인간의 자기 신장, 성장, 능력을 위한 모든 노력의 근원이 열등감이라고 말했다. 그러나 '인간이 추구하는 가장 궁극적인 목적은 무엇인가?', '삶의 일관성과 통일성을 부여하는 것은 무엇인가?', '인간은 단지 열등감의 해소만을 추구하는가?', '인간은 단지 타인을 능가하기 위해서만 동기화되는가?', 이러한 질문들에 대해 아들러는 1908년까지는 '공격성'으로, 1910년경에는 '힘에 대한 의지'로 그 후부터는 '우월성 추구'라는 개념으로 설명했다.

우월성의 추구는 삶의 기초적인 사실로 모든 인간이 문제에 직면하였을 때 부족한 것은 보충하며, 낮은 것은 높이고, 미완성의 것은 완성하며, 무능한 것은 유능한 것으로 만드는 경향성이다. 즉 우월성의 추구는 모든 사람의 선천적인 경향성으로 일생을 통해 환경을 적절히 통제하며 동기의 지침이 되어 심리적인 활동은 물론 행동을 안내한다. 아들러는 우월성의 추구를 모든 인생의 문제 해결의 기초에서 볼 수 있으며 사람들이 인생의 문제에 부딪히는 양식에서 나타난다고 하였다. 출생에서 사망에 이르기까지 우월성 추구의 노력은 인간을 현 단계에서 보다 넓은 단계의 발달로 이끌어 준다. 모든 욕구는 완성을 위한 노력에서 비롯되기 때문에 분리된 욕구란 존재하지 않는다.

우월성 추구는 그 자체가 수천 가지 방법으로 나타날 수 있으며, 모든 사람들은 자신의 성취나 성숙을 추구하는 일정한 노력의 형태를 가지고 있다고 한다. 우월성의 추구는 다음과 같은 특징들로 설명된다. 첫째, 우월성의 추구는 유아기의 무능과 열등에 뿌리를 두고 있는 기초적 동기이다. 둘째, 이 동기는 정상인과 비정상인에게 공통적으로 존재한다. 셋째, 추구의 목표는 긍정적 또는 부정적 방향이 있다. 긍정적 방향은 개인의 우월성을 넘어서 사회적 관심, 즉 타인의 복지를 추구하며, 건강한 성격이다. 부정적 방향은 개인의 우월성, 즉 이기적 목표만을 추구하며 이를 신경증적 증상으로 본다. 넷째, 우월성의 추구는 많은 힘과 노력을 소모하는 것이므로 긴장이 해소되기보다는 오히려 증가한다. 다섯째, 우월성의 추구는 개인 및 사회 수준에서 동시에 일어난다. 즉 개인의 완성을 넘어서 문화의 완성도 도모한다는 것이다. 이러한 관점에서 아들러는 개인과 사회의 관계가 갈등하는 관계가 아니라 조화로운 관계로 파악하였다.

이러한 특징을 통해 우월성의 추구가 건전하게 이루어진 성격에 사회적 관심을 가미하고 있음을 이해할 수 있다. 즉 사회적 관심을 가진 바람직한 생활양식을 바탕으로 한 우월성 추구가 건강한 삶이라고 할 수 있다.

① 개념에 대한 문제점을 지적하고 반론을 제기하고 있다.
② 개념에 대한 입장차이를 분명하게 표명하고 있다.
③ 개념에 대한 체험을 밝히고 다양한 예시들을 나열한다.
④ 하나의 개념을 밝히고 그 특징을 자세히 설명하고 있다.
⑤ 다양한 개념을 제시하고 사례를 통해 이해를 돕는다.

59 다음 글의 내용과 일치하는 것은?

어떤 현상이 절대적이며 변화하지 않는다고 인식할 때, 우리는 일반적으로 이것을 '사실'로 받아들이게 된다. 그러나 자연과학에서의 '사실'은 전문적이고 유능한 과학자들이 동일한 현상을 여러 번 관찰하여 확인한 것으로 새로운 '사실'이 나올 때까지의 협약이다.

또한 '사실'일 것이라고 추측하는 것을 '가설'이라고 하는데, '과학적인 가설'은 실험을 통하여 옳고 그름을 입증할 수 있는 것만을 말하며, 이 가설이 반복적으로 검증되어 모순이 없을 때 '법칙'이 된다. '우주의 어느 곳에 지적(知的)인 생명체가 존재한다.'라는 주장이 있다고 하자. 그러나 이 가설은 타당성 여부에 관계없이 '추측'에 불과하다. 우주 어딘가에 지적인 생명체가 존재한다는 것을 단 한 번이라도 확인할 수 있다면 '사실'로 입증되겠지만, 현재의 과학 수준으로서는 우주에 지적인 생명체가 존재하는지의 여부를 확인하지 못한다. 따라서 이 주장이 잘못되었다는 것도 증명할 수 없다. 이와 같이 옳고 그름을 검증할 수 없는 주장은 과학적 가설이 아니다.

한편, 과학자가 어떤 가설이나 원리를 사실이라고 믿고 있다가도, 그렇지 않다는 확증을 발견하면 더 이상 '사실'이 되지 않는다. 원래의 가설이나 원리를 주장한 사람의 권위나 평판에 관계없이 단호하게 종래의 사실을 인정하지 않게 된다. 예를 들어, 그리스의 철학자 아리스토텔레스는 '물체의 떨어지는 속도는 무게에 비례한다.'라고 주장하였다. 이 주장은 이천 년 이상 '사실'로 사람들에게 받아들여졌다. 그러나 갈릴레오는 이 사실에 의문을 가졌고, 여러 가지 관찰을 통해 물체의 떨어지는 속도는 무게와 상관없을 것이라는 추측을 하게 되었다. 결국 갈릴레오는 자유낙하 실험을 통해 자신의 가설을 입증하였다. 즉, 무게가 다른 두 개의 물체를 같은 높이에서 떨어뜨리면 같은 속도로 떨어진다는 것이다. 이처럼 과학적 정신에 입각하면 단 한 번의 실험으로도 '사실'을 바꿀 수 있다.

과학자는 연구 도중에 기존의 원리와는 다른 실험적인 결과를 얻을 때가 있다. 예상치 못한 실험의 결과가 지엽적이고 사소한 것일지라도 과학자는 소중히 여기고 받아들여야 한다. 또한 과학자는 자신이 보고자 한 것과 자신이 본 것을 구별하도록 노력해야 한다. 왜냐하면 과학자들도 다른 일반인들처럼, 많은 사람이 옳다고 인정하는 것에 끌리는 경향이 있기 때문이다.

자연과학적 이론은 고정된 것이 아니라 변할 수 있는 것이며, 다시 개정되고 정비되는 과정을 거치면서 발전한다. 예를 들어 '원자운동'의 경우 지난 수백 년 동안 새로운 사실들이 축적되었고 이를 바탕으로 이론은 계속 수정되었다. 이와 같은 이론의 수정은 자연과학의 약점이 아니라 오히려 강점이 되며, 수정과 보완을 거듭하면서 모순 없는 법칙이나 진리에 가까이 가게 된다. 그러므로 반대적 실험 사실에 직면할 때나 가설에 의해 새로운 관점을 갖게 될 수밖에 없을 때, 과학자들은 자신의 마음을 바꾸는 것을 주저해서는 안 된다. 믿음을 지키는 것보다 더 중요한 것은 믿음을 개선하는 것이다.

① '추측'은 타당성이 있어야 '사실'이 된다.
② 일반인들은 입증된 사실만을 받아들인다.
③ 자연과학 이론의 수정 가능성은 자연과학의 약점이다.
④ 공인된 사실도 새로운 '사실'이 나올 때까지의 '협약'일 뿐이다.
⑤ 과학자에게는 예상치 못한 실험 결과를 배제하는 태도가 필요하다.

60 다음 글에서 추론할 수 있는 진술로 가장 옳은 것은?

> ○○○ 씨는 부산에서 서울로 돌아오는 길에 폭설을 만나 고속도로 위에서 밤새 움직이지 못하는 신세가 되었다. 설상가상으로 자동차 연료가 바닥나서 추위에 떨며 굶주렸다. 밤새 고생하다가 다음 날 새벽 서울에 겨우 도착했을 때 고속도로 이용 요금을 내야 했다. 그는 고속도로가 전혀 제 기능도 하지 못하고 이용자가 어려움을 겪었다는 점을 고려하지 않고 비용을 징수한 것 때문에 화가 많이 났다.
>
> 그는 집에 도착한 후, 비용을 징수한 것이 부당하다는 내용의 글을 인터넷 게시판에 썼다. 이에 공감한 사람들이 그의 주장에 동참하였다. 그들은 함께 소송을 제기하기로 하였다.

① 사회의 민주화 지연
② 시민 사회의 영향력 강화
③ 수직적 인간관계 확대
④ 권위적인 사회 풍토 확대
⑤ 사회에 대한 개인의 영향력 약화

61 다음 글에서 추론할 수 있는 진술로 가장 옳지 않은 것은?

> '빅 데이터'란 기존의 기술로는 감당할 수 없었던 방대한 양의 정보를 말한다. 최근 정보 통신 기술이 발달하면서 빅 데이터를 분석한 후 숨겨진 패턴을 추출할 수 있게 되어 앞으로 발생할 현상에 대한 대응력이 높아졌다. 특히 정보 사회의 시민들도 인터넷, 휴대전화, 신용카드, CCTV 등을 통해 본인의 의도와 상관없이 자신과 관련된 수많은 디지털 정보를 남기는데, 이는 기업들에게 중요한 빅 데이터가 된다. 이미 몇몇 대기업들은 고객들의 신용카드 이용 실태와 관련된 빅 데이터를 활용하여 새로운 판매 확대 전략을 수립하고 있다. 그러나 한편에서는 빅 데이터가 잘못 활용될 경우 사생활이 침해될 수 있다는 우려도 제기되고 있다.

① 디지털 정보가 상업적 용도로 사용되고 있다.
② 디지털 정보 관리자의 윤리 의식 강화가 요구된다.
③ 기업의 매출 증대를 위해 빅 데이터가 활용되고 있다.
④ 빅 데이터가 잘 관리되지 않으면 개인 정보가 유출될 수 있다.
⑤ 빅 데이터의 증가는 개인 행위에 대한 예측 가능성을 떨어뜨린다.

62 다음 글의 내용에 부합되지 않는 것은?

NFT(non-fungible token)는 '대체 불가능한 토큰'이라는 뜻으로, 희소성을 갖는 디지털 자산이다. 블록체인 기술을 통해 디지털 자산의 소유를 증명할 수 있으며, 예술인과 디자이너들의 작품이 거래될 때 주로 사용된다.

최근 NFT는 특정 디지털 파일에 대한 고유한 서명을 붙여 가상현실인 메타버스 속에서 특정 자산에 대한 특별한 표현 도구로 주목받고 있다. NFT가 손에 잡히지 않은 가상의 소유권이지만 경매시장에서 뜨거운 관심을 받는 이유도 바로 이 '희소성' 때문이다.

이에 따라 많은 업계에서도 NFT의 특성이 자신만의 '희소한' 개성을 추구하는 MZ세대의 성향과도 잘 맞는다고 판단하고 이를 활용한 마케팅에 적극적으로 뛰어들고 있다. 주 타깃층인 MZ세대에게 차별화된 혜택을 제공하고 이를 통해 브랜드 인지도 제고와 신규 고객 유입 효과를 얻겠다는 것이다.

특히 패션업계는 NFT가 디지털 아트, 게임, 멤버쉽 등 다양한 곳에 적용하여 콘텐츠에 대한 소유권을 명확히 할 수 있다는 점을 활용해 고객에게 할인 혜택을 제공하거나 쿠폰형 NFT를 발행하는 등의 새로운 방식으로 참여를 이끌어낸다.

전문가들은 특별하고 새로운 것을 추구하는 요즘 세대에 맞춰 향후 이를 활용한 마케팅이 확대될 것이라고 전망했으며, 디지털 전환 추진 속도를 높이기 위해서라도 NFT 활용 사례가 보다 다양해질 것으로 내다보고 있다.

① NFT는 블록체인 기술과 밀접한 관련이 있다.
② NFT는 디지털 파일의 소유권만 주장할 수 있을 뿐, 가상현실과는 관련이 없다.
③ 다양한 업계에서 NFT를 이용해 브랜드의 인지도를 높이고자 한다.
④ NFT를 활용하여 할인 혜택, 쿠폰 등과 같은 새로운 방식의 마케팅이 늘어나고 있다.
⑤ 디지털 전환을 추진하기 위해 NFT의 활용도가 점점 높아질 것이다.

63 다음 글의 제목으로 가장 적절한 것은?

조선 시대 교육에서 주목할 점은 교육에 대한 백성들의 집념과 열의가 대단했다는 것이다. 조선 시대에는 양반은 말할 것도 없고 평·천민들까지도 교육에 대해 커다란 관심을 가졌으며 그래서 어떻게 해서든지 자제들을 가르치려고 노력했다. 양반과 평·천민들이 어려운 살림 속에서도 기금을 마련하여 학계와 서당계 등을 조직하고 훈장을 초빙하여 자제들을 교육시킨 것은 바로 교육에 대한 이러한 열의와 집념의 산물이었다. 이와 같은 교육열과 집념으로 말미암아 양반은 말할 것도 없고 평·천민 중에서도 상당히 많은 사람들이 문자를 읽고 쓸 줄 알았으며, 민원과 관련하여 관에 소장(訴狀)을 제출하거나 혹은 토지 등을 매매할 때 직접 문서를 작성할 정도로 문자 해독력이 크게 높아졌다. 한국의 조선 시대와 중국의 명·청 시대 및 일본의 막부 시대에 살았던 백성들의 문자 해독력을 비교해 본다면 조선의 백성이 중국이나 일본의 백성보다 월등히 앞섰다고 말할 수 있다.

조선 시대의 교육 목표는 백성들에게 삼강오륜 등의 예의를 가르쳐 이를 실천하게 하는 것이었다. 조선 시대에는 백성을 다스리는 일은 곧 백성을 기르는 일이요, 백성을 기르는 일은 곧 백성을 가르치는 일이었으며, 백성을 가르치는 일은 곧 백성에게 예의를 알게 하는 일이었다. 백성을 직접 다스리는 수령을 '목민관'이라고 부른 것이나 정약용이 「목민심서」에서 '목민관의 직책으로서 가장 중요한 것은 백성을 교화하는 일이며 교화는 예속, 즉 예의를 가르치고 권장하는 일'이라고 말한 것은 이러한 생각을 단적으로 보여주는 예이다.

위정자들은 백성들에게 충과 효를 바탕으로 한 예의를 가르치면 백성들은 자연히 왕에 충성하고 부모에 효도하며 어른을 공경하고 가난하고 외로운 이웃을 돌보게 되어 사회는 안정되고 정치는 스스로 이루어진다고 믿었다. 왕을 위시한 집권자들이 교육에 대해 커다란 관심을 가졌던 이유가 바로 여기에 있었던 것이다.

교육의 목표가 이처럼 백성에게 오로지 예의를 가르치고 이를 실천하도록 하는 데 있었기 때문에 그로 인한 문제점도 적지 않았다. 우선 무예 교육에 너무 소홀했다는 점을 지적할 수 있다. 무과 응시자를 위한 별도의 교육 기관이 설립되지 않았다는 점은 두 차례의 외침을 겪은 이후에도 시정되지 않아 군사력이 거의 증강되지 않았으며, 그 결과 개항기에 열강의 침탈에 대해 적절히 대처하지 못하는 원인이 되기도 했다. 또 각종 기술 교육을 경시하고 이에 종사하는 관료들을 천대했기 때문에 조선 시대 내내 이렇다 할 기술적 진보를 이루지 못했으며, 이로 말미암아 조선 말기의 근대화 과정에서도 많은 어려움을 겪어야 했다는 점도 지적되어야 할 것이다. 이것이 예의를 중시했던 조선 시대의 유교적 교육관으로 인하여 빚어진 어두운 측면이다.

① 조선 시대의 교육 과정
② 조선 시대의 교육 수준
③ 조선 시대의 교육열과 교육관
④ 조선 시대의 교육 기관 변천사
⑤ 조선 시대의 교육 제도와 교육자

64 다음 글을 읽고 이 글을 이해한 내용으로 적절하지 못한 것은?

세금이란 정부 또는 지방 정부가 수입을 얻기 위해 법률의 규정에 따라 직접적인 반대급부 없이 자연인이나 법인에게 부과하는 경제적 부담이다. 즉, 세금은 정부가 사회 안전과 질서를 유지하고 국민 생활에 필요한 공공재를 공급하는 비용을 마련하기 위해 가계나 기업의 소득을 가져가는 부(富)의 강제 이전(移轉)인 것이다.

납세자들은 정부에서 제공하는 각종 재정 활동, 즉 각종 공공시설, 보건 의료, 복지 및 후생 등의 편익에 대해서 더 큰 혜택을 원한다. 그러나 공공 서비스 확충을 위하여 세금을 더 많이 내겠다고 나서는 사람은 보기 드물다.

역사적으로 볼 때 시민 혁명이나 민중 봉기 등의 배경에는 정부의 과다한 세금 징수도 하나의 요인으로 자리 잡고 있다. 현대에도 정부가 세금을 인상하여 어떤 재정 사업을 하려고 할 때, 국민들은 자신들에게 별로 혜택이 없거나 부당하다고 생각될 경우 납세 거부 운동을 펼치거나 정치적 선택으로 조세 저항을 표출하기도 한다. 그래서 세계 대부분의 국가는 원활한 재정 활동을 위한 조세 정책에 골몰하고 있다. 경제학의 시조인 아담 스미스를 비롯한 많은 경제학자들이 제시하는 바람직한 조세 원칙 중 가장 대표적인 것이 공평과 효율의 원칙이라 할 수 있다. 공평의 원칙이란 특권 계급을 인정하지 않고 국민은 누구나 자신의 능력에 따라 세금을 부담해야 한다는 의미이고, 효율의 원칙이란 정부가 효율적인 제도로 세금을 과세해야 하며 납세자들로부터 불만을 최소화할 수 있는 방안으로 징세해야 한다는 의미이다.

조세 원칙을 설명하려 할 때 프랑스 루이 14세 때의 재상 콜베르의 주장을 대표적으로 원용한다. 콜베르는 가장 바람직한 조세의 원칙은 거위의 털을 뽑는 것과 같다고 하였다. 즉, 거위가 소리를 가장 적게 지르게 하면서 털을 가장 많이 뽑는 것이 가장 훌륭한 조세 원칙이라는 것이다.

거위의 깃털을 뽑는 과정에서 거위를 함부로 다루면 거위는 소리를 지르거나 달아나 버릴 것이다. 동일한 세금을 거두더라도 납세자들이 세금을 내는 것 자체가 불편하지 않게 해야 한다는 의미이다. 또 어떤 거위도 차별하지 말고 공평하게 깃털을 뽑아야 한다. 이것은 모든 납세자들에게 공평한 과세를 해야 한다는 의미이다. 신용 카드 영수증 복권 제도나 현금 카드 제도 등도 공평한 과세를 위해서이다.

더불어 거위 각각의 상태를 감안하여 깃털을 뽑아야 한다. 만일 약하고 병든 거위에게서 건강한 거위와 동일한 수의 깃털을 뽑게 되면 약하고 병든 거위들의 불평·불만이 생길 것이다. 더 나아가 거위의 깃털을 무리하게 뽑을 경우 거위는 죽고 결국에는 깃털을 생산할 수 없게 될 것이다.

---

① 납세자들의 경제적 여건을 고려하여 세금이 부과되어야 한다.
② 대다수의 국민들은 양질의 공공 서비스를 받기 위해 세금을 많이 내려고 한다.
③ 무리한 세금 부과는 국민과 국가를 모두 힘들게 할 수 있으므로 피해야 한다.
④ 정부는 납세자들의 불만을 최소화하는 방법으로 세금을 징수하여야 한다.
⑤ 공평의 조세 원칙에 따르면 국민은 누구나 자신의 능력에 따라 세금을 부담해야 한다.

65 다음 내용과 일치하지 않는 것은?

쇼윈도는 소비 사회의 대표적인 문화적 표상 중 하나이다. 책을 읽기 전에 표지나 목차를 먼저 읽듯이 우리는 쇼윈도를 통해 소비 사회의 공간 텍스트에 입문할 수 있다. '텍스트'는 특정한 의도를 가지고 소통할 목적으로 생산한 모든 인공물을 이르는 용어이다. 쇼윈도는 '소비 행위'를 목적으로 하는 일종의 공간 텍스트이다. 기호화 이론에 따르면 '소비 행위'는 이런 공간 텍스트를 매개로 하여 생산자와 소비자가 의사소통하는 과정으로 이해할 수 있다.

신발가게의 쇼윈도에는 마네킹이 멋진 포즈를 취한 채 화려한 운동화를 신고 있다. 환한 조명 때문인지 신발은 더욱 화려해 보인다. 길을 걷다 환한 조명에 이끌려 마네킹을 하나씩 살펴본다. 마네킹을 보며 나도 모르게 혼잣말을 한다. '와, 신발 멋있다. 비싸보이는데 갖고 싶네. 신발이 화려하니까 옷도 화려해보이네. 하긴 패션의 완성은 신발이지.' 라는 생각에 곧 신발가게로 들어간다.

이와 같은 일련의 과정은 소비자가 쇼윈도라는 공간 텍스트를 읽는 행위로 이해할 수 있다. 공간 텍스트는 세 개의 층위(표층, 심층, 서사)로 존재한다. 표층 층위는 쇼윈도의 장식, 조명, 마네킹의 모습 등과 같은 감각적인 층위이다. 심층 층위는 쇼윈도의 가치와 의미가 내재되어 있는 층위이다. 서사 층위는 표층 층위와 심층 층위를 연결하는 층위로서 이야기 형태로 존재한다.

서사 층취에서 생산자와 소비자는 상호 작용을 한다. 생산자는 텍스트에 의미와 가치를 부여하고 이를 이야기 형태로 소비자에게 전달한다. 소비자는 이야기를 통해 텍스트의 의미와 가치를 해독한다. 이런 소비의 의사소통 과정은 소비자의 '서사 행로'로 설명할 수 있다. 이 서사 행로는 다음과 같은 네 가지 과정을 거쳐 진행된다.

첫 번째, 소비자가 제품에 관심을 갖기 시작하는 과정이다. 이때 소비자는 쇼윈도 앞에 멈추어 공간 텍스트를 읽을 준비를 한다. 두 번째는 소비자가 상품을 꼼꼼하게 관찰하는 과정이다. 이 과정에서 소비자는 쇼윈도와 쇼윈도의 구성물들을 감상한다. 세 번째는 소비자가 상품에 부여된 가치를 해독하는 과정이다. 이 과정에서 소비자는 쇼윈도 텍스트에 내재된 가치들을 읽어 낸다. 네 번째는 소비자가 상품에 대한 최종평가를 내리는 과정이다.

이 네 과정을 거치면서 소비자는 구매 여부를 결정한다. 서사 행로는 소비자의 측면에서 보면 이 상품이 꼭 필요한지, 자기가 그 상품을 살 능력을 갖고 있는지 등을 면밀히 검토하는 과정이라고 볼 수 있다.

① 쇼윈도는 소비자를 소비 공간으로 유인한다.
② 소비자는 서사 행로를 통해 구매 여부를 결정한다.
③ 책을 읽는 능력은 공간 텍스트 해독에 도움을 준다.
④ 마네킹을 통해서 소비자는 생산자와 의사소통을 한다.
⑤ 공간 텍스트에는 생산자가 부여한 의미가 담긴다.

자료해석

≫ 정답 및 해설 **p.334**

[01~02] 다음 숫자들의 배열 규칙을 찾아 ( ) 안에 들어갈 알맞은 숫자를 고르시오.

01

| 25 26 13 14 7 8 4 ( ) |

① 1   ② 2
③ 3   ④ 4

02

| 68 71 ( ) 70 73 68 82 65 |

① 69   ② 70
③ 72   ④ 74

03 자연수를 아래 표와 같이 나열할 때, 제5행의 첫째항부터 100번째 항까지의 합은?

1행	1	10	11	20	21	…
2행	2	9	12	19	22	…
3행	3	8	13	18	23	…
4행	4	7	14	17	24	…
5행	5	6	15	16	25	…

① 15,050

② 25,050

③ 35,050

④ 45,050

04 아래 그림과 같이 수들을 피라미드 꼴로 쌓아 올린다고 하자. 즉, 위에 있는 수는 아래에 있는 두 수의 합이 되도록 만든다.

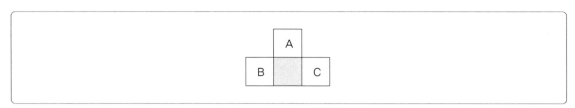

이때, 아래 피라미드에서 x의 값은?

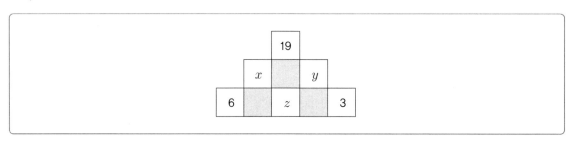

① 5

② 6

③ 8

④ 11

05 다음은 우리나라 시도별 2021 ~ 2022년 경지 면적, 논 면적, 밭 면적에 대한 예시 자료이다. 이에 대한 설명으로 〈보기〉에서 옳은 것을 모두 고르면?

〈자료 1〉 2021년

(단위 ha, %)

구분	경지 면적	논 면적	밭 면적
서울특별시	347	150	197
부산광역시	5,408	2,951	2,457
대구광역시	7,472	3,513	3,958
인천광역시	18,244	11,327	6,918
광주광역시	9,252	5,758	3,494
대전광역시	3,742	1,358	2,384
울산광역시	9,977	5,281	4,696
세종특별자치시	7,588	4,250	3,338
경기도	160,181	84,125	76,056
강원도	100,756	33,685	67,071
충청북도	101,900	38,290	63,610
충청남도	210,428	145,785	64,644
전라북도	195,191	124,408	70,784
전라남도	288,249	169,090	119,159
경상북도	260,237	118,503	141,734
경상남도	142,946	81,288	61,658
제주특별자치도	59,039	17	59,022
전 국	1,580,957	829,778	751,179

〈자료 2〉 2022년

구분	경지 면적	논 면적	밭 면적
서울특별시	343	145	199
부산광역시	5,306	2,812	2,493
대구광역시	7,458	3,512	3,947
인천광역시	18,083	11,226	6,857
광주광역시	9,083	5,724	3,359
대전광역시	3,577	1,286	2,292
울산광역시	9,870	5,238	4,632
세종특별자치시	7,555	4,241	3,314
경기도	156,699	82,790	73,909
강원도	99,258	32,917	66,341
충청북도	100,880	37,970	62,910
충청남도	208,632	145,103	63,528
전라북도	193,791	123,638	70,153
전라남도	286,396	168,387	118,009
경상북도	257,323	117,936	139,387
경상남도	141,889	80,952	60,937
제주특별자치도	58,654	17	58,637
전 국	1,564,797	823,895	740,902

※ 경지 면적 = 논 면적 + 밭 면적

<보기>
㉠ 2022년 경지 면적 중 상위 5개 시·도는 전남, 경북, 충남, 전북, 경기이다.
㉡ 울산의 2022년 논 면적은 울산의 2021년 밭 면적의 두 배이다.
㉢ 2021년 대비 2022년 전국 밭 면적의 증감률은 −1.4이다.
㉣ 2021년 논 면적 중 상위 5개 시·도는 전남, 충남, 경북, 전북, 제주이다.

① ㉠㉡
② ㉠㉢
③ ㉡㉢
④ ㉢㉣

06 다음은 국가별 빅맥지수를 나타낸 예시 그래프이다. 2019년 대비 2022년의 빅맥지수 증가율이 가장 큰 국가는?

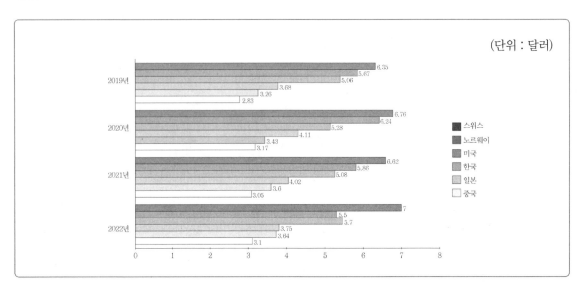

① 스위스
② 노르웨이
③ 미국
④ 한국

07 다음 표는 소정렌터카 회사에서 제시한 차종별 자동차 대여료이다. 이를 토대로 하여 주식회사 서원각 영업부 직원 10명이 차량을 대여하여 9박 10일 간 전국 출장을 계획하고 있다. 다음 중 가장 경제적인 차량 임대 방법에 해당하는 것은? (단, 대여 시간을 초과하는 경우 다음 단계의 요금을 적용한다)

〈차종별 자동차 대여료〉

구분	대여 기간별 1일 요금			대여 시간별 요금	
	1~2일	3~6일	7일 이상	6시간	12시간
코나(4인승)	75,000	68,000	60,000	34,000	49,000
소나타(5인승)	105,000	95,000	84,000	48,000	69,000
카니발(8인승)	182,000	164,000	146,000	82,000	119,000
펠리세이드(7인승)	152,000	137,000	122,000	69,000	99,000
쏠라티(15인승)	165,000	149,000	132,000	75,000	108,000

① 쏠라티 1대를 대여한다.
② 코나 3대를 대여한다.
③ 소나타 2대를 대여한다.
④ 펠리세이드 2대를 대여한다.

08 다음은 연도별 도시철도 수송실적 현황표의 예시이다. 표에 대한 설명으로 적절하지 않은 것은?

(단위 : 백만 명)

구분	2018	2019	2020	2021	2022
서울	1,887	1,861	1,864	1,900	1,383
부산	331	339	336	343	246
대구	163	163	163	168	110
인천	86	109	112	116	86
광주	18	19	19	19	14
대전	40	39	40	40	26
김해	19	19	18	18	13
의정부	11	12	12	13	10
용인	7	7	8	9	6
우이-신설	–	5	15	16	13
김포	–	–	–	3	11
합계	2,562	2,573	2,587	2,645	1,918

① 2019 ~ 2021년 서울 도시철도 수송인원은 꾸준히 증가하였다.
② 2021년 총 수송인원은 전년대비 2.4% 증가하였다.
③ 2022년 총 수송인원은 전년대비 27.5% 감소하였다.
④ 2020년 대비 2021년 수송실적은 용인이 가장 높다.

09 다음은 2022년 1월부터 8월까지 유럽에서 판매된 자동차의 회사별 판매대수와 작년과 같은 기간과 대비한 변동지수이다. 이에 대한 설명으로 옳은 것은?

자동차회사	판매대수	변동지수(전년 동기간=100)
Volkswagen	1,752,369	99.5
PSA	1,474,173	96.6
Ford	1,072,958	103.6
Renault	1,001,763	100.3
General Motors	950,832	99.8
FIAT	723,627	103.0
Daimler Chrysler	630,912	95.9
TOYOTA	459,063	109.0
BMW	413,977	107.9
현대 · 기아	292,675	120.6
Mazda Motor	137,294	124.6
HONDA	130,932	111.1
전체	9,040,575	102.0

① Mazda Motor의 판매 증가율이 가장 크고, PSA의 판매 감소율이 가장 크다.

② 4개 기업을 제외하고는 모두 작년과 같은 기간에 비해 판매가 줄었다.

③ 전체적으로 보면 작년과 같은 기간에 비해 판매가 줄었다.

④ 작년과 같은 기간 동안 판매된 자동차수를 비교하면 Daimler Chrysler보다 FIAT이 더 많았었다.

10 다음은 연도별 국적(지역) 및 체류자격별 외국인 입국자 현황을 예시로 보여준 표이다. 2019~2020년의 아시아주계 외교자격 수와 2021~2022년의 아시아주계 외교자격 수의 차이로 옳은 것은?

(단위 : 명)

구분		2019년		2020년		2021년		2022년	
		A1	A2	A1	A2	A1	A2	A1	A2
아시아주계	남	4,474	14,680	5,235	18,153	5,621	21,473	1,189	1,756
	여	2,627	6,617	3,115	7,937	3,344	9,878	816	944
북아메리카주계	남	1,372	3,653	1,441	4,196	1,973	6,473	442	847
	여	985	1,328	1,057	1,473	1,415	2,186	302	383
남아메리카주계	남	552	256	557	314	639	393	154	172
	여	395	100	421	129	431	232	113	60
유럽주계	남	2,101	1,292	2,491	1,523	2,462	1,717	587	458
	여	1,228	687	1,356	787	1,470	961	423	311
오세아니아주계	남	281	311	303	328	401	483	89	89
	여	168	153	179	157	235	213	60	28
아프리카주계	남	491	788	565	789	513	774	162	133
	여	265	205	333	261	346	335	129	68
총계	남	9,323	21,411	10,652	25,719	11,670	31,805	2,624	3,547
	여	5,688	9,348	6,485	11,014	7,282	14,122	1,843	1,844
	계	15,011	30,759	17,137	36,733	18,952	45,927	4,467	5,391

※ A1 = 외교, A2 = 공무

① 3,641
② 4,481
③ 8,729
④ 13,336

11 다음은 1,000명을 대상으로 실시한 미래의 에너지원(원자력, 석탄, 석유) 각각의 수요 예측에 대한 여론조사를 실시한 자료이다. 이 자료를 통해 볼 때, 미래의 에너지 수요에 대한 이론을 옳게 설명한 것은?

(단위 : %)

수요 예상 정도	미래의 에너지원		
	원자력	석탄	석유
많이	50	43	27
적게	42	49	68
잘 모름	8	8	5

① 앞으로 석유를 많이 사용해야 한다.
② 앞으로 석탄을 많이 사용해야 한다.
③ 앞으로 원자력을 많이 사용해야 한다.
④ 앞으로 원자력, 석유, 석탄을 모두 많이 사용해야 한다.

12 다음 예시 표에 대한 설명으로 적절하지 않은 것은?

〈소득수준별 노인의 만성 질병 수〉

(단위 : 만 원, %)

소득 \ 질병수	없다	1개	2개	3개 이상
50 미만	3.7	19.9	27.3	33.0
50 ~ 99	7.5	25.7	28.3	26.0
100 ~ 149	8.3	29.3	28.3	25.3
150 ~ 199	10.6	30.2	29.8	20.4
200 ~ 299	12.6	29.9	29.0	19.5
300 이상	15.7	25.9	25.4	25.9

① 소득이 가장 낮은 수준의 노인이 3개 이상의 만성 질병을 앓고 있는 비율이 가장 높다.
② 모든 소득 수준에서 만성 질병의 수가 3개 이상인 경우가 4분의 1을 넘는다.
③ 소득 수준이 높을수록 노인들이 만성 질병을 전혀 앓지 않을 확률은 높아진다.
④ 월 소득이 50만 원 미만인 노인이 만성 질병이 없을 확률은 5%에도 미치지 못한다.

13 다음은 일부 시도별 소방안전교육 이수현황을 나타낸 예시 자료이다. 이에 대한 설명으로 옳지 않은 것은?

구분	2019년		20120		2021년		2022년	
	소방안전교육을 받은 주민 수	주민등록인구	소방안전교육을 받은 주민 수	주민등록인구	소방안전교육을 받은 주민 수	주민등록인구	소방안전교육을 받은 주민 수	주민등록인구
서울특별시	1,168,490	9,857,426	1,211,335	9,765,623	1,006,701	9,729,107	129,949	9,668,465
부산광역시	1,373,423	3,470,653	914,341	3,441,453	702,015	3,413,841	69,064	3,391,946
대구광역시	518,229	2,475,231	444,130	2,461,769	444,063	2,438,031	89,611	2,418,346
인천광역시	329,876	2,948,542	409,320	2,954,642	962,492	2,957,026	150,492	2,942,828
광주광역시	127,075	1,463,770	131,064	1,459,336	143,553	1,456,468	17,509	1,450,062
대전광역시	374,298	1,502,227	360,889	1,489,936	377,824	1,474,870	36,445	1,463,882
울산광역시	75,322	1,165,132	128,200	1,155,623	124,182	1,148,019	56,399	1,136,017
세종특별자치시	47,587	280,100	53,595	314,126	43,591	340,575	8,011	355,831
경기도	3,661,500	12,873,895	3,841,821	13,077,153	3,046,892	13,239,666	1,069,510	13,427,014
전국	7,675,800	36,036,976	7,494,695	36,119,661	6,851,313	36,197,603	1,626,990	36,254,391

① 서울특별시의 2022년 소방안전교육 이수율은 전년대비 감소하였다.

② 전국 소방안전교육 이수율은 2019년부터 해마다 감소하고 있다.

③ 경기도의 2020년 소방안전교육 이수율은 전년대비 증가하였다.

④ 2022년 소방안전교육 이수율이 가장 높은 행정구역은 인천광역시이다.

14 다음은 고객 A, B의 금융 상품 보유 현황을 나타낸 것이다. 이에 대한 설명으로 옳은 것만을 모두 고른 것은?

(단위 : 백만 원)

고객＼상품	보통예금	정기적금	연금보험 (채권형)	주식	수익증권 (주식형)
A	5	10	6	6	4
B	9	9	5	6	4

㉠ 고객 A는 B보다 요구불 예금의 금액이 더 작다.
㉡ 고객 B는 배당수익보다 이자수익을 받을 수 있는 금융 상품의 금액이 크다.
㉢ 고객 B는 A보다 자산운용회사에 위탁한 금융 상품의 금액이 더 크다.

① ㉠
② ㉢
③ ㉠㉡
④ ㉡㉢

15 다음은 A가 야간에 본 사람의 성별을 구분하는 능력에 대한 실험 결과표이다. A가 야간에 본 사람의 성별을 정확하게 구분할 확률은 얼마인가?

실제 성별＼A의 판정	여자	남자	계
여자	18	22	40
남자	32	28	60
계	50	50	100

① 40%
② 42%
③ 44%
④ 46%

16 다음은 77개 지역 취업자 및 고용률을 나타낸 자료이다. 이에 대한 분석으로 〈보기〉에서 옳은 것을 모두 고르면?

(단위 : 천 명, %, %p)

구분	2021년 상반기	2022년 상반기	증감률
남자(고용률)	7,511(69.3)	7,702(70.0)	2.6
여자(고용률)	5,158(47.3)	5,426(49.3)	5.2
취업자(고용률)	12,668(58.3)	13,128(59.7)	3.6

〈보기〉
ㄱ. 2022년 상반기 취업자는 1,312만 8천 명으로 전년동기대비 46만명 증가하였다.
ㄴ. 2022년 상반기 취업자 고용률은 전년동기대비 1.4%p 상승하였다.
ㄷ. 2021년 상반기 대비 남자는 2.6%, 여자는 5.2% 증가하였다.

① ㄱㄴ

② ㄴㄷ

③ ㄱㄷ

④ ㄱㄴㄷ

17 다음은 시도별 청년창업지원금 신청자 중 3년 미만 기창업자 비중에 관한 예시 자료다. 아래 자료에서 특별(자치시), 광역시를 제외하고 2021년 대비 2022년 증가율이 가장 큰 지역과 감소율이 가장 큰 지역이 바르게 연결된 것은?

시도	2021년	2022년	증감
서울특별시	19.8	20.6	0.8
부산광역시	20.7	19.1	−1.6
대구광역시	20.7	20.2	−0.5
인천광역시	19.3	18.8	−0.5
광주광역시	19.1	20.1	1
대전광역시	21.2	22.1	0.9
울산광역시	23.3	18.7	−4.6
세종특별자치시	25.5	24.6	−0.9
경기도	23.9	21.3	−2.6
강원도	19.1	17.6	−1.5
충청도	17.3	18.1	0.8
전라도	18.7	18.4	−0.3
경상도	19.9	17.6	−2.3
제주도	22.4	24.1	1.7
평균	20.78	20.02	−0.76

① 세종특별자치시, 경기도
② 경상도, 충청도
③ 충청도, 세종특별자치시
④ 제주도, 경기도

[18~19] 다음은 지역별 건축 및 대체에너지 설비투자 현황에 관한 자료이다. 물음에 답하시오.

(단위 : 건, 억 원, %)

지역	건축 건수	건축공사비(A)	대체에너지 설비투자액				대체에너지 설비투자 비율
			태양열	태양광	지열	합(B)	
가	12	8,409	27	140	336	503	5.98
나	14	12,851	23	265	390	678	( )
다	15	10,127	15	300	210	525	( )
라	17	11,000	20	300	280	600	5.45
마	21	20,100	30	600	450	1,080	( )

※ 대체에너지 설비투자 비율 = (B/A) × 100

18 다음 중 옳지 않은 것은?

① 건축 건수 1건당 건축공사비가 가장 많은 곳은 마 지역이다.
② 가 ~ 마 지역의 대체에너지 설비투자 비율은 각각 5% 이상이다.
③ 라 지역에서 태양광 설비투자액이 210억 원으로 줄어들어도 대체에너지 설비투자 비율은 5% 이상이다.
④ 대체에너지 설비투자액 중 태양광 설비투자액 비율이 가장 높은 지역은 대체에너지 설비투자 비율이 가장 낮다.

19 가 지역의 지열 설비투자액이 250억 원으로 줄어들 경우 대체에너지 설비투자 비율은?

① 4.72
② 4.96
③ 5.12
④ 5.26

[20~21] 다음 표는 A프로그램 시청 시간과 소득 계층에 따른 학생의 성취 점수를 비교한 것이다. 물음에 답하시오.

구분		하루 평균 A 프로그램 시청 시간		
		1시간 미만	1시간 이상 2시간 미만	2시간 이상
저소득 계층의 학생	시청 전 점수	65	72	67
	시청 후 점수	70	79	78
고소득 계층의 학생	시청 전 점수	67	75	77
	시청 후 점수	75	81	83

※ 1) 하루 평균 시청 시간은 일정 기간 A 프로그램을 시청하게 한 후 분류하였다.
2) 점수는 집단별 평균값이다.

20 조사 결과를 얻기 위해 수행한 활동으로 적절하지 않은 것은?

① 점수의 변화를 확인하기 위한 문제지를 제작하였다.
② 저소득층과 고소득층 개념을 조작적으로 정의하였다.
③ A 프로그램 시청 시간과 부모 소득 수준에 대하여 조사하였다.
④ 소득 수준을 독립 변수로, A 프로그램 시청 시간을 종속 변수로 설정하였다.

21 조사 결과에 대한 옳은 설명만을 모두 고른 것은?

⊙ A 프로그램 시청 시간과 시청으로 인해 향상된 점수는 비례한다.
ⓒ 저소득 계층 학생들의 A 프로그램 '시청 후 점수'는 시청시간이 많을수록 높다.
ⓒ 2시간 이상 A 프로그램을 시청한 경우, 계층 간의 점수 차이는 시청 전보다 시청 후에 작다.
ⓔ 1시간 미만 A 프로그램을 시청한 경우, 점수 향상 폭은 고소득 계층 학생들이 저소득 계층 학생들보다 크다.

① ⊙ⓒ

② ⊙ⓔ

③ ⓒⓔ

④ ⊙ⓒⓒ

[22~23] 다음 자료를 보고 물음에 답하시오.

〈자료 1〉 신입생도 학과 진로 현황

(단위 : 명)

구분	인문학처	사회학처	이학처	공학처	융합전공
2022년	50	34	16	20	10
2021년	47	40	20	28	9
2020년	42	37	17	20	11
2019년	51	42	22	21	12
2018년	47	33	13	19	15
2017년	53	41	23	26	12

〈자료 2〉 신입생도 종교시설 이용 현황

(단위 : 명)

구분	교회	성당	법당	원불교
2022년	50	32	25	6
2021년	52	39	30	4
2020년	49	32	25	6
2019년	54	37	28	9
2018년	43	29	26	5
2017년	49	39	27	3

22 제시된 자료에 대한 해설로 옳지 않은 것은?

① 신입생도는 매년 120 ~ 155명 선이다.

② 성당을 이용하는 신입생도의 수는 법당을 이용하는 신입생도의 수보다 항상 많다.

③ 매년 신입생도의 학과 진로 선택 중 인문학처를 제외하고 사회학처가 가장 많다.

④ 종교시설을 이용하지 않는 무교 신입생도의 수는 2019년이 가장 많다.

23 신입생도 학과 진로 현황 자료를 기반으로 작성한 그래프로 옳지 않은 것은?

① 인문학처

② 사회학처

③ 이학처

④ 융합전공

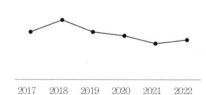

24 다음은 A 지역주민들이 가장 좋아하는 산 및 등산 횟수에 관한 설문조사 결과이다. 자료에 대한 설명 중 적절하지 않은 것은?

〈표 1〉 A 지역주민이 가장 좋아하는 산

산 이름	설악산	지리산	북한산	관악산	기타
비율(%)	38.9	17.9	7.0	5.8	30.4

〈표 2〉 A 지역주민의 등산 횟수

횟수	주 1회 이상	월 1회 이상	분기 1회 이상	연 1~2회	기타
비율(%)	16.4	23.3	13.1	29.8	17.4

① A 지역주민들이 가장 좋아하는 산 중 선호도가 높은 2개의 산에 대한 비율은 50% 이상이다.

② 설문조사에서 설악산을 좋아한다고 답한 주민은 지리산, 북한산, 관악산을 좋아한다고 답한 주민보다 더 많다.

③ A 지역주민의 80% 이상은 일 년에 최소한 1번 이상 등산을 한다.

④ A 지역주민들 중 가장 많은 사람들이 월 1회 정도 등산을 한다.

25 다음 표의 내용을 해석한 것 중 적절하지 않은 것은?

(단위 : 명)

구분	1986년	2006년	2026년
0 ~ 14세	12,951	9,240	5,796
15 ~ 64세	23,717	34,671	33,618
65세 이상	1,456	4,383	10,357
총인구	38,124	48,294	49,771

① 1986년과 비교해서 2006년 65세 이상 인구도 늘어났지만 15 ~ 64세 인구도 늘어났다.

② 1986년과 비교해서 2006년 총인구 증가의 주요 원인은 65세 이상의 인구 증가이다.

③ 1986년에서 2006년까지 총인구 변화보다 2006년에서 2026년까지 총인구 변화가 작을 전망이다.

④ 2006년과 비교해서 2026년에는 0 ~ 14세의 인구 감소율보다 65세 이상의 인구 증가율이 더 클 전망이다.

26 다음의 A ~ D는 계층 구조를 나타낸 것이다. 이에 대한 추론으로 옳은 것은?

계층 구조 항목	A	B	C	D
하류층 비율 대비 상류층 비율	1/6	1/2	1/1	1/1
하류층 비율 대비 중류층 비율	1/2	1/6	3/1	1/1

① C에서 중류층의 비율은 60%이다.

② A가 나타나는 사회는 폐쇄적 계층 구조를 갖는다.

③ D는 완전 평등이 실현된 사회에서 나타난다.

④ 상류층 비율은 B보다 A에서 높다.

[27~28] 다음은 K의 금일 외출 계획서이다. 이어지는 물음에 답하시오.

1. 甲 지역 방문
- 출발지에서 오전 10시 출발
- 부모님과 외식 1시간
- 외식 후 전시회 일정 2시간

〈출발지에서 甲 지역까지 교통수단 정보〉

구분	소요시간	요금
택시	25분	15,000원
버스	40분	1,550원
지하철	55분	1,500원

2. 乙 지역 방문
- 전시회 일정 후 이동
- 친구들 모임 3시간

〈甲 지역에서 乙 지역까지 버스 시간〉

구분	소요시간	요금
택시	20분	10,000원
버스	40분	1,500원
지하철	30분	1,250원

3. 친구들 모임 후 복귀

구분	출발	도착	요금
우등 버스	18시 30분	20시	16,000원
프리미엄 버스	18시	19시 30분	24,000원
우등 버스	20시 30분	22시	16,000원
프리미엄 버스	21시	22시 30분	24,000원

※ 단, 21시까지 복귀해야 함

27 K가 다음 조건에 따라 외출할 경우 친구들 모임에 도착하는 시간은?(단, 명시된 시간 외 기타 소요시간은 고려하지 않는다)

> • 부모님과의 외식 시간이 2시간으로 늘어났다.
> • 전시회 일정이 3시간으로 늘어났다.
> • 각 이동 구간마다 소요시간이 가장 짧은 교통수단으로 이동한다.

① 15시 25분
② 15시 45분
③ 16시 10분
④ 16시 25분

28 K가 가장 저렴한 이동수단으로 이동하는 경우 복귀할 때까지의 교통요금(㉠)과 도착시간(㉡)은?(단, 명시된 시간 외 기타 소요시간은 고려하지 않는다)

	㉠	㉡
①	20시	18,750원
②	19시 30분	26,750원
③	22시	17,250원
④	22시 30분	21,250원

[29~30] 다음 A 음식점의 메뉴별 판매비율 자료를 보고 물음에 답하시오.

〈A 음식점의 메뉴별 판매비율〉

(단위 : %)

구분	2019년	2020년	2021년	2022년
된장찌개	17.0	26.5	31.5	37.0
김치찌개	24.0	28.0	27.0	29.0
순두부찌개	38.5	30.5	23.5	15.5
떡볶이	14.0	7.0	12.0	11.0
고등어조림	6.5	8.0	6.0	7.5

29 위 자료에 대한 옳지 않은 해석을 고르면?

① 된장찌개의 판매비율은 꾸준히 증가하고 있다.

② 순두부찌개의 판매비율은 4년 동안 50%p 이상 감소하였다.

③ 2019년과 비교할 때 고등어조림의 2022년 판매비율은 3%p 증가하였다.

④ 2019년 순두부찌개의 판매비율이 2022년 된장찌개의 판매비율보다 높다.

30 2022년 총 판매개수가 1,500개라면 떡볶이 판매개수는 몇 개인가?

① 90개

② 130게

③ 145개

④ 165개

31 화재위험 점수 산정 방법 자료를 보고 〈보기〉와 같은 점수 평가표가 도출되었을 때, 해당 업소의 화재위험 점수는?

〈화재위험 점수 산정 방법〉

1. 산정 방법

   화재위험 점수 = 기본 점수(화재 강도 점수 + 화재확률 점수) × 업소형태별 가중치

2. 평가 점수에 대한 위험수준 환산표

화재강도		화재확률	
위험도	점수	위험도	점수
80 이상	20점	80 이상	20점
60 ~ 79	40점	60 ~ 79	40점
40 ~ 59	60점	40 ~ 59	60점
20 ~ 39	80점	20 ~ 39	80점
20 미만	점수 부여 없이 업소 일시 폐쇄	20 미만	점수 부여 없이 업소 일시 폐쇄

3. 업소 형태별 가중치

구분	가중치	구분	가중치
일반음식점	1.00	산후조리원	1.00
휴게음식점	1.00	PC방	1.00
게임제공업	1.00	찜질방	0.90
고시원	0.95	찜질방(100인 이상)	0.95

〈보기〉

업소명	休 Dream	업종	고시원
평가 일시	2021.12.03.	담당자	김아무개
-결과-			
화재강도 위험도		31	
화재확률 위험도		48	

① 120점   ② 127점

③ 133점   ④ 140점

[32~33] 다음은 4개 대학교 학생들의 하루 평균 독서시간을 조사한 결과이다. 다음 물음에 답하시오.

〈하루 평균 독서시간〉

구분	1학년	2학년	3학년	4학년
㉠	3.4	2.5	2.3	2.4
㉡	3.5	3.6	4.1	4.7
㉢	2.8	2.4	3.1	2.5
㉣	4.1	3.9	4.6	4.9
평균	2.9	3.7	3.5	3.9

32 주어진 단서를 참고하였을 때, 표의 처음부터 차례대로 들어갈 대학으로 알맞은 것은?

- A대학은 학년이 높아질수록 독서시간이 증가한다.
- B대학은 각 학년별 독서시간이 항상 평균 이상이다.
- C대학은 3학년의 독서시간이 가장 낮다.
- 2학년의 하루 독서시간은 C대학과 D대학이 비슷하다.

	㉠	㉡	㉢	㉣			㉠	㉡	㉢	㉣
①	C	A	D	B		②	A	B	C	D
③	D	B	A	C		④	D	C	A	B

33 다음 중 옳지 않은 것은?

① C대학은 학년이 높아질수록 독서시간이 평균 독서시간보다 낮다.
② A대학은 3, 4학년부터 대학생 평균 독서시간보다 독서시간이 증가하였다.
③ B대학은 학년이 높아질수록 꾸준히 독서시간이 증가하였다.
④ D대학은 대학생 평균 독서시간보다 매 학년 독서시간이 적다.

[34~35] 다음은 시험 지역별, 연도별 예비생도 선발시험 지원자 수에 관한 자료이다. 물음에 답하시오.

〈시험 지역별, 연도별 예비생도 선발시험 지원자 수〉

(단위 : 명)

구분	2019년	2020년	2021년	2022년
서울	98	110	87	123
경기, 인천	76	81	79	84
강원, 춘천	51	46	34	37
충청, 대전	33	35	42	22
전라, 광주	23	21	35	32
경북, 대구	25	23	37	38
경남, 부산	19	27	40	31
전체	325	343	354	367

34 제시된 자료를 분석한 내용으로 옳지 않은 것은?

① 서울 지역은 2019 ~2022년 동안 선발시험에 지원한 수가 증감을 반복하고 있다.

② 서울 ~ 경남, 부산 전체 지역 가운데 서울 지원자 수가 항상 많다.

③ 강원, 춘천 지역은 2020년 대비 2022년 지원자 수는 약 19.5% 감소하였다.

④ 2019 ~ 2021년 동안 충청, 대전 지역만 꾸준히 증가하고 있다.

35 제시된 자료를 그래프로 나타냈을 때 옳은 것은?

① 서울 지역

② 경기, 인천 지역

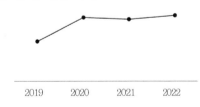

③ 충청, 대전 지역

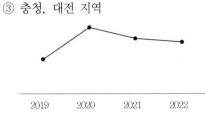

④ 경남, 부산 지역

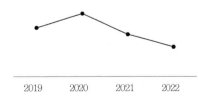

36 다음은 甲시 산불 피해 현황을 나타낸 자료이다. 다음에 대한 설명으로 옳은 것은?

〈甲시 산불 피해 현황〉

(단위 : 건)

구분	2018년	2019년	2020년	2021년	2022년
입산자 실화	217	93	250	232	185
논밭두렁 소각	110	55	83	95	63
쓰레기 소각	58	24	47	41	40
어린이 불장난	20	4	13	13	14
담뱃불 실화	60	43	51	60	26
성묘객 실화	63	31	22	24	12
기타	71	21	78	51	65
합계	599	271	544	516	405

① 2019년 산불 피해 건수는 전년 대비 40% 감소하였다.
② 산불 발생 건수는 해마다 꾸준히 증가하고 있다.
③ 산불 발생에 가장 큰 단일 원인은 논밭두렁 소각이다.
④ 입산자 실화에 의한 산불 피해는 2020년이 가장 높았다.

37 다음은 사관후보생 필기시험을 실시한 A고등학교와 甲중학교의 응시자들의 시험성적에 관한 결과이다. 각 학교별 각각 1개의 고사장을 비교할 때, 이에 대한 설명으로 옳지 않은 것은?

(단위 : 점)

분류	A 고등학교 1고사장 응시자 평균		甲중학교 1고사장 응시자 평균	
	남성(20명)	여성(15명)	남성(15명)	여성(20명)
간부선발도구	6.0	6.5	6.0	6.0
국사	5.0	5.5	6.5	5.0

① 간부선발도구의 경우 A고등학교 1고사장 응시자의 평균이 甲중학교 1고사장 응시자의 평균보다 높다.
② 국사의 경우 A고등학교 1고사장 응시자의 평균이 甲중학교 1고사장 응시자의 평균보다 낮다.
③ 2과목 전체 평균의 경우 A고등학교 1고사장 응시자 중 여성의 평균이 甲중학교 1고사장 응시자 중 남성의 평균보다 높다.
④ 2과목 전체 평균의 경우 A고등학교 1고사장 응시자 중 남성의 평균은 甲중학교 1고사장 응시자 중 여성의 평균과 같다.

[38~39] 다음은 가수 A의 팬클럽 연령대에 관한 자료이다. 물음에 답하시오.

〈A의 팬클럽 연령대〉

(단위 : 명)

구분	2020년	2021년	2022년
10대	450	425	384
20대	420	395	373
30대	310	360	441
4 · 50대	165	178	245
전체 인원	1,345	1,358	1,443

38 위 자료에 대한 설명으로 가장 적절한 것은?

① 매년 팬클럽 인원이 증가하는 이유는 10대 팬 때문이다.
② 2020년에 가장 높은 비율을 차지하는 연령대는 30대 팬이다.
③ 2021년 20대 팬이 전체에서 차지하는 비율은 약 25%이다.
④ 2022년 4 · 50대 팬이 전체에서 차지하는 비율은 약 17%이다.

39 다음 중 전체 인원에서 차지하는 비율이 가장 높은 순서대로 나열하면?(단, 소수 첫째 자리에서 반올림)

㉠ 2022년 4 · 50대 팬
㉡ 2022년 20대 팬
㉢ 2021년 10대 팬
㉣ 2020년 30대 팬

① ㉠㉢㉣㉡
② ㉠㉣㉡㉢
③ ㉢㉡㉣㉠
④ ㉣㉡㉠㉢

40 다음은 우리나라 국민의 준법 수준과 법을 지키지 않는 이유를 조사한 표이다. 이에 대한 설명으로 옳은 것은?

〈자료1〉 준법 수준

구분	연도	지킨다	보통이다	지키지 않는다	계
타인에 대한 평가	2017	28.0	48.5	23.5	100
	2022	29.8	52.0	18.2	100
자신에 대한 평가	2017	64.2	33.2	2.6	100
	2022	56.9	40.7	2.4	100

〈자료2〉 법을 지키지 않는 이유

항목 / 년도	법을 지키면 손해	처벌규정 미약	타인도 지키지 않아서	귀찮아서	단속이 안되기 때문	준법교육 부족	기타	계
2022	16.3	6.7	18.2	42.9	9.5	5.1	1.3	100

※ 자신에 대한 평가에서 법을 '지키지 않는다'고 응답한 사람을 대상으로 조사함

① 우리 국민의 준법 수준을 보면 타인보다 자신에게 엄격한 편이다.

② 법을 지키지 않는 이유를 살펴볼 때, 준법 수준을 높이기 위해서는 의식 개혁보다 제도 개혁이 더 요구된다.

③ 타인에 대한 평가를 기준으로 준법 수준을 보았을 때, 우리 국민의 준법 수준은 다소 낮아졌다고 볼 수 있다.

④ 2022년의 경우, 자신에 대한 평가에서 준법 수준이 보통이라고 한 응답자 수는 귀찮아서 법을 지키지 않는다고 응답한 사람보다 많다.

41 원각이는 줄넘기를 하면서 매회 그 횟수를 기록하였다. 오늘 기록한 평균이 43회이었다. 다시 한 번 줄넘기를 하여 63회를 기록하였고 다시 평균을 구하였더니 48회가 되었다면 원각이는 오늘 줄넘기 연습을 모두 몇 번 하였는가?

① 3회   ② 4회
③ 5회   ④ 6회

42 어떤 사람이 목적지까지 정해진 시간에 맞게 걸으라는 지시를 받았다. 분속 30m로 걸으면 정해진 시간보다 5분 더 걸려서 목적지에 도착하며, 분속 40m로 걸으면 정해진 시간보다 3분 빠르게 도착한다고 한다. 이때 출발지점에서 목적지까지의 거리는 얼마인가?

① 960   ② 1,152
③ 1,440   ④ 1,920

43 수입금액에 대한 저축금액의 백분율을 '저축률'이라고 하며, 모든 가정이 수입에서 지출을 제외한 나머지를 모두 저축한다고 한다. 지난 해 저축률이 10%인 어느 가정의 금년도 수입과 지출이 전년도에 비해 각각 6%, 10% 증가하였다고 할 때 이 가정의 금년도 저축률은 대략 얼마인가?

① 5.4%   ② 5.9%
③ 6.6%   ④ 7.1%

44 작년 사관후보생의 전체 지원자 수는 350명이었는데, 올해는 남자 지원자가 6% 줄고, 여자 지원자가 4% 증가하여 지원자 수가 모두 334명이 되었다. 올해 여자 지원자 수는 몇 명인가?

① 50명   ② 52명
③ 54명   ④ 56명

45 다음은 사관후보생 남녀 600명의 윗몸일으키기 측정 결과표이다. 21 ~ 30회를 기록한 남자 수와 41 ~ 50회를 기록한 여자 수의 차이는 얼마인가?

(단위 : %)

구분	남	여
0 ~ 10회	5	20
11 ~ 20회	15	35
21 ~ 30회	20	25
31 ~ 40회	45	15
41 ~ 50회	15	5
전체	60	40

① 60명
② 64명
③ 68명
④ 72명

46 해구는 ☆☆카드를 이용하여 120만 원짜리 TV를 구입하려고 한다. 다음 행사 내용에 따라 해구가 TV를 10개월 무이자로 구입한다면 일반 할부 구매에 비해 얼마의 이득을 얻게 되는가?

- ☆☆카드 이달의 행사 : 무이자 할부행사
  ※ 100만 원 이상 구매 시 10개월 무이자 혜택
- 해구의 ☆☆카드 할부 수수료 : 10%

$$총\ 할부\ 수수료 = \left(\frac{할부\ 원금 \times 할부\ 수수료율 \times (할부\ 개월\ 수 + 1)}{2} \right) \div 12$$

① 45,000원
② 50,000원
③ 55,000원
④ 60,000원

[47~48] 아래의 자료는 E사의 매출액을 나타낸 것이다. 물음에 답하시오.

연도	2019년	2020년	2021년	2022년
매출액(억 원)	2,862	2,714	2,604	2,096

47 위 표에 대한 설명으로 옳지 않은 것은?

① E사는 해마다 매출액이 증가하고 있다.

② 2019년은 제시된 자료 중에서 최고의 매출액을 기록했다.

③ 2022년은 2021년에 비해 전년대비 매출액 감소폭이 크다.

④ 2022년 매출액은 2021년의 매출액에서 508억 원이 감소한 금액이다.

48 2022년 사원수가 670명이라면 2022년 개인이 창출한 이익은 얼마인가?(단, 소수 둘째자리까지 구하시오)

① 1.26억 원

② 2.15억 원

③ 2.19억 원

④ 3.12억 원

[49~51] 〈표 1〉은 A출판사 북클럽 이용자의 3개월간 일반도서 구입량에 대한 표이고 〈표 2〉는 B출판사 북클럽 이용자의 3개월간 일반도서 구입량에 대한 표이다. 물음에 답하시오.

〈표 1〉 A출판사 북클럽 이용자

구분	2019년	2020년	2021년	2022년
사례 수	255	255	244	244
없음	41%	48%	44%	45%
1권	16%	10%	17%	18%
2권	12%	14%	13%	16%
3권	10%	6%	10%	8%
4 ~ 6권	13%	13%	13%	8%
7권 이상	8%	8%	3%	5%

〈표 2〉 B출판사 북클럽 이용자

구분	2019년	2020년	2021년	2022년
사례 수	491	545	494	481
없음	31%	43%	39%	46%
1권	15%	10%	19%	16%
2권	13%	16%	15%	17%
3권	14%	10%	10%	7%
4 ~ 6권	17%	12%	13%	9%
7권 이상	10%	8%	4%	5%

49 2020년 B출판사 북클럽 이용자의 3개월간 일반도서 구입량이 1권 이하인 사례는 몇 건인가?(소수 첫째자리에서 반올림하시오)

① 268건
② 278건
③ 289건
④ 290건

50 2021년 A출판사 북클럽 이용자의 3개월간 일반도서 구입량이 7권 이상인 경우의 사례는 몇 건인가?(소수 첫째자리에서 반올림하시오)

① 7건
② 8건
③ 9건
④ 10건

51 위 표에 대한 설명으로 옳지 않은 것은?

① B출판사 북클럽 이용자가 3개월간 1권 정도 구입한 일반도서량은 해마다 증가하고 있다.
② B출판사 북클럽 이용자가 3개월간 일반도서 7권 이상 읽은 비중이 가장 낮다.
③ B출판사 북클럽 이용자가 3권 이상 6권 이하로 일반도서 구입하는 량은 2021년 부터 감소하고 있다.
④ A출판사 북클럽 이용자가 3개월간 일반도서 1권 구입하는 것보다 한 번도 구입한 적이 없는 경우가 더 많다.

52 다음은 출산율과 출생 성비의 변화를 나타낸 예시 표이다. 이에 대한 설명으로 옳은 것은?

구분		2017년	2018년	2019년	2020년	2021년	2022년
출산율		1.57	1.63	1.47	1.17	1.15	1.08
총 출생성비		116.5	113.2	110.2	110.0	108.2	107.7
	첫째 아이	108.5	105.8	106.2	106.5	105.2	104.8
	둘째 아이	117.0	111.7	107.4	107.3	106.2	106.4
	셋째 아이	192.7	180.2	143.9	141.2	132.7	128.2

※ 출생 성비 : 여아의 수를 100으로 했을 때의 남아의 수

① 출생 성비의 불균형이 심화되고 있다.
② 신생아 중 여아가 차지하는 비중은 증가하고 있다.
③ 신생아 중 남아의 수는 2018년보다 2017년에 많다.
④ 2019년 이후 출산율은 지속적으로 증가하고 있다.

[53~54] 다음은 H자동차회사의 고객만족도결과이다. 물음에 답하시오.

분류	출고 1년 이내	출고 1년 초과 2년 이내	고객평균
애프터서비스	20%	16%	18%
정숙성	2%	1%	1.5%
연비	15%	12%	13.5%
색상	10%	12%	11%
주행편의성	12%	8%	10%
안정성	40%	50%	45%
옵션	1%	1%	1%
합계	100%	100%	100%

53 출고시기와 상관없이 조사에 참가한 전체대상자 중 2,700명이 애프터서비스를 장점으로 선택하였다면 이 설문에 응한 고객은 모두 몇 명인가?

① 5,000명
② 10,000명
③ 15,000명
④ 20,000명

54 차를 출고한지 1년 초과 2년 이내의 고객 중 120명이 연비를 만족하는 점으로 선택하였다면 옵션을 선택한 고객은 몇 명인가?

① 5명
② 10명
③ 15명
④ 20명

55 다음 중 ㉠에 들어갈 수치로 옳은 것은?

> 甲 : 지금 보는 자료는 30가구, 가구원수가 4명인 도시근로자가구의 한 달 생활비 자료야. 이 자료에서 평균과 표준편차 말고도 궁금한 값이 있어?
>
> | 100, 105, 110, 111, 118, 112, 125, 130, 131, 135, 140, 144, 110, 148, 148, 152, 163, 170, 171, 178, 159, 181, 200, 204, 222, 217, 230, 236, 260, 400 |
> |---|
>
> 乙 : 최댓값과 최솟값을 좀 알고 싶어. 생활비를 많이 쓰는 사람은 과연 얼마나 쓰나 궁금해.
>
> 丙 : 난 ㉠ 중앙값이 알고 싶어.
>
> 乙 : 아, 그리고 난 상류층의 생활비도 궁금해.
>
> 甲 : 상류층? 상류층은 어느 정도로 구분할까?
>
> 丙 : 음…. 상위 25%이 적당할 것 같은데?
>
> 甲 : 좋아. 하위 25%까지 구하면 하류층 경계선까지 구할 수 있겠다. 그럼 말한 내용을 정리해볼게.
>
> - 최솟값(min)
> - 하위 25%값(Q1)
> - 중앙값(Q2; M)
> - 상위 25%값(Q3)
> - 최댓값(max)
>
> 이렇게 수집한 30가구의 생활비에 대해 이야기 해보자.

① 150

② 160

③ 170

④ 180

56 다음은 자재 구입을 위해 단위 환산을 기록해 놓은 것이다. 잘못 이해한 것을 고르면?

구분	단위 환산		
길이	1cm = 10mm	1m = 100cm	1km = 1,000m
넓이	$1cm^2 = 100mm^2$	$1m^2 = 10,000cm^2$	$1km^2 = 1,000,000m^2$
부피	$1cm^3 = 1,000mm^3$	$1m^3 = 1,000,000cm^3$	$1km^3 = 1,000,000,000m^3$

※ 1) 甲 제품 하나를 제작하기 위해서는 A 부품 1,480mm, B 부품 0.0148km가 필요함
　 2) A 부품 보관을 위해 할당된 창고는 140m², B 부품 보관을 위해 할당된 창고는 100m²

① 甲 제품 한 개를 만드는 데 A 부품 1.48m, B 부품 14.8m가 필요하다.
② 甲 제품 한 개를 만드는 데 필요한 A 부품과 B 부품의 총 길이는 1,628cm이다.
③ A 부품과 B 부품의 보관을 위해 할당된 창고는 총 $0.051km^2$이다.
④ A 부품이 10m가 있다면, A 부품을 6개를 만들 수 있다. 단, B 부품은 고려하지 않는다.

57 다음은 한별의 3학년 1학기 성적표의 일부이다. 이 중에서 다른 학생에 비해 한별의 성적이 가장 좋다고 할 수 있는 과목은 ㉠이고, 이 학급에서 성적이 가장 고른 과목은 ㉡이다. 이때 ㉠, ㉡에 해당하는 과목을 차례대로 나타낸 것은?

성적 ＼ 과목	국어	영어	수학
한별의 성적	79	74	78
학급 평균 성적	70	56	64
표준편차	15	18	16

① 국어, 수학
② 수학, 국어
③ 영어, 국어
④ 영어, 수학

[58~59] 다음은 암 발생률에 대한 통계표이다. 표를 보고 물음에 답하시오.

암종	발생자 수(명)	상대빈도(%)
위	25,809	18.1
대장	17,625	12.4
간	14,907	10.5
쓸개 및 기타 담도	4,166	2.9
췌장	3,703	2.6
후두	1,132	0.8
폐	16,949	11.9
유방	9,898	6.9
신장	2,299	1.6
방광	2,905	2.0
뇌 및 중추신경계	1,552	1.1
갑상선	12,649	8.9
백혈병	2,289	1.6
기타	26,727	18.7

58 기타 경우를 제외하고 상대적으로 발병 횟수가 가장 높은 암 종류는?

① 위암　　　　　　　　　② 간암

③ 폐암　　　　　　　　　④ 유방암

59 폐암 발생자 수는 백혈병 발생자 수의 몇 배인가?(소수 첫째자리에서 반올림하시오)

① 5배　　　　　　　　　② 6배

③ 7배　　　　　　　　　④ 8배

[60~61] 2022년 사이버 쇼핑몰 상품별 거래액에 관한 표이다. 물음에 답하시오.

(단위 : 백만 원)

	1월	2월	3월	4월	5월	6월	7월	8월	9월
컴퓨터	200,078	195,543	233,168	194,102	176,981	185,357	193,835	193,172	183,620
소프트웨어	13,145	11,516	13,624	11,432	10,198	10,536	45,781	44,579	42,249
가전·전자	231,874	226,138	251,881	228,323	239,421	255,383	266,013	253,731	248,474
서적	103,567	91,241	130,523	89,645	81,999	78,316	107,316	99,591	93,486
음반·비디오	12,727	11,529	14,408	13,230	12,473	10,888	12,566	12,130	12,408
여행·예약	286,248	239,735	231,051	241,051	288,603	293,935	345,920	344,931	245,285
아동·유아용	109,344	102,325	121,955	123,118	128,403	121,504	120,135	111,839	124,250
음·식료품	122,498	137,282	127,372	121,868	131,003	130,996	130,015	133,086	178,736

60 1월 컴퓨터 상품 거래액은 다음 달 거래액과 얼마나 차이나는가?

① 4,455백만 원 ② 4,535백만 원

③ 4,555백만 원 ④ 4,655백만 원

61 1월 서적 상품 거래액은 음반·비디오 상품의 몇 배인가?(소수 첫째자리에서 반올림하시오)

① 8배 ② 9배

③ 10배 ④ 11배

[62~63] 다음은 OECD회원국의 총부양비 및 노령화 지수를 나타낸 예시 표이다. 물음에 답하시오.

(단위 : %)

국바별	인구			총부양비		노령화지수
	0 ~ 14세	15 ~ 64세	65세 이상	유년	노년	
한국	16.2	72.9	11.0	22	15	67.7
일본	13.2	64.2	22.6	21	35	171.1
터키	26.4	67.6	6.0	39	9	22.6
캐나다	16.3	69.6	14.1	23	20	86.6
멕시코	27.9	65.5	6.6	43	10	23.5
미국	20.2	66.8	13.0	30	19	64.1
칠레	22.3	68.5	9.2	32	13	41.5
오스트리아	14.7	67.7	17.6	22	26	119.2
벨기에	16.7	65.8	17.4	25	26	103.9
덴마크	18.0	65.3	16.7	28	26	92.5
핀란드	16.6	66.3	17.2	25	26	103.8
프랑스	18.4	64.6	17.0	28	26	92.3
독일	13.4	66.2	20.5	20	31	153.3
그리스	14.2	67.5	18.3	21	27	128.9
아일랜드	20.8	67.9	11.4	31	17	54.7
네덜란드	17.6	67.0	15.4	26	23	87.1
폴란드	14.8	71.7	13.5	21	19	91.5
스위스	15.2	67.6	17.3	22	26	113.7
영국	17.4	66.0	16.6	26	25	95.5

62 위 표에 대한 설명으로 옳지 않은 것은?

① 장래 노년층을 부양해야 되는 부담이 가장 큰 나라는 일본이다.
② 위에서 제시된 국가 중 세 번째로 노령화 지수가 큰 나라는 그리스이다.
③ 아일랜드는 일본보다 노년층 부양 부담이 적은 나라이다.
④ 0 ~ 14세 인구 비율이 가장 낮은 나라는 독일이다.

63 65세 이상 인구 비율이 다른 나라에 비해 높은 국가를 큰 순서대로 차례로 나열한 것은?

① 일본, 독일, 그리스
② 일본, 그리스, 독일
③ 일본, 영국, 독일
④ 일본, 독일, 영국

64 다음은 소정연구소에서 제습기 A~E의 습도별 연간 소비전력량을 측정한 자료이다. 이에 대한 설명으로 옳은 것끼리 바르게 짝지어진 것은?

〈제습기 A~E의 습도별 연간 소비전력량〉

(단위 : kWh)

습도 제습기	40%	50%	60%	70%	80%
A	550	620	680	790	840
B	560	640	740	810	890
C	580	650	730	800	880
D	600	700	810	880	950
E	660	730	800	920	970

㉠ 습도가 70%일 때 연간 소비전력량이 가장 적은 제습기는 A이다.
㉡ 각 습도에서 연간 소비전력량이 많은 제습기부터 순서대로 나열하면, 습도 60%일 때와 습도 70%일 때의 순서는 동일하다.
㉢ 습도가 40%일 때 제습기 E의 연간 소비전력량은 습도가 50%일 때 제습기 B의 연간 소비전력량보다 많다.
㉣ 제습기 각각에서 연간 소비전력량은 습도가 80%일 때가 40%일 때의 1.5배 이상이다.

① ㉠㉡
② ㉠㉢
③ ㉡㉣
④ ㉠㉢㉣

[65~66] 다음은 2022년 1 ~ 6월 월말종가기준 A, B사의 주가와 주가지수에 대한 예시 자료이다. 물음에 답하시오.

구분		1월	2월	3월	4월	5월	6월
주가(원)	A사	5,000	4,000	5,700	4,500	3,900	5,600
	B사	6,000	6,000	6,300	5,900	6,200	ⓛ
주가지수		100.00	㉠	109.09	94.5	91.82	100.00

※ 주가지수 = $\dfrac{\text{해당 월 A사의 주가} + \text{해당 월 B사의 주가}}{\text{1월 A사의 주가} + \text{1월 B사의 주가}} \times 100$

65 다음 중 ㉠에 들어갈 값으로 가장 알맞은 것은?

① 90.9
② 91.9
③ 92.9
④ 93.9

66 다음 중 ⓛ에 해당하는 값으로 적절한 것은?

① 5,300
② 5,400
③ 5,500
④ 5,600

03 공간능력

≫ 정답 및 해설 **p.346**

[01~15] 다음 입체도형의 전개도로 알맞은 것을 고르시오.

- 입체도형을 전개하여 전개도를 만들 때, 전개도에 표시된 그림(예 : ▮▮, ◢ 등)은 회전의 효과를 반영한다. 즉, 본 문제의 풀이과정에서 보기의 전개도 상에 표시된 "▮▮"와 "▅"은 서로 다른 것으로 취급한다.
- 단, 기호 및 문자(예 : ☎, ♨, ♨, K, H)의 회전에 의한 효과는 본 문제의 풀이과정에 반영하지 않음. 즉, 입체도형을 펼쳐 전개도를 만들었을 때에 "🔄"의 방향으로 나타나는 기호 및 문자도 보기에서는 "☎"방향으로 표시하며 동일한 것으로 취급한다.

01

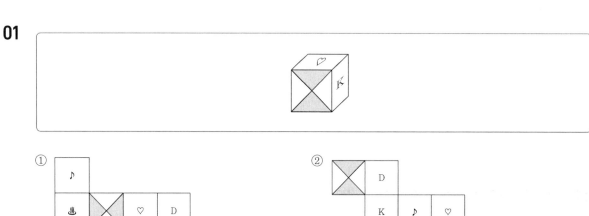

①

②

③

④

02

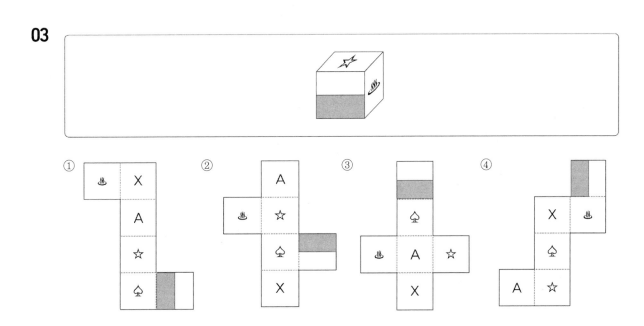

04

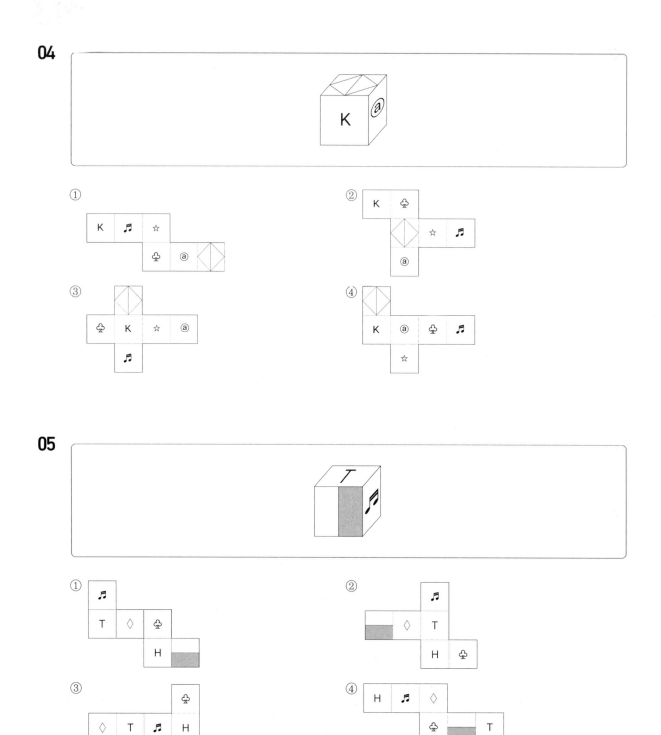

① K ♫ ☆ ♣ ⓐ ◇

② K ♣ ◇ ☆ ♫ ⓐ

③ ◇ ♣ K ☆ ⓐ ♫

④ ◇ K ⓐ ♣ ♫ ☆

05

① ♫ T ◇ ♣ H

② ♫ ◇ T H ♣

③ ♣ ◇ T ♫ H

④ H ♫ ◇ ♣ T

06

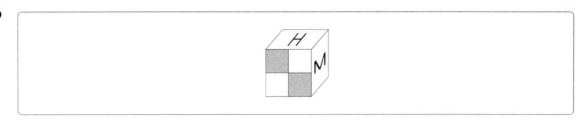

①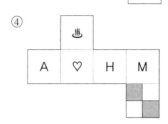

②

③

④

07

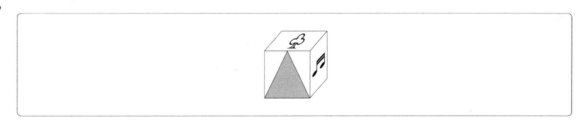

①

②

③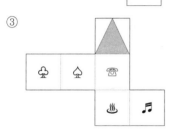

④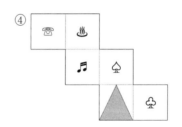

08

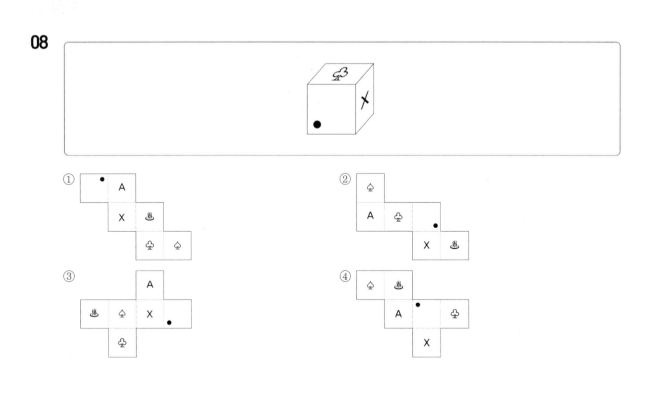

09

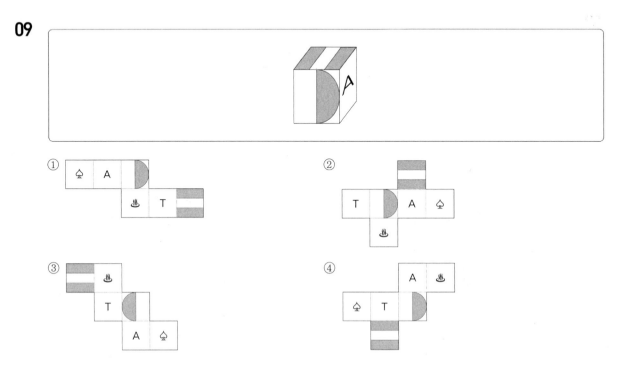

10

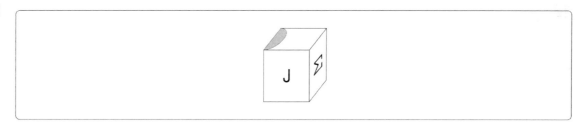

①

②

③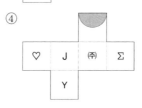

④

11

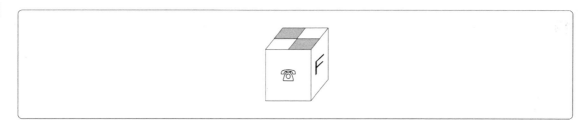

①

②

③

④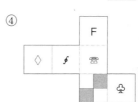

12

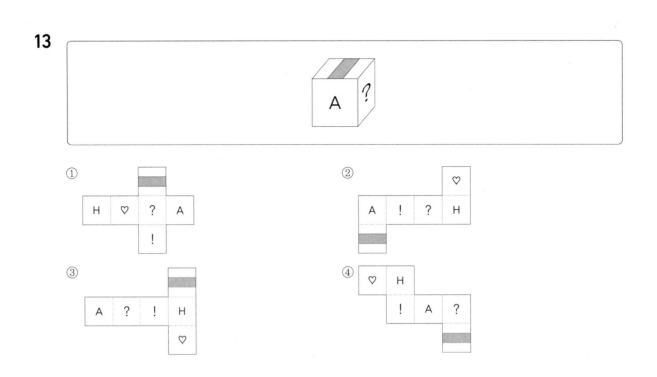

14

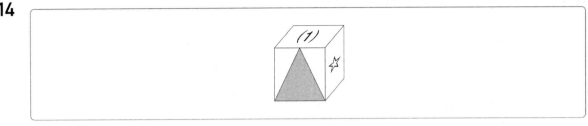

① 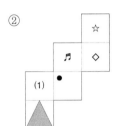   ② 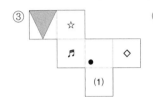   ③ 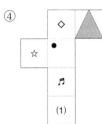   ④

15

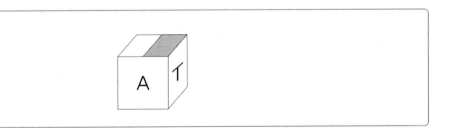

① 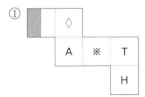   ②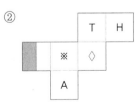

③ 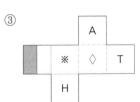   ④

[16~30] 다음 전개도로 만든 입체도형에 해당하는 것을 고르시오.

- 전개도를 접을 때 전개도 상의 그림, 기호, 문자가 입체도형의 겉면에 표시되는 방향으로 접는다.
- 전개도를 접어 입체도형을 만들 때, 전개도에 표시된 그림(예 : ▌▌, ◢ 등)은 회전의 효과를 반영함. 즉, 본 문제의 풀이과정에서 보기의 전개도 상에 표시된 "▌▌"와 "═"은 서로 다른 것으로 취급한다.
- 단, 기호 및 문자(예 : ☎, ♨, ♨, K, H)의 회전에 의한 효과는 본 문제의 풀이과정에 반영하지 않는다. 즉, 전개도를 접어 입체도형을 만들었을 때에 "☎"의 방향으로 나타나는 기호 및 문자도 보기에서는 "☎" 방향으로 표시하며 동일한 것으로 취급한다.

16

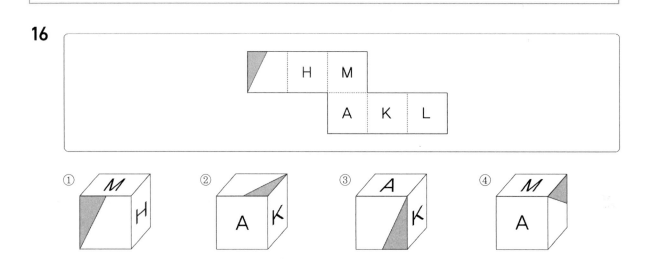

17

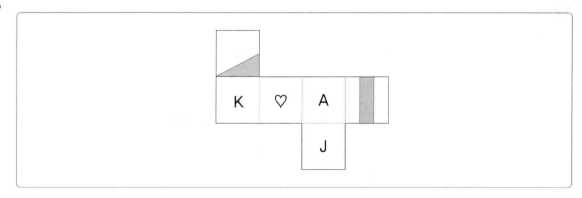

① 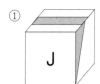　② 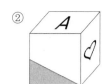　③ 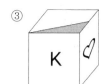　④

18

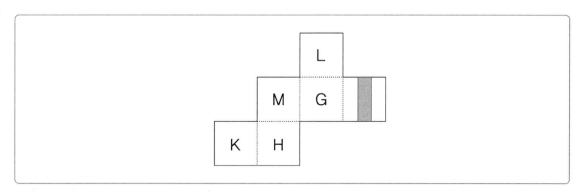

① 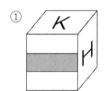　② 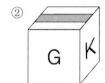　③ 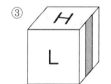　④

19

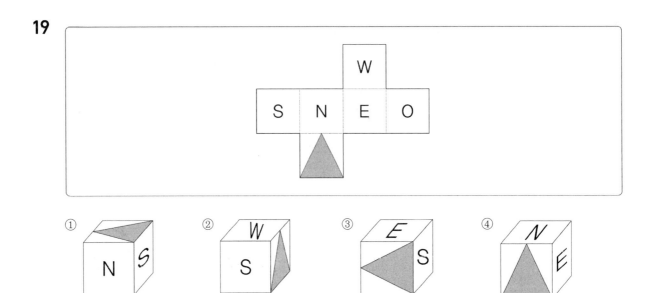

20

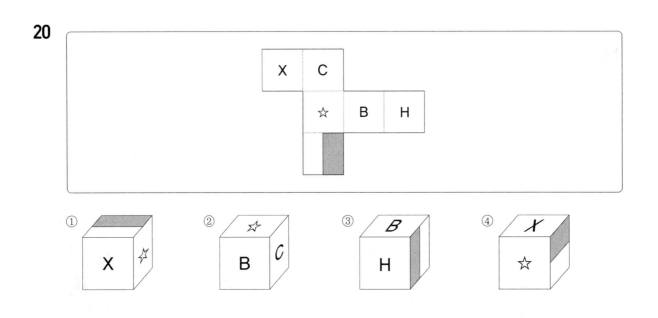

21

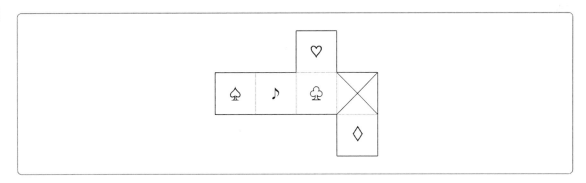

① 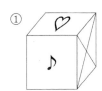 ②  ③ 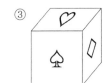 ④

22

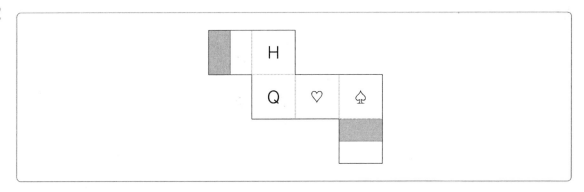

① 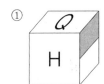 ② 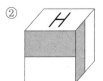 ③ 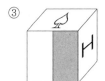 ④

23

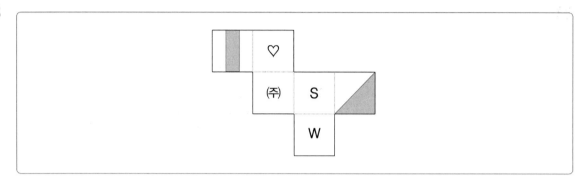

① 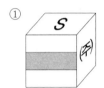 ② 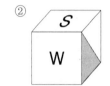 ③ 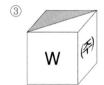 ④

24

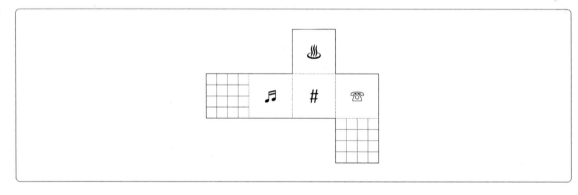

① 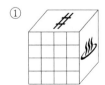 ②  ③  ④

25

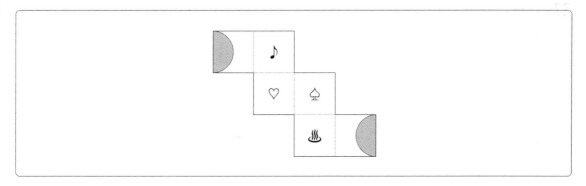

① 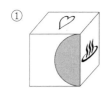　② 　③ 　④

26

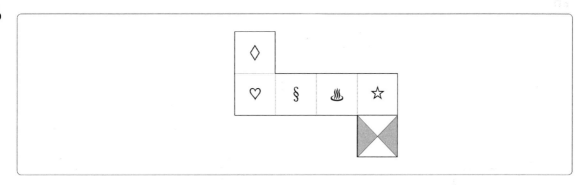

① 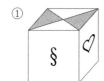　② 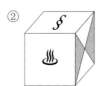　③ 　④

27

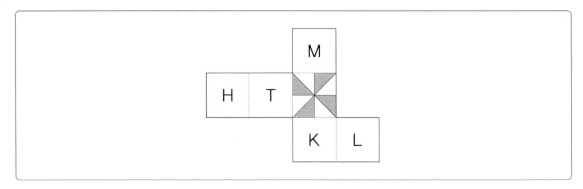

① 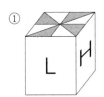　② 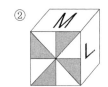　③ 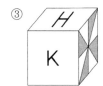　④

28

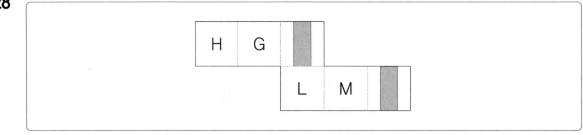

① 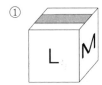　② 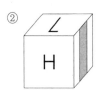　③ 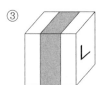　④

29

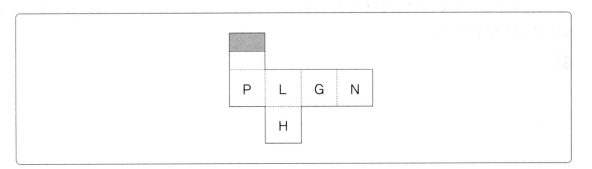

①  ② 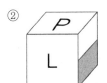 ③   ④

30

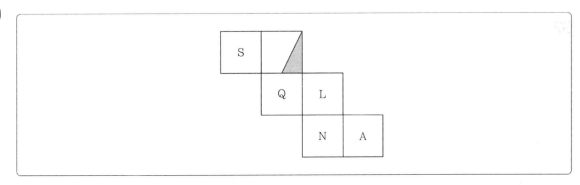

① 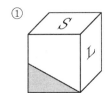 ② 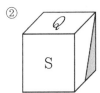 ③   ④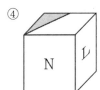

[31~45] 아래에 제시된 그림과 같이 쌓기 위해 필요한 블록의 수를 고르시오.(단, 블록은 모양과 크기는 모두 동일한 정육면체임)

31

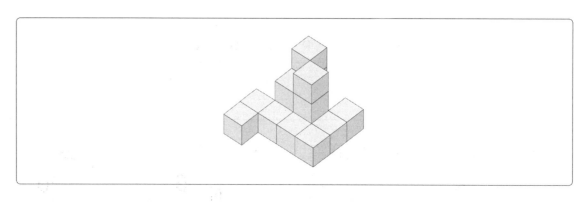

① 13
② 14
③ 15
④ 16

32

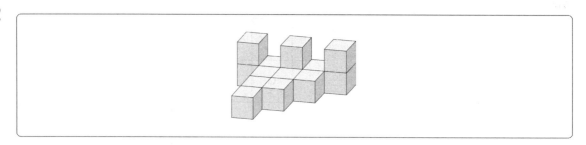

① 8
② 10
③ 12
④ 14

33

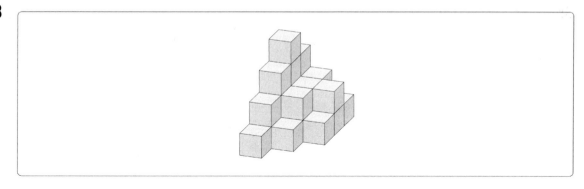

① 22   ② 23

③ 24   ④ 25

34

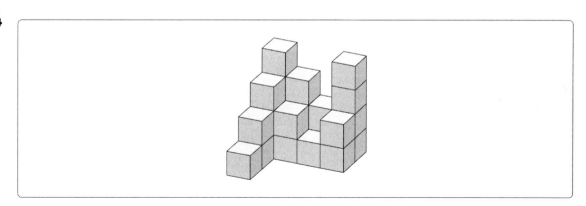

① 22개

② 23개

③ 24개

④ 25개

35

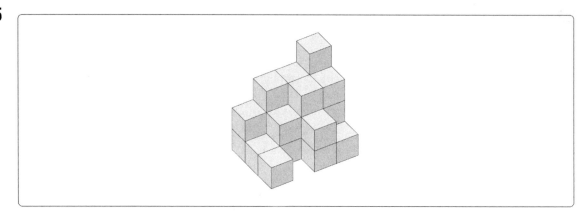

① 25   ② 26

③ 27   ④ 29

36

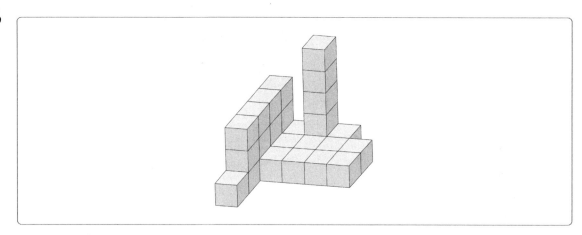

① 28개   ② 30개

③ 32개   ④ 34개

37

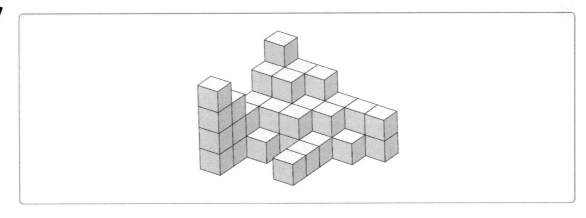

① 46개   ② 47개

③ 48개   ④ 49개

38

① 30개   ② 31개

③ 32개   ④ 33개

39

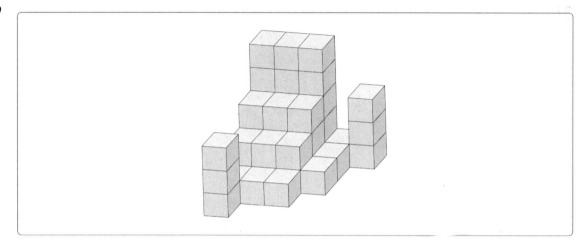

① 40개   ② 41개
③ 42개   ④ 43개

40

① 28개   ② 30개
③ 32개   ④ 34개

41

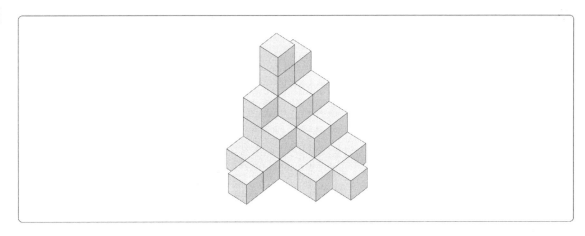

① 28　　　　　　　　　② 30

③ 32　　　　　　　　　④ 34

42

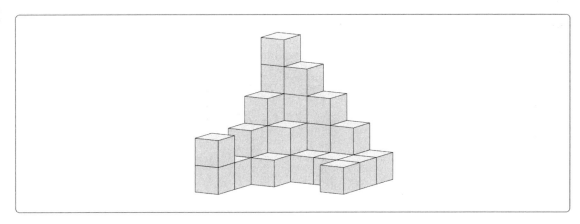

① 27개　　　　　　　　② 28개

③ 29개　　　　　　　　④ 30개

43

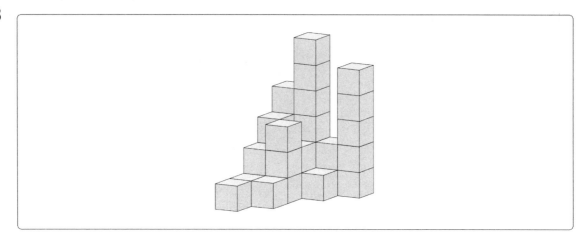

① 29   ② 30

③ 31   ④ 32

44

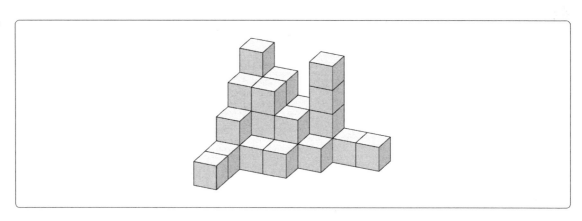

① 30개   ② 31개

③ 32개   ④ 33개

45

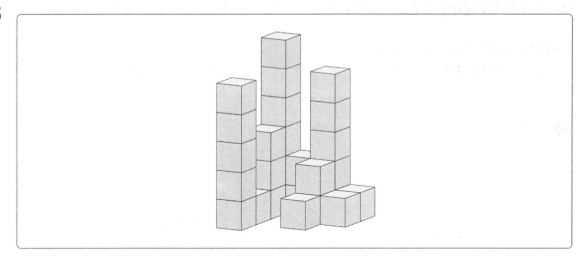

① 25 ② 26
③ 27 ④ 28

[46~60] 아래에 제시된 블록들을 화살표 표시한 방향에서 바라봤을 때의 모양으로 알맞은 것을 고르시오.

- 블록은 모양과 크기는 모두 동일한 정육면체이다.
- 바라보는 시선의 방향은 블록의 면과 수직을 이루며 원근에 의해 블록이 작게 보이는 효과는 고려하지 않는다.

46

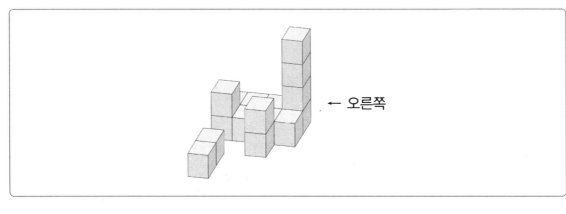

← 오른쪽

① 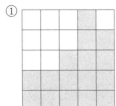　② 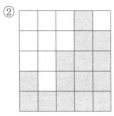　③ 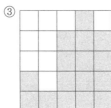　④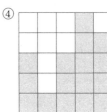

47

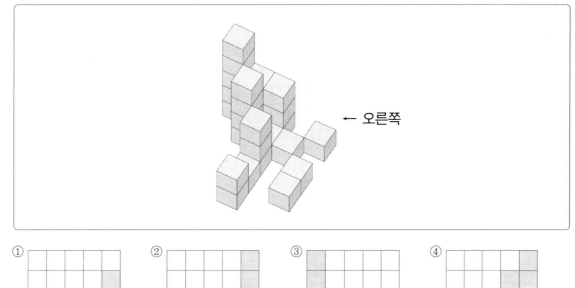

← 오른쪽

① ② ③ ④

48

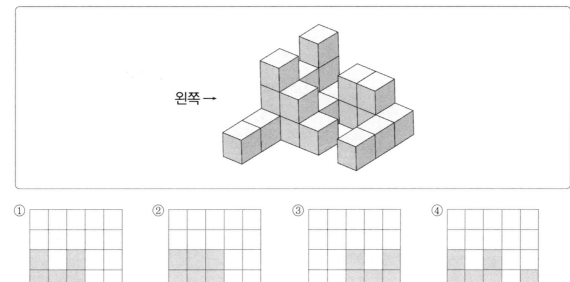

왼쪽 →

① ② ③ ④

49

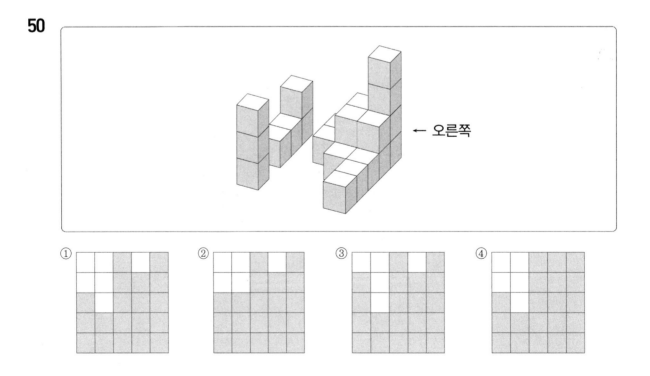

← 오른쪽

① ② ③ ④

50

← 오른쪽

① ② ③ ④

51

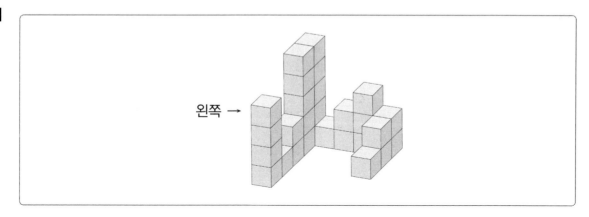

①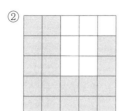
②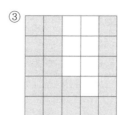
③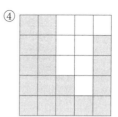
④

52

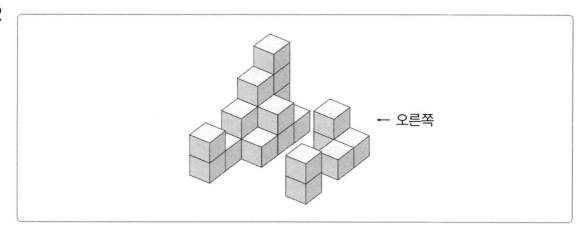

①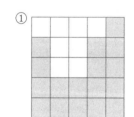
②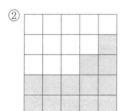
③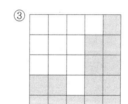
④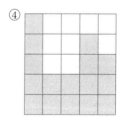

53

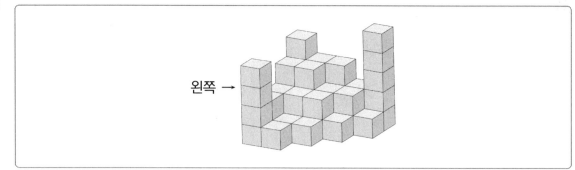

왼쪽 →

① 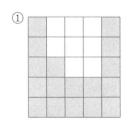　　② 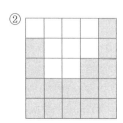　　③ 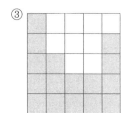　　④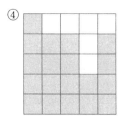

54

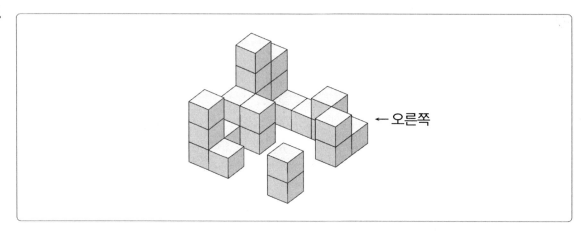

← 오른쪽

① 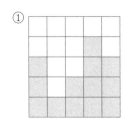　　② 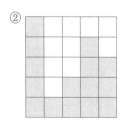　　③ 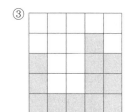　　④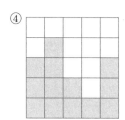

55

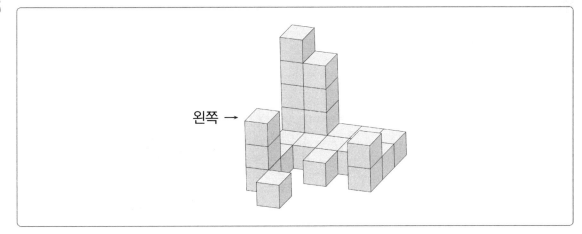

① 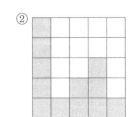 ② 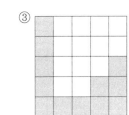 ③ ④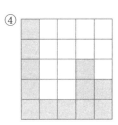

56

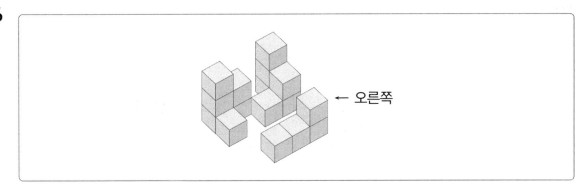

① 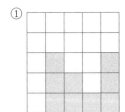 ② 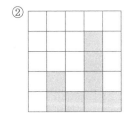 ③ 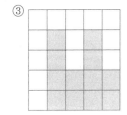 ④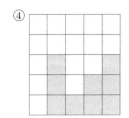

57

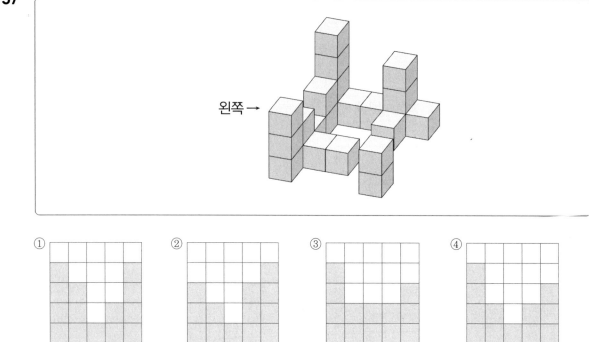

58

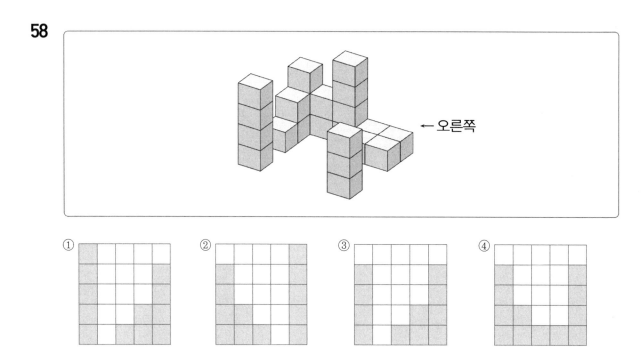

59

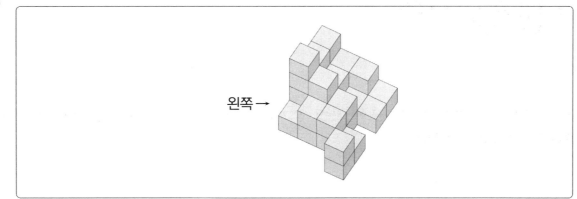

왼쪽 →

① 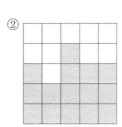 ② 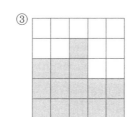 ③ ④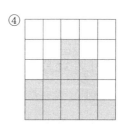

60

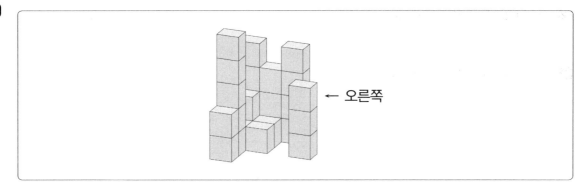

← 오른쪽

① 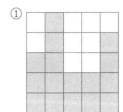 ② 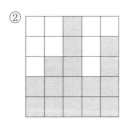 ③ 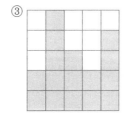 ④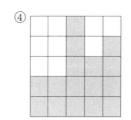

04. 지각속도

≫ 정답 및 해설 **p.353**

[01~05] 다음의 왼쪽과 오른쪽 기호의 대응을 참고하여 각 문제의 대응이 같으면 답안지에 '① 맞음'을, 틀리면 '② 틀림'을 선택하시오.

a = 고	b = 옹	c = 사	d = 전
e = 나	f = 동	g = 기	h = 애

01 동 사 기 나 옹 − f c g e b   ① 맞음   ② 틀림

02 전 고 애 기 사 나 − d a h c g e   ① 맞음   ② 틀림

03 고 옹 사 전 나 동 − a b c d e f   ① 맞음   ② 틀림

04 전 나 동 기 애 사 − d e f g h c   ① 맞음   ② 틀림

05 나 옹 사 기 고 동 전 − e c b g a f d   ① 맞음   ② 틀림

[06~10] 다음 왼쪽과 오른쪽 기호, 문자, 숫자의 대응을 참고하여 각 문제의 대응이 같으면 '① 맞음'을, 틀리면 '② 틀림'을 선택하시오.

정 = ▶	대 = ♨	부 = ▤	민 = ◈	업 = ✿	국 = ★	여 = ⬆	회 = △
원 = ♡	방 = ●	청 = ◇	사 = ♠	한 = ■	위 = ♫	전 = ◁	렴 = ✖

06 ▶ ▤ ♨ ◁ ◇ ♠ – 정부대전청사   ① 맞음   ② 틀림

07 ◇ ✖ ● ♫ ♠ ✿ – 청렴방위사업   ① 맞음   ② 틀림

08 ■ ★ ● ♫ ♠ ✿ ♡ – 한국방위사업청   ① 맞음   ② 틀림

09 ♨ ■ ◈ ★ ★ ● ▤ – 대한민국국방부   ① 맞음   ② 틀림

10 ★ ◁ ★ ● ✖ ♡ △ – 국회국방위원회   ① 맞음   ② 틀림

[11~20] 다음 각 문제의 왼쪽에 표시된 굵은 글씨체의 기호, 문자, 숫자의 개수를 오른쪽에서 찾으시오.

11　**2**　78531892313791357541154933732182274218

① 3개　② 4개
③ 5개　④ 6개

12　**ㄱ**　공적 프로그램의 가장 중요한 특징은 강제적이고 공적이다

① 6개　② 8개
③ 9개　④ 10개

13　**ㄹ**　희망은 볼 수 없는 것을 보고, 만져질 수 없는 것을 느끼고, 불가능한 것을 이룬다

① 5개　② 6개
③ 7개　④ 8개

14　**ㅇ**　필요한 시간과 해역에 대해 적의 사용을 거부하고 아군의 사용을 보장하는 것

① 10개　② 11개
③ 12개　④ 13개

15　**3**　25874913579851335697842315469873311594073684132 57939

① 7개　② 8개
③ 9개　④ 10개

16　**a**　the Cheonan ship sank into the deep sea with 46 sailors.

① 3개　② 4개
③ 5개　④ 6개

17　**o**　The glory of great men should always be measured by the means they have used to acquire it

① 3개　② 4개
③ 5개　④ 6개

18　**1**　1597538426878945612398732165474185236 9258147

① 5개　② 6개
③ 7개　④ 8개

19　**r**　every year the army and navy hold maneuver for practice

① 3개　② 4개
③ 5개　④ 6개

20　**ㅅ**　한반도 전 해상에 함정이 상시 배치되어 있어 해상재난 시 신속히 구조

① 3개　② 5개
③ 7개　④ 9개

[21~23] 다음 왼쪽과 오른쪽 기호, 문자, 숫자의 대응을 참고하여 각 문제의 대응이 같으면 '① 맞음'을, 틀리면 '② 틀림'을 선택하시오.

a = 소	b = 전	c = 원	d = 결	e = 망	f = 명
g = 리	h = 해	i = 개	j = 성	k = 설	l = 특

21 설 명 특 성 원 리 – k f l j c g   ① 맞음   ② 틀림

22 해 결 전 망 소 개 – h d k e a l   ① 맞음   ② 틀림

23 결 성 특 명 소 리 – d j i f a g   ① 맞음   ② 틀림

[24~26] 다음 왼쪽과 오른쪽 기호, 문자, 숫자의 대응을 참고하여 각 문제의 대응이 같으면 '① 맞음'을, 틀리면 '② 틀림'을 선택하시오.

ㅈ = 6	ㄷ = 2	ㅅ = 8	ㅍ = 9	ㄹ = 3
ㅋ = 18	ㅂ = 4	ㅌ = 12	ㅊ = 5	ㄱ = 1

24 4 8 3 6 1 – ㅂ ㅅ ㄹ ㅈ ㄱ   ① 맞음   ② 틀림

25 1 2 4 6 1 2 – ㅋ ㅂ ㅈ ㄱ ㄹ   ① 맞음   ② 틀림

26 12 9 3 18 4 – ㅌ ㅍ ㄹ ㅋ ㅂ   ① 맞음   ② 틀림

[27~29] 다음 왼쪽과 오른쪽 기호, 문자, 숫자의 대응을 참고하여 각 문제의 대응이 같으면 '① 맞음'을, 틀리면 '② 틀림'을 선택하시오.

Q = 2	W = 3	E = 5	R = 4	T = 6	Y = 7
U = 1	G = 8	I = 10	O = 9	P = 11	J = 16

27 3 9 6 3 2 – W O T I Q   ① 맞음   ② 틀림

28 11 6 5 4 1 – P T E R U   ① 맞음   ② 틀림

29 8 7 2 10 7 – G Y I Q Y   ① 맞음   ② 틀림

[30~32] 다음 왼쪽과 오른쪽 기호, 문자, 숫자의 대응을 참고하여 각 문제의 대응이 같으면 '① 맞음'을, 틀리면 '② 틀림'을 선택하시오.

$\forall$ = 2	∂ = 6	$\exists$ = 9	$\varnothing$ = 16	$\oint$ = 22
$\nexists$ = 8	$\not\supseteq$ = 7	$+\!\!\!+$ = 11	II = 13	$\cap$ = 14

30 2 8 6 9 16 – $\forall$ $\nexists$ ∂ $\exists$ $\varnothing$ ① 맞음   ② 틀림

31 8 11 13 22 2 – $\nexists$ II $+\!\!\!+$ $\oint$ $\forall$ ① 맞음   ② 틀림

32 14 9 11 13 6 – $\cap$ $\exists$ II $+\!\!\!+$ $\nexists$ ① 맞음   ② 틀림

[33~35] 다음 왼쪽과 오른쪽 기호, 문자, 숫자의 대응을 참고하여 각 문제의 대응이 같으면 '① 맞음'을, 틀리면 '② 틀림'을 선택하시오.

ㅓ = ㅜ	k = ㅍ	✕ = ㅗ	s = ㅇ	e = ㅛ
✚ = ㅟ	t = ㅋ	m = ㅚ	✖ = ㅕ	ㅒ = ㄴ

33 ㅍ ㅚ ㄴ ㅇ ㅕ – k m ㅒ e ✖   ① 맞음   ② 틀림

34 ㅜ ㅟ ㅋ ㅟ ㅕ – ㅓ ✚ t ✚ ✖   ① 맞음   ② 틀림

35 ㅋ ㅛ ㄴ ㅛ ㅗ – t e ㅒ ✕ e   ① 맞음   ② 틀림

[36~40] 다음 주어진 표의 문자와 기호의 대응을 참고하여, 각 문제에서 주어진 문자를 만들기 위한 내용을 바르게 나타내었으면 '① 맞음'을, 그렇지 않으면 '② 틀림'을 선택하시오.

공=◨	대=◆	모=◙	미=▢	본=◈	부=◆	사=◇	시=◈	연=▼
원=◉	일=✖	전=■	지=▲	참=◗	한=◐	함=◕	합=○	항=◎

36 참 모 본 부 – ◗ ◙ ◈ ◈   ① 맞음   ② 틀림

37 한 미 연 합 사 – ◐ ▢ ▼ ○ ◇   ① 맞음   ② 틀림

38 지 대 공 미 사 일 – ▲ ◆ ◨ ▢ ◙ ✖   ① 맞음   ② 틀림

39 대 전 공 항 – ◆ ■ ◨ ○   ① 맞음   ② 틀림

40 함 대 지 시 – ◗ ◆ ▲ ◈   ① 맞음   ② 틀림

[41~50] 다음 각 문제의 왼쪽에 표시된 굵은 글씨체의 기호, 문자, 숫자의 개수를 오른쪽에서 찾으시오.

41   **n**   current navy artillery can only shoot about 12 miles

① 2개   ② 4개
③ 6개   ④ 8개

42   **4**   15937468294513725648963852741321948765412378 94546

① 4개   ② 6개
③ 8개   ④ 10개

43   **ㅌ**   고가의 심해저탐사장비, 플랫폼, 시추장비 등 해양자원 개발을 위한 시설과 장비

① 1개   ② 2개
③ 3개   ④ 4개

44   **i**   the navy are considering buying six new warships

① 3개   ② 5개
③ 7개   ④ 9개

45   **0**   21420184132654688410101632190872079059730004189101567893

① 10개   ② 11개
③ 12개   ④ 13개

46   **ㅇ**   생명보다 더 고귀한 것이 명예다

① 3개   ② 4개
③ 5개   ④ 6개

47   **d**   whatever you do, do cautiously, and look to the end

① 4개   ② 5개
③ 6개   ④ 7개

48   **5**   25018412181522293025316929105172445111825219156256310512

① 7개   ② 9개
③ 11개   ④ 13개

49   **ㄷ**   기뢰대항전 훈련 등 해외 연합훈련을 통해 해군의 역량을 대내·외에 널리 과시

① 1개   ② 2개
③ 3개   ④ 4개

50   **l**   a highly restricted area close to the old naval airfield

① 1개   ② 3개
③ 5개   ④ 7개

[51~60] 다음 각 문제의 왼쪽에 표시된 굵은 글씨체의 기호, 문자, 숫자의 개수를 오른쪽에서 찾으시오.

51 ㄱ 전승을 주도할 야전 임무수행능력과 군사전문가의 기본소양을 갖춘 정예장교 양성

① 5개 ② 6개
③ 7개 ④ 8개

52 7 3238964923205107015898308216942320528595212348192 5

① 0개 ② 1개
③ 3개 ④ 5개

53 ㅈ 자유민주주의 정신에 기초한 국가관 확립 군사전문지식 습득 및 활용능력 배양

① 2개 ② 4개
③ 6개 ④ 8개

54 1 12451259812491508231354789913578916537989103513

① 6개 ② 7개
③ 8개 ④ 9개

55 ㄴ 장교로서의 사명감과 투철한 직업윤리관 확립 강인한 체력 연마

① 4개 ② 5개
③ 6개 ④ 7개

56 3 3231456987741258963753951423689713321456987963147654

① 7개 ② 8개
③ 9개 ④ 10개

57 ㅇ 평화를 추구하는 드높은 이상을 견지 정의를 지향하는 청백한 품성과 필승의 신념을 배양

① 11개 ② 12개
③ 13개 ④ 14개

58 9 19517531235789456318791136597351579955143529987153971531

① 8개 ② 9개
③ 10개 ④ 11개

59 ㅂ 국가를 보호하는 방패가 되고 육군의 초석이 되는 명예롭고 권위 있는 정예간부

① 1개 ② 2개
③ 3개 ④ 4개

60 8 259367148357912864314679825962187435126578943365821498

① 7개 ② 8개
③ 9개 ④ 10개

[61~67] 다음 각 문제의 왼쪽에 표시된 굵은 글씨체의 기호, 문자, 숫자의 개수를 오른쪽에서 찾으시오.

61 ◉   ◆●◉■◎◉●●◆◎○●●●◉◆

    ① 2개   ② 3개
    ③ 4개   ④ 5개

62 2   03192320513578101253199925900

    ① 1개   ② 2개
    ③ 3개   ④ 4개

63 ♣   ♤♠♡♥♧♣♧♥♡♠♤♠♥♣♧♥♡♠♤

    ① 1개   ② 2개
    ③ 3개   ④ 4개

64 ㄱ   욕망에 따른 행위는 모두 자발적인 것이다

    ① 1개   ② 2개
    ③ 3개   ④ 4개

65 8   97889628501485972586515780

    ① 4개   ② 5개
    ③ 6개   ④ 7개

66 ㅇ   역사를 기억하고 기록하느냐에 따라 의미와 깊이가 변할 수 있다

    ① 5개   ② 6개
    ③ 7개   ④ 8개

67 s   my head was spinning from an excess of pleasure.

    ① 3개   ② 4개
    ③ 5개   ④ 6개

[68~70] 다음 왼쪽과 오른쪽 기호, 문자, 숫자의 대응을 참고하여 각 문제의 대응이 같으면 '① 맞음'을,
틀리면 '② 틀림'을 선택하시오.

a = 소	b = 전	c = 원	d = 결	e = 망	f = 명
g = 리	h = 해	i = 개	j = 성	k = 설	l = 특

68 망 명 소 원 해 성 − e f a c h j   ① 맞음   ② 틀림

69 원 성 특 전 해 결 − c j l b h d   ① 맞음   ② 틀림

70 개 성 전 원 망 명 − i j b e c f   ① 맞음   ② 틀림

[71~73] 다음 왼쪽과 오른쪽 기호, 문자, 숫자의 대응을 참고하여 각 문제의 대응이 같으면 '① 맞음'을,
틀리면 '② 틀림'을 선택하시오.

知 = 5	德 = e	體 = 8	生 = Q	徒 = 12
軍 = M	小 = 1	中 = 27	大 = D	長 = 9

71 1 8 Q D 9 − 小 德 徒 大 長   ① 맞음   ② 틀림

72 e M 12 5 27 − 德 軍 徒 知 中   ① 맞음   ② 틀림

73 27 Q 5 8 D − 小 生 德 體 大   ① 맞음   ② 틀림

[74~76] 다음 왼쪽과 오른쪽 기호, 문자, 숫자의 대응을 참고하여 각 문제의 대응이 같으면 '① 맞음'을, 틀리면 '② 틀림'을 선택하시오.

시 = 6	기 = 1	해 = L	코 = 2	반 = K
흠 = 13	래 = 4	드 = s	리 = I	펠 = 9

74 13 1 I 6 9 - 흠 기 리 시 펠   ① 맞음   ② 틀림

75 L 2 s 9 1 - 해 코 드 펠 반   ① 맞음   ② 틀림

76 2 1 I 13 6 - 코 기 해 흠 시   ① 맞음   ② 틀림

[77~79] 다음 왼쪽과 오른쪽 기호, 문자, 숫자의 대응을 참고하여 각 문제의 대응이 같으면 '① 맞음'을, 틀리면 '② 틀림'을 선택하시오.

$x^2 = 2$	$k^2 = 3$	$l = 7$	$y = 8$	$z = 4$
$x = 6$	$z^2 = 0$	$y^2 = 1$	$l^2 = 9$	$k = 5$

77 2 0 9 5 4 $- x^2\ z^2\ l^2\ k\ z$ ① 맞음   ② 틀림

78 3 7 4 6 1 $- k\ l\ z\ x\ y^2$ ① 맞음   ② 틀림

79 8 1 5 2 0 $- y\ y^2\ k\ x\ z^2$ ① 맞음   ② 틀림

[80~89] 다음 각 문제의 왼쪽에 표시된 굵은 글씨체의 기호, 문자, 숫자의 개수를 오른쪽에서 찾으시오.

80　**3**　159379849623157961389135795231548249912357411237

① 5개　　② 7개
③ 9개　　④ 10개

81　**ㄷ**　법의 내용과 본질은 사회의 기본적인 특징인 유기적 연대

① 1개　　② 2개
③ 3개　　④ 4개

82　**ㄷ**　오늘 하루 기운차게 달릴 수 있도록 힘을 내자

① 2개　　② 3개
③ 4개　　④ 5개

83　**4**　GcAshH748vdafo25W641981

① 1개　　② 2개
③ 3개　　④ 4개

84　**핡**　핡핳핤핣핳핡핥핡핞핥핤핝핥핡핝핞핡핞핝

① 1개　　② 2개
③ 3개　　④ 4개

85　**s**　social media companies have taken steps to restrict Russian state media accounts

① 7개　　② 9개
③ 11개　　④ 13개

86　**n**　those who cannot remember the past are condemned to repeat it

① 2개　　② 3개
③ 4개　　④ 5개

87　**②**　④⑨②⑧⑥⑥①⑦❶⑨❺⑧④③❼②

① 1개　　② 2개
③ 3개　　④ 4개

88　**ᅲ**　ᇫ∨ᅲ≈ᆖᆜᇫᇫᅲᆞᆵᆵᅲᅲ

① 0개　　② 1개
③ 2개　　④ 3개

89　**⊅**　∪∫∈∄∑∀∩∰⊀∓✳⊅∈△

① 0개　　② 1개
③ 2개　　④ 3개

[90~94] 다음 왼쪽과 오른쪽 기호, 문자, 숫자의 대응을 참고하여 각 문제의 대응이 같으면 '① 맞음'을, 틀리면 '② 틀림'을 선택하시오.

a = 사	b = 체	c = 다	d = 정	e = 보	f = 기
g = 유	h = 이	i = 지	j = 물	k = 크	l = 용

90 이 사 정 보 체 크 – h a d e b k   ① 맞음   ② 틀림

91 정 보 기 지 이 용 – d e f i h l   ① 맞음   ② 틀림

92 사 유 지 이 다 – a g i b c   ① 맞음   ② 틀림

93 용 지 크 기 지 정 – l i k f i c   ① 맞음   ② 틀림

94 용 사 유 물 보 기 – l a g j e f   ① 맞음   ② 틀림

[95~100] 다음의 왼쪽과 오른쪽 문자의 대응을 참고하여 각 문제의 대응이 같으면 '① 맞음'을, 틀리면 '② 틀림'을 선택하시오.

ㄱ = b	ㄴ = a	ㄷ = m	ㄹ = i	ㅁ = g
ㅂ = r	ㅅ = t	ㅇ = e	ㅈ = n	ㅊ = l

95 b i g m a m a － ㄱ ㄹ ㅁ ㄷ ㄴ ㄷ ㄴ   ① 맞음   ② 틀림

96 t e l l m e － ㅅ ㅇ ㅈ ㅈ ㄷ ㅇ   ① 맞음   ② 틀림

97 g e n e r a l － ㅁ ㅇ ㅇ ㅈ ㄴ ㅂ ㅊ   ① 맞음   ② 틀림

98 m e n t a l － ㄷ ㅇ ㅈ ㅅ ㄴ ㅊ   ① 맞음   ② 틀림

99 l a b a m b a － ㅊ ㄱ ㄴ ㄱ ㄷ ㄱ ㄴ   ① 맞음   ② 틀림

100 t a l l e r m a n － ㅅ ㄴ ㅊ ㅊ ㅇ ㅂ ㄷ ㄴ ㅈ   ① 맞음   ② 틀림

03

실력평가 모의고사

제 1 회
실력평가 모의고사

정답 및 해설 p.360

언 어 능 력	문항수	25문항	풀이시간	20분

01 다음 빈칸에 들어갈 알맞은 말은?

> 　　모든 사회문제는 양면성을 가지고 있습니다. 한쪽 이야기만 듣고 그쪽 논리를 따라가면 오히려 속이 편하지만, 양쪽 이야기를 듣고 나면 머리가 아픕니다. 그런 헷갈리는 상황에서 기억할 만한 원칙이 바로 '의심스러울 때는 (　　　　)의 이익으로' 해석하라는 것입니다. 전세 분쟁에서 세입자의 이익을 우선으로 하는 것이 그 예입니다.

① 행위자　　　　　　　　　　　② 약자
③ 다수자　　　　　　　　　　　④ 타자
⑤ 화자

02 다음 밑줄 친 부분의 문맥적 의미와 유사한 것은?

> 　　지방 수령의 장기 근무는 심각한 적체 현상을 <u>낳기도</u> 했다. 이에 따라 세조는 이전의 제도를 계승하면서도 수령의 임기는 30개월로 단축하였다. 그와 함께 우수한 평가를 받은 수령을 파격적으로 승진시키는 한편, 불법 행위를 한 수령은 즉각 징계하는 정책을 시행하였다. 이러한 평가 방식은 일시적인 효과는 기대할 수 있어도 안정적인 관직 운영 방식으로 정착되지 못했다.

① 그녀는 쌍둥이를 <u>낳았다</u>.
② 그가 하고 있는 사업은 많은 이익을 <u>낳는</u> 유망 사업이다.
③ <u>낳은</u> 정보다 기른 정이 더 크다.
④ 이 마을은 훌륭한 교수를 <u>낳은</u> 곳으로 유명하다.
⑤ 그는 한국이 <u>낳은</u> 천재적인 물리학자이다.

[03~05] 다음 빈칸에 들어갈 단어로 알맞은 것을 고르시오.

03

> 지금 농촌에서는 벼 수확이 (　　)이다.

① 한중　　　　　　　　　② 한참
③ 한창　　　　　　　　　④ 한층
⑤ 한정

04

> 바구니에 과일이 (　　) 담겨 있다.

① 소담히　　　　　　　　② 호화롭게
③ 수수하게　　　　　　　④ 호사스럽게
⑤ 왁자지껄하게

05

> 여러 사람의 마음이 서로 화합하지 않고서는 어떤 단체도 (　　)이(가) 되는 법이다.

① 분해(分解)　　　　　　② 멸실(滅失)
③ 와해(瓦解)　　　　　　④ 붕괴(崩壞)
⑤ 자멸(自滅)

06 다음 중 밑줄 친 말의 풀이로 틀린 것은?

> 오늘은 퇴근 후에 동창들과 모임이 있는 날이다. 늦을지 모른다는 생각이 든 나는 업무를 급히 ⊙갈무리하고 사무실을 나섰다. 우리 동창들은 두 달에 한 번씩 ⓒ돌림턱을 내며 서로 간의 ⓒ우의를 다져왔다. 오늘은 이번에 취직한 친구가 한 턱을 내는 날이다. 오늘의 약속장소는 ②한갓진 식당이어서 들어서자 반가운 얼굴들이 금세 눈에 들어왔다. 자리에 앉자마자 오늘의 메뉴인 해물탕이 나왔다. ⑩매큼한 음식 냄새를 맡으니 갑자기 배가 고파졌다.

① ⊙ 일을 빨리하도록 독촉함
② ⓒ 여러 사람이 일정한 시간을 두고 차례로 돌아가며 내는 턱
③ ⓒ 친구 사이의 정의
④ ② 한가하고 조용한
⑤ ⑩ 냄새나 맛이 아주 매운

[07~08] 다음 중 아래의 밑줄 친 ⊙과 같은 의미로 사용된 것은?

07

> 시를 창작할 때는 시어를 잘 선택하여 사용하는 것이 중요합니다. 어떤 시어를 사용하느냐에 따라 시의 느낌이 달라지기 때문이죠. 시인이 시를 창작하는 과정에서 아래의 괄호 안에 있는 두 개의 시어 중 ⊙하나를 선택하는 상황이라고 가정해 봅시다. 시인이 밑줄 친 시어를 선택함으로써 얻을 수 있었던 효과가 무엇일지 한 명씩 발표해 보도록 합시다.

① 우리 모두 하나가 되어 이 나라를 지킵시다.
② 하나는 소극적 자유요, 하나는 적극적 자유이다.
③ 달랑 가방 하나만 들고 있었다.
④ 언제나처럼 그는 피곤했고, 무엇 하나 기대를 걸 만한 것도 없었다.
⑤ 너한테는 잘못이 하나도 없다.

08

> 세계기상기구(WMO)에서 발표한 자료에 ㉠따르면 지난 100년 간 지구 온도가 뚜렷하게 상승하고 있다고 한다. 그러나 지구가 점점 더워지고 있다는 말이다. 산업혁명 이후 석탄과 석유 등의 화석 연료를 지속적으로 사용한 결과로 다량의 온실가스가 대기로 배출되었기 때문에 지구온난화현상이 심화된 것이다. 비록 작은 것일지라도 실천할 수 있는 방법들을 찾아보아야 한다. 나는 이번 여름에는 꼭 수영을 배울 것이다. 자전거를 타거나 걸어 다니는 것을 실천해야겠다. 또, 과대 포장된 물건의 구입을 지양해야겠다.

① 식순에 <u>따라</u> 다음은 애국가 제창이 있겠습니다.
② 철수는 어머니를 <u>따라</u> 시장 구경을 갔다.
③ 수학에 있어서만은 반에서 그 누구도 그를 <u>따를</u> 수 없다.
④ 우리는 선생님이 보여 주는 동작을 그대로 <u>따라서</u> 했다.
⑤ 새 사업을 시작하는 데는 많은 어려움이 <u>따르게</u> 될 것이다.

09 다음의 주장을 비판하기 위한 근거로 적절하지 않은 것은?

> 영어는 이미 실질적인 인류의 표준 언어가 되었다. 따라서 세계화를 외치는 우리가 지구촌의 한 구성원이 되기 위해서는 영어를 자유자재로 구사할 수 있어야 한다. 더구나 경제 분야의 경우 국가 간의 경쟁이 치열해지고 있는 현재의 상황에서 영어를 모르면 그만큼 국가가 입는 손해도 막대하다. 현재 우리나라가 영어 교육을 강조하는 것은 모두 이러한 이유 때문이다. 따라서 우리가 세계 시민의 일원으로 그 역할을 다하고 우리의 국가 경쟁력을 높여가기 위해서는 영어를 국어와 함께 우리 민족의 공용어로 삼는 것이 바람직하다.

① 한 나라의 국어에는 그 민족의 생활 감정과 민족정신이 담겨 있다.
② 외국식 영어 교육보다 우리 실정에 맞는 영어 교육 제도를 창안해야 한다.
③ 민족 구성원의 통합과 단합을 위해서는 단일한 언어를 사용하는 것이 바람직하다.
④ 세계화는 각 민족의 문화적 전통을 존중하는 문화 상대주의적 입장을 바탕으로 해야 한다.
⑤ 경제인 및 각 분야의 전문가들만 영어를 능통하게 구사해도 국가 간의 경쟁에서 앞서 갈 수 있다.

10 다음 글에서 논리 전개상 불필요한 문장은?

'한 달이 지나도 무르지 않고 거의 원형 그대로 남아 있는 토마토', '제초제를 뿌려도 말라죽지 않고 끄떡없이 잘 자라는 콩', '열매는 토마토, 뿌리는 감자' ……. ㉠상상 속에서나 가능했던 일들이 오늘날 종자 내부의 유전자를 조작할 수 있게 됨으로써 현실에서도 가능케 되었다. 유전자조작식품은 의심할 여지없이 과학의 산물이며, 생명 공학 진보의 표상인 것처럼 보인다. 그러나 이를 반대하는 목소리도 드높다. 찬성 측에서는 유전자조작식품은 제2의 농업혁명으로서 앞으로 닥칠 식량 위기를 해결해 줄 유일한 방법이라고 주장한다. 반대 측에서는 인체 유해성 검증에서 안전하다고 판명된 것이 아니며 생태계 교란을 야기하고 지속가능한 농업을 불가능하게 한다고 주장하고 있다. ㉡나름대로의 증거와 주장으로 타당성을 부여하고 있으나 서로를 인정하지 않아 갈등은 더욱 커져가고 있다.

최초의 유전자조작식품은 1994년 미국 FDA 승인을 받아 시판한 '무르지 않는 토마토'이다. ㉢토마토의 숙성을 촉진시키는 유전자를 개조하거나 변형시켜 숙성을 더디게 만든 것으로 농민과 상인들에게 선풍적인 인기를 끌었다. 이후 품목과 비율이 급속히 늘어나면서 현재 미국 내에서 시판 중인 유전자조작식품들은 콩, 옥수수, 감자 등 모두 10여 종에 이른다. ㉣아메리카 인디언의 토템 중에는 오금이 굽고 발끝이 밖으로 벌어진 두 다리 위에 등에는 혹이 달린 짧은 동체(胴體)가 붙어 있고, 괴상한 얼굴을 한 것이 있다. 대부분의 유전자조작식품은 제초제에 저항성을 갖도록 하지만 해충을 견디기 위해 자체 독소를 만들어 내도록 조작된 것들이다. ㉤과연 이것은 인류를 굶주림과 고통에서 해방시켜 줄 구원인가 아니면 회복할 수 없는 생태계의 재앙을 초래할 판도라의 상자인가?

① ㉠
② ㉡
③ ㉢
④ ㉣
⑤ ㉤

11 다음 글에 대한 설명으로 옳은 것은?

㉠전통은 물론 과거로부터 이어온 것을 말한다. ㉡이 전통은 그 사회 및 그 사회의 구성원인 개인의 몸에 배어있는 것이다. ㉢그러므로 스스로 깨닫지 못하는 사이에 전통은 우리의 현실에 작용하는 경우가 있다. ㉣그러나 과거에서 이어 온 것을 무턱대고 모두 전통이라고 한다면, 인습(因襲)이라는 것과의 구별이 서지 않을 것이다. ㉤우리는 인습을 버려야 할 것이라고는 생각하지만, 계승해야 할 것이라고는 생각하지 않는다. 여기서 우리는, 과거에서 이어 온 것을 객관화하고, 이를 비판하는 입장에 서야 할 필요를 느끼게 된다.

① ㉠은 이 글의 주지 문장이다.
② ㉡은 ㉠을 부연 설명한 문장이다.
③ ㉡과 ㉢은 전환관계이다.
④ ㉣은 ㉤에 대한 이유를 제시한 문장이다.
⑤ ㉤은 전체 내용을 요약한 문장이다.

12 다음 글에서 추론할 수 있는 진술에 해당하지 않는 것은?

> 모든 인간은 평등하게 창조되었으며, 그들은 창조자에 의해 어떤 양도할 수 없는 권리를 부여받았다. 그 권리는 생명, 자유, 행복의 추구를 포함하고 있다. 사람들은 이러한 권리를 확보하기 위해 정부를 만들었고, 정당한 권력은 피지배자의 동의로부터 유래한다. 어떠한 형태의 정부라도 이를 위반하면 인민은 그러한 정부를 변경하거나 폐기하고, 새로운 정부를 세울 권리가 있다.

① 모든 인민은 자연권을 가진다.
② 정부의 권력은 인민으로부터 나온다.
③ 인민은 부당한 정부에 대해 저항할 수 있다.
④ 정부는 인민의 합의(合意)에 의해 형성된다.
⑤ 자유와 권리는 국가 권력에 의해 제한될 수 있다.

13 다음 제시된 문장의 밑줄 친 부분과 같은 의미로 사용된 것은?

> 내 눈에는 이 작품의 플롯이 탄탄하지 않은 것 같다.

① 아이의 큰 두 눈에 물기가 어려 있었다.
② 그 안경점에는 내 눈에 맞는 안경이 없었다.
③ 마치 그 사람들 눈에는 내가 미친 여자로 보이는 것 같았다.
④ 그녀는 냉소에 찬 눈으로 그가 하는 행동을 보고 있다.
⑤ 다른 사람들 눈에 목격되지 않고 범죄를 저지르기란 어려운 일이다.

14 다음 글에서 추론할 수 없는 내용은?

> 한 사람은 활과 화살을 만드는 데 전념하고, 또 한 사람은 음식을 마련하고, 제3의 사람은 오두막을 짓고, 제 4의 사람은 의복을 만들고, 제 5의 사람은 도구를 만드는 데 전념한다. 이렇게 하면 수많은 종류의 재화가 보다 쉽게 많이 생산될 수 있다. 생산된 재화를 서로 주고받음으로써, 참가자들은 서로 유리해진다. 또한, 그들의 생업과 업무도 여러 사람이 나누어 하면 쉽게 처리할 수 있다.

① 분업은 교환을 전제로 한다.
② 분업은 소득을 균등하게 배분해 준다.
③ 전문화와 특화는 생산성을 증진시킨다.
④ 분업이 효율적 자원 배분을 가능하게 한다.
⑤ 교환은 참가자 모두의 상호 이익을 증진시킨다.

15 다음 글에서 추론할 수 있는 내용으로 옳지 않은 것은?

> 지난해에 이어 지구촌 곳곳이 폭염으로 신음하고 있다. 러시아 내륙의 강과 호수에는 더위를 견디지 못해 죽은 물고기들이 수면 위로 떠다니고 있다. 폭염으로 수온이 오르면서 용존 산소량이 부족해졌기 때문이다. 무엇보다 폭염으로 인해 가장 큰 피해를 입은 것은 농작물이며, 러시아 전체 수확량의 5분의 1 정도가 줄어든 것으로 집계되고 있다. 이에 따라 러시아 정부는 치솟는 농산물 값을 잡기 위해 정부 비축 곡물 300만 톤을 시장에 풀기로 하였다. 한편 미국에서는 더위로 가축이 폐사하면서 고깃값이 치솟고 있다.

① 자연 현상은 보편성을 띤다.
② 자연 현상은 반복이 가능하다.
③ 사회 · 문화 현상에는 인간의 의지가 개입된다.
④ 자연 현상은 사회 · 문화 현상에 영향을 끼친다.
⑤ 사회 · 문화 현상과 달리 자연 현상에는 인과 관계가 나타난다.

16 다음 글의 진술 방식과 같은 것은?

> 빈센트 반 고흐의 대표작 중 하나인 「별이 빛나는 밤(사이프러스와 마을」은 별이 총총 박혀 있는 밤하늘 아래 프로방스 지방의 풍경을 그린 그림이다. 가로 29인치, 세로 36인치의 이 그림은 소용돌이가 치는 하늘과 구름 그리고 밝은 별과 달이 특히 두드러져 보인다. 수직으로 높게 뻗어 하늘과 연결하는 사이프러스는 오묘한 인상을 준다.

① 영화는 스크린이라는 공간 위에 시간적으로 흐르는 예술이며, 연극 또한 무대라는 공간 위에 시간적으로 형상화한 예술의 한 분야이다.

② 5년 전 교양수업에서 알게 된 A를 오랜만에 만났을 때, 최 씨는 왠지 모를 불길함을 느꼈다. 다음날 최 씨는 그 낯설고 불편한 느낌을 무시해선 안 됐었다고 후회했다.

③ 핵분열은 양성자와 중성자로 구성된 밀도 높은 원자의 핵이 여러 파편으로 쪼개지는 것이다. 쪼개진 파편들의 질량을 모두 합해도 원래의 질량보다 작다.

④ 라스코 동굴 벽화 속 동물들은 검은 윤곽으로 그려져 있다. 단연 장관을 이루는 방은 '황소의 전당'인데, 벽을 따라 왼쪽에서 오른쪽으로 들소 떼를 쫓고 포획하는 장면이 그려져 있다.

⑤ 비발디의 사계 중 봄은 마장조로 활기가 넘치고 유쾌함을 느낄 수 있다. 반면에 여름은 사단조 곡으로 근엄함을 느끼게 한다.

[17~19] 다음 글을 순서에 맞게 배열한 것은?

17

⑭ 예를 들어 우리나라는 머리가 나쁜 경우 '돌머리'라고 표현하지만 영어권에서는 '호박머리'라고 표현한다. 또 우리나라는 '고사리 손'은 어린 아이의 작은 손을 의미하지만 일본에서는 노인의 손을 의미한다. 이렇든 문화적으로 공감대가 형성되어 있어야 이해할 수 있는 것이다.

⑮ 또 '돼지'는 식탐이 많고 덩치가 큰 사람에게 '돼지같다'라고 부정적으로 표현하는 한편, 재물을 의미하기도 한다. 때문에 고사를 지낼 때도 돼지머리를 올리며 돼지꿈을 꾸었다고 하면 복권을 사라고 한다.

⑯ 비유는 문화의 정수라고 할 정도로 심오한 측면이 있다. 비유는 말하고자 하는 대상을 다른 대상에 빗대어 말하는 것으로, 같은 문화를 공유하는 관계여야 이를 이해할 수 있다. 상대방이 비유를 듣고 이해하지 못한다면 의사소통에 실패한 것이다.

⑰ 동물의 경우 12간지에 주로 빗대어 표현하는데 대표적으로 '개'와 '돼지'가 있다. 개를 비유할 때 흥미로운 점은 주로 부정적으로 표현한다는 것이다. 우리가 생각하는 개의 이미지는 충직함, 친근함인 데 반해 어떤 대상이나 상황이 마음에 들지 않을 때 '개같다'는 표현을 한다.

⑱ 우리나라는 특히 신체와 동물, 식물과 자연 등에 비유하는 표현이 많은데, 신체 가운데 가장 많이 쓰이는 부위를 고르자면 '눈에 밟힌다', '눈이 감긴다', '콧대가 높다', '입이 짧다', '입이 거칠다'에서 알 수 있듯이, 머리와 입이라고 할 수 있다.

① ⑭⑮⑯⑰⑱
② ⑭⑱⑰⑯⑮
③ ⑮⑱⑭⑯⑰
④ ⑯⑭⑱⑰⑮
⑤ ⑯⑱⑰⑮⑭

18

⊙ 곤충 따위의 작은 동물을 잡아서 소화 흡수하여 양분을 취하는 식물을 통틀어 식충 식물이라 한다. 대표적인 식충 식물로는 파리지옥이 있다.

ⓒ 파리지옥의 잎 표면에 있는 샘에서 곤충을 소화하는 붉은 수액이 분비되므로 잎 전체가 마치 붉은색의 꽃처럼 보인다. 파리지옥의 잎이 파리가 앉자마자 0.1초 만에 닫힐 수 있는 것은, 감각모가 받는 물리적 자극에 의해 수액이 한꺼번에 몰리면서 잎의 모양이 바뀌기 때문이라고 알려져 있다.

ⓒ 두 개의 잎에는 각각 세 개씩의 긴 털, 곧 감각모가 있다. 이 감각모에 파리 따위가 닿으면 양쪽으로 벌어져있던 잎이 순식간에 서로 포개지면서 닫힌다.

ⓔ 낮에 파리 같은 먹이가 파리지옥의 이파리에 앉으면 0.1초 만에 닫힌다. 약 10일 동안 곤충을 소화하고 나면 잎이 다시 열린다.

ⓜ 주로 북아메리카에서 번식하는 파리지옥은 축축하고 이끼가 낀 곳에서 곤충을 잡아먹으며 사는 여러해살이 식물이다. 중심선에 경첩 모양으로 달린 두 개의 잎 가장자리에는 가시 같은 톱니가 나 있다.

① ㉠㉡㉢㉤㉣
② ㉠㉤㉢㉣㉡
③ ㉢㉡㉣㉤㉠
④ ㉣㉢㉤㉠㉡
⑤ ㉤㉣㉢㉡㉠

19

ⓐ 과거에는 종종 언어의 표현 기능 면에서 은유가 연구되었지만, 사실 은유는 말의 본질적 상태 중 하나이다.

ⓑ '토대'와 '상부 구조'는 마르크스주의에서 기본 개념들이다. 데리다가 보여 주었듯이, 심지어 철학에도 은유가 스며들어 있는데 단지 인식하지 못할 뿐이다.

ⓒ 어떤 이들은 기술과학 언어에는 은유가 없어야 한다고 역설하지만, 은유적 표현들은 언어 그 자체에 깊이 뿌리박고 있다.

ⓓ 언어는 한 종류의 현실에서 또 다른 현실로 이동함으로써 그 효력을 발휘하며, 따라서 본질적으로 은유적이다.

ⓔ 예컨대 우리는 조직에 대해 생각할 때 습관적으로 위니 아랫니 하며 공간적으로 생각하게 된다. 우리는 이론이 마치 건물인 양 생각하는 경향이 있어서 기반이나 기본구조 등을 말한다.

① ⓐⓑⓔⓓⓒ   ② ⓐⓒⓑⓔⓓ

③ ⓓⓔⓒⓐⓑ   ④ ⓐⓓⓔⓒⓑ

⑤ ⓓⓐⓒⓑⓔ

[20 ~ 21] (   ) 안에 들어갈 접속어를 순서대로 나열한 것은?

20

프레임(Frame)이란 우리가 세상을 바라보는 방식을 형성하는 정신적 구조물이다. 프레임은 우리가 추구하는 목적, 우리가 짜는 계획, 우리가 행동하는 방식, 그리고 우리 행동의 좋고 나쁜 결과를 결정한다. 정치에서 프레임은 사회 정책과 그 정책을 수행하고자 수립하는 제도를 형성한다. 프레임을 바꾸는 것은 이 모두를 바꾸는 것이다. (ⓐ) 프레임을 재구성하는 것이 바로 사회적 변화이다. 프레임을 재구성한다는 것은 대중이 세상을 보는 방식을 바꾸는 것이다. 그것은 상식으로 통용되는 것을 바꾸는 것이다. 프레임은 언어로 작동되기 때문에 새로운 프레임을 위해서는 새로운 언어가 요구된다. (ⓑ) 다르게 생각하려면 우선 다르게 말해야 한다.

        ⓐ   ⓑ

① 그러나   왜냐하면

② 그리고   하지만

③ 그러므로   그러니까

④ 그래서   예를 들면

⑤ 또한   더욱이

21

노장(老莊)은 인위적인 것을 규탄한다. 그것은 다름이 아닌 인간이 자연을 도구로 삼는 태도, 자연과 지적 관계를 세우는 태도를 규탄한다는 의미가 된다. (㉠) 노자는 '지부지상 부지지병(知不知上 不知之病)' 즉 "알면서도 알지 못하는 태도를 갖는 것이 제일이고, 알지 못하면서도 아는 체 한다는 것은 병(病)이다"라고 하였다. 장자는 "자연과 합하면 언어의 유희를 초월한다. 즉, 지언(至言)은 말을 버린다. 보통 지(知)로 연구하는 바는 천박한 것에 불과하다"고 말한다. (㉡) 자연, 있는 그대로의 사물 현상은 인간의 지성으로 따질 수도 알 수도 없으며, 언어로써도 표현될 수 없는, 언어 이전의 존재이기 때문이다.

	㉠	㉡
①	그래서	왜냐하면
②	반면에	그러므로
③	또	그러나
④	그런데	그리고
⑤	하지만	드디어

[22 ~ 23] 다음 글의 주제로 알맞은 것은?

22

우리나라는 전통적으로 농경을 지어 왔다. 그래서 소는 경작을 위한 필수품이지 식용동물로 생각할 수가 없었다. 그래서 육질 섭취 수단으로 동네에 돌아다니는 개가 선택된 것이다. 그러나 프랑스 등 유럽 여러 나라에서는 우리처럼 농경 생활을 했었음에 틀림없지만 그것보다는 그들이 정착하기 전에는 오랜 기간 수렵을 했었기 때문에 개가 우리의 소처럼 중요한 수단이 되었고 당연히 수렵한 결과인 소 등의 동물로 육질을 섭취했던 것이다. 일반적으로 서유럽의 사람들은 개고기를 먹는 문화에 대해 혐오감을 나타낸다. 그들은 쇠고기와 돼지고기를 즐겨 먹는다. 그러나 인도의 힌두교도들이 보면, 힌두교도들 역시 쇠고기를 먹는 서유럽 사람들에게 혐오감을 느낄 것이다. 이슬람, 유대교들 또한 서유럽의 돼지고기를 먹는 식생활에 거부감을 느낄 것이다.

① 서로 다른 전통문화의 영향으로 식생활의 차이가 발생할 수 있다.
② 전통문화의 차이는 존중될 수 없다.
③ 우리나라는 전통적으로 농경생활 문화이다.
④ 유럽은 전통적으로 수렵생활 문화이다.
⑤ 서로 다른 식생활 문화는 혐오감을 조성한다.

23

　　한 개인의 창의성 발휘는 자기 영역의 규칙이나 내용에 대한 이해뿐만 아니라 현장에서 적용되는 평가기준과도 밀접한 관련을 가지고 있다. 어떤 미술 작품이 창의적인 것으로 평가받기 위해서는 당대 미술가들이나 비평가들이 작품을 바라보는 잣대에 들어맞아야 한다. 마찬가지로 문학 작품의 창의성 여부도 당대 비평가들의 평가기준에 따라 달라질 수 있다. 예를 들면, 라파엘로의 창의성은 미술사학, 미술 비평이론, 그리고 미적 감각의 변화에 따라 그 평가가 달라진다. 라파엘로는 16세기와 19세기에는 창의적이라고 여겨졌으나, 그 사이 기간이나 그 이후에는 그렇지 못했다. 라파엘로는 사회가 그의 작품에서 감동을 받고 새로운 가능성을 발견할 때 창의적이라 평가받을 수 있었다. 그러나 만일 그의 그림이 미술을 아는 사람들의 눈에 도식적이고 고리타분하게 보인다면, 그는 기껏해야 뛰어난 제조공이나 꼼꼼한 채색가로 불릴 수 있을 뿐이다.

① 창의성은 본질적이고 신비하고 불가사의한 영역이다.
② 상징에 의해 전달되는 지식은 우리의 외부에서 온다.
③ 창의성은 일정한 준비 기간을 필요로 한다.
④ 창의성의 발휘는 평가 기준과 밀접한 관련이 있다.
⑤ 창의성에 대한 평가는 각각의 시대마다 언제나 동일하다.

24 다음 글의 내용과 일치하지 않는 것은?

　　재래시장 활성화를 위해 현재 시행되고 있는 대표적인 방안은 시설 현대화 사업과 상품권 사업이다. 시설 현대화 사업은 시장의 지붕을 만드는 공사가 중심이었으나, 단순하고 획일적인 사업으로 효과를 내지 못하고 있다. 상품권 사업도 명절 때마다 재래시장 살리기를 호소하는 차원에서 이루어지기 때문에 사업이 정착되기까지는 많은 시간이 필요한 실정이다.

　　그렇다면 재래시장을 활성화할 근본 방안은 무엇일까? 기존의 재래시장은 장년층과 노년층이 주 고객이었다. 재래시장의 가치를 높이기 위해서는 젊은이들이 찾는 시장이어야 하며, 그러기 위해서는 대형 유통업체와의 차별화가 중요하다. 또한 상인들은 젊은이들의 기호에 맞추려는 노력을 해야 한다. 다시 말해 주변 환경만 탓하지 말고 스스로 생존할 수 있는 힘을 길러야 한다. 이런 조건들이 갖추어졌을 때 대형 유통업체와 경쟁할 수 있는 힘을 가지게 된다. 상인들 스스로 노력하여 신자유주의의 급변하는 파고 속에서도 물고기를 잡는 방법을 터득해야 한다. 여기에 정부나 지방 자치 단체의 행정적 · 재정적인 지원이 더해진다면 우리의 신명 나는 전통이 묻어나는 재래시장이 다시 살아날 것이다.

① 시설 현대화 사업과 상품권 사업은 재래시장 활성화의 큰 영향을 미쳤다.
② 젊은이들이 찾는 시장일 때 재래시장의 가치는 높아진다.
③ 재래시장 활성화를 위해 상인들은 젊은이들의 기호에 맞추려는 노력을 해야 한다.
④ 재래시장 활성화를 위해 재래시장은 대형 유통 업체와의 차별화를 중요시해야 한다.
⑤ 재래시장 활성화를 위해 정부나 지방 자치 단체의 행정적 · 재정적인 지원이 필요하다.

25 다음 글의 내용과 일치하지 않는 것은?

물체가 진동하면 소리가 만들어진다. 이 중 주파수가 16Hz에서 20,000Hz 사이인 소리를 사람이 들을 수 있다. 소리를 듣는다는 것은 소리가 귀를 통해 뇌로 전달되어 분석되는 과정이다. 이 과정을 간략하게 설명하면, 소리는 외이와 중이를 거쳐 내이로 전달되고 내이에서 주파수별로 감지된다. 이후 각각의 정보는 청신경을 통해 뇌간으로 간 다음 뇌의 양측 측두엽으로 전달되어 최종 분석되는 것이다.

귀는 귓바퀴와 외이도를 포함한 외이, 고막과 청소골로 형성된 중이, 주파수별로 소리를 감지하는 내이로 나뉜다. 물렁뼈로 이루어진 귓바퀴는 소리를 모아서 외이도로 전달한다. 외이도는 고막과 함께 한쪽이 막힌 공명기 역할을 하여 일정 영역대의 소리 크기를 증폭해 준다.

중이에는 고막과 세 개의 단단한 뼈인 청소골이 있다. 고막은 외이도를 거쳐 도달한 진동 에너지를 모으고 증폭시켜 청소골로 전달한다. 증폭된 진동 에너지가 청소골을 울리고 청소골은 지렛대 같은 원리로 진동을 더욱 증폭시켜 내이 안의 림프라는 액체에 전달한다. 청소골의 작용 없이 진동 에너지가 림프가 차 있는 내이에 직접 전달된다면 공기와 액체의 밀도가 다르기 때문에 진동 에너지의 대부분이 반사되고 일부만이 내이로 전달될 것이다. 이렇게 고막과 청소골은 서로 다른 물질 사이에서 중계자 역할을 하여 에너지의 손실을 줄인다.

내이는 단단한 뼈로 둘러싸여 있는데 달팽이 껍질과 유사한 모양이기 때문에 달팽이관이라는 별명도 있다. 달팽이관의 안에는 기저막이 있는데 이 위에 코르티기관이 존재한다. 코르티기관에는 털세포가 들어 있으며 이 세포들이 외부에서 들어오는 소리 에너지를 받아 주파수별대로 소리 정보를 나누어 감지하고, 이를 청신경에 전달한다. 이 때 고주파 소리는 기저부에서 감지되고 저주파 소리는 첨부에서 감지된다. 기저부는 달팽이 껍질 모양의 넓은 쪽에, 첨부는 끝부분인 좁은 쪽에 해당한다.

① 외이와 중이는 소리를 모으고 증폭시키는 기관이다.
② 중이를 통해 전달된 소리는 내이에서 주파수별로 감지된다.
③ 중이는 서로 다른 물질 사이에서 에너지의 손실을 줄여 소리를 중계한다.
④ 내이는 중이에서 전달되는 소리를 받아들이기 쉽게 물렁뼈로 둘러싸여 있다.
⑤ 내이에는 소리를 나누어 감지하고 전달하는 세포가 있다.

01 다음은 2022년 국내프로야구 팀의 시범경기 최종결과를 나타낸 예시 표이다. 빈 칸에 들어갈 알맞은 수는?

순위	팀명	승	패	무	승률	승차
1	NC	10	3	0	0.769	–
2	두산	8	1	2	0.727	1.0
3	KT	7	5	0	0.583	2.5
4	LG	6	6	1	0.555	3.5
5	키움	4	5	1	0.444	4.0
6	KIA	4	7	1	0.364	5.0
7	롯데	4	8	0	( )	5.5
8	삼성	2	8	1	0.200	6.5

① 0.200

② 0.333

③ 0.500

④ 0.667

02 다음은 주식회사 ○○의 직원들을 대상으로 대중교통을 이용하는 횟수에 대한 설문조사를 실시한 결과이다. 설문에 참여한 총 인원의 월 평균 대중교통을 이용하는 횟수가 65회라면, 빈 칸에 들어갈 알맞은 인원수는 몇 명인가?

월 평균 대중교통 이용횟수(회)	인원 수(명)
0 ~ 20	10
20 ~ 40	20
40 ~ 60	30
60 ~ 80	( )
80 ~ 100	25
100 ~ 120	20

① 30

② 32

③ 35

④ 38

03 다음 표를 분석한 내용으로 옳지 않은 것은?

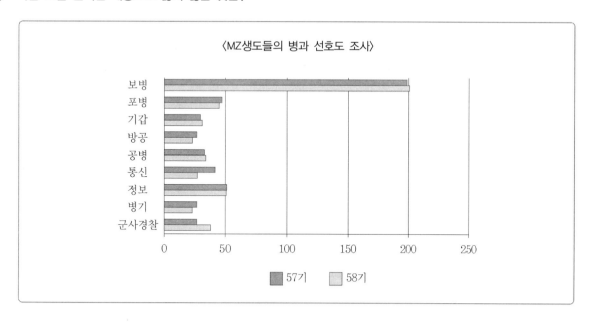

〈MZ생도들의 병과 선호도 조사〉

① 이전 기수에 비해 58기에서는 군사경찰의 선호도가 높아졌다.

② 기수에 따라 선호도에도 차이가 있다는 것을 알 수 있다.

③ 보병은 기수와 병과를 통틀어 가장 많이 선호한다.

④ 58기는 경험을 중시하는 성향을 알 수 있다.

04 다음은 최근 몇 년 동안 검찰의 소송에 관련된 통계예시자료이다. 다음 빈 칸에 들어갈 알맞은 수를 차례대로 바르게 나열한 것은?

〈국가소송 사건 수〉

구분	2018	2019	2020	2021	2022
접수건수	9,929	10,086	10,887	11,891	13,412
처리건수	4,140	3,637	3,120	3,373	3,560
승소건수	㉠	1,440	1,170	1,477	1,623
승소율(%)	35.0	39.6	㉡	43.8	45.6
패소건수	635	565	514	522	586
패소율(%)	15.3	15.5	16.5	15.5	16.5

	㉠	㉡
①	1,440	35.0
②	1,449	37.5
③	1,477	43.8
④	1,623	45.6

05 길이가 0.5km인 열차가 시속 50km의 일정한 속도로 달린다. 이 열차가 터널을 완전히 통과하는 데 3분이 걸렸다면 터널의 길이는 얼마인가?

① 1km
② 2km
③ 3km
④ 4km

06 ○○유통에서 일하고 있는 용선이는 추석을 앞두고 1,200개의 제품 포장작업을 해야 한다. 손으로 포장하면 하나에 3분이 걸리고, 기계를 이용하면 하나에 2분이 걸리며, 기계를 이용한 포장은 100개마다 50분을 쉬어야 한다. 만약 휴식 없이 연속해서 작업을 한다고 하면 가장 빨리 작업을 마치는데 걸리는 시간은 얼마인가? (단, 두 작업은 병행할 수 있다)

① 24시간
② 25시간
③ 26시간
④ 27시간

07 甲사의 승진 시험 중 상식테스트에서 정답을 맞히면 10점을 얻고, 틀리면 8점을 잃는다. 총 15개의 문제 중 총점 100점 이상을 얻으려면 최대 몇 개까지 오답을 허용할 수 있는가?

① 1개   ② 2개

③ 3개   ④ 4개

08 공보정훈병과가 각 문항의 긍정 답변에 대해 백분율을 산출하였을 때, 백분율 ㉠ ~ ㉣의 총 합은 몇인가? (단, 단위는 생략한다)

> 학교는 56기 졸업생들을 120명을 대상으로 생도 생활에 대한 만족도 설문조사를 실시하였다. 설문 문항은 4문항이며, 전반적인 훈련 만족도, 교수의 전문성, 학교 시설, 축제 및 행사에 대해 '매우 그렇다', '그렇다', '보통이다', '그렇지 않다', '매우 그렇지 않다'로 답변할 수 있도록 구성하였다. 다음은 각 문항에 대해 '매우 그렇다', '그렇다'라고 답변한 빈도와 백분율을 나타낸 것이다.
>
> 〈2022년도 만족도 조사 결과(긍정 답변)〉
>
> | 구분 | 빈도 | 백분율 |
> |---|---|---|
> | 1. 나는 전반적으로 훈련에 대해 만족하였다. | 30 | ㉠ |
> | 2. 교수의 전문성에 대해 만족하였다. | 48 | ㉡ |
> | 3. 종교 시설 등 전반적인 학교 시설에 대해 만족하였다. | 46 | ㉢ |
> | 4. 학교 축제 및 행사에 만족하였다. | 30 | ㉣ |

① 109   ② 128

③ 134   ④ 154

09 둘레의 길이가 480m인 트랙을 따라 승민이와 인태가 각자 일정한 속력으로 뛰고 있다. 승민이가 100m를 뛰는 동안 인태는 200m를 뛴다고 할 때, 두 사람이 같은 지점에서 동시에 출발하여 서로 같은 방향으로 뛰면 2분 40초 후에 처음 만난다고 한다. 인태는 1초에 몇 m를 뛰었는가?

① 4m   ② 5m

③ 6m   ④ 7m

10 여리, 도치, 해주 세 사람의 현재 나이를 모두 합하면 현재 도치의 나이의 4배이고, 해주의 나이의 3배이다. 6년 후 도치의 나이는 현재 여리와 해주의 나이 차의 4배와 같고, 여리는 해주보다 연상이다. 또한 3년 전 도치의 나이는 현재 여리의 나이의 $\frac{1}{2}$과 같다고 할 때, 현재 도치의 나이는 몇 살인가?

① 18살
③ 22살
② 20살
④ 24살

11 갑은 육군장교 소위 임관한 후 처음으로 월급을 받았다. 자신의 월급에서 20%는 부모님 내의를 구입하였고, 남은 돈의 5/48는 동생에게 용돈으로 주었고, 나머지 돈의 25/43는 은행 적금을 들었더니 36만 원이 남았다면 갑의 첫 월급은 얼마인가?

① 100만 원
③ 150만 원
② 120만 원
④ 180만 원

12 다음 표에 대한 분석으로 옳은 것은?

〈갑국 국민이 선호하는 매체〉

(단위 : %)

구분		텔레비전	종이 신문	사회 관계망 서비스(SNS)	라디오	계
전체		43	23	18	16	100
성별	남성	42	19	24	15	100
	여성	44	27	12	17	100

① 남성보다 여성 중에서 쌍방향 정보 전달 매체(SNS)를 선호하는 국민의 비율이 높다.
② 여성보다 남성 중에서 정보의 재가공이 가장 용이한 매체(SNS)를 선호하는 국민의 비율이 높다.
③ 여성보다 남성 중에서 문맹자의 접근 가능성이 가장 낮은 매체(라디오)를 선호하는 국민의 비율이 높다.
④ 여성보다 남성 중에서 심층적인 정보 제공에 가장 유리한 매체(종이 신문)를 선호하는 국민의 비율이 높다.

13 다음 표는 유럽 연합(EU)의 발전원별 전력 생산 비율을 비교한 것이다. 이에 대한 분석으로 옳은 것은?

비용(mECU/kWh)	석탄	석유	천연가스	원자력	바이오매스	태양광	풍력
직접 비용	41	51.5	35	47	38	671	69.5
외부 비용	55	57	18	4.5	13.1	2.6	1.5
총 비용	96	108.5	53	51.5	51.1	673.6	71

① 직접 비용이 가장 높은 것은 석유이다.
② 외부 비용이 가장 낮은 것은 원자력이다.
③ 총 비용에서 태양광이 가장 높고 바이오매스가 가장 낮다.
④ 총 비용은 태양광이 원자력보다 낮다.

14 다음은 우리나라의 연도별 5대 수출 품목과 수출액 비중의 변화를 나타낸 자료이다. 이를 통해 알 수 있는 내용으로 옳은 것은?

순위 \ 연도	1990년대		2000년대		2010년대	
	품목	비중(%)	품목	비중(%)	품목	비중(%)
1	의류	15.9	의류	11.7	반도체	15.1
2	철강판	4.1	반도체	7.0	컴퓨터	8.4
3	선박	3.5	가죽·신발	4.6	자동차	7.7
4	인조 섬유	3.2	선박	4.3	석유 화학	5.5
5	음향기기	2.8	영상기기	4.1	선박	4.8
합계	29.5		31.7		41.5	

① 총 수출액 중 5대 수출 품목의 비중이 줄어들고 있다.
② 항공을 이용한 수출 화물의 운송량이 감소하고 있다.
③ 첨단 산업 부문의 국제 경쟁력이 높아지고 있다.
④ 수출품의 운반거리가 늘어나고 있다.

15 반도체 부품을 생산하는 서원공업에는 구형기계과 신형기계 두 종의 기계가 있다. 구형기계 3대와 신형기계 5대를 가동했을 때는 1시간에 부품을 1,050개를 생산할 수 있고, 구형기계 5대와 신형기계 3대를 가동했을 때에는 1시간에 부품을 950개를 생산할 수 있다. 구형기계 1대와 신형기계 1대를 가동했을 때에는 1시간에 몇 개의 부품을 만들 수 있는가?

① 150개   ② 250개
③ 350개   ④ 450개

16 다음은 甲회사의 6개월 제품출하량을 나타낸 표이다. Y제품 한 개를 3,500원에 출하하다가 재고정리를 위해 4월에만 한시적으로 20% 인하하여 출하하였다. 1월부터 4월까지의 총 출하액은 얼마인가?

(단위 : 개)

기간	제품 X	제품 Y
1월	254	343
2월	340	390
3월	541	505
4월	465	621
5월	260	446
6월	477	395
전체	2,337	2,700

① 5,274,500원
② 5,600,000원
③ 6,071,800원
④ 6,506,500원

17 A는 약속시간 안에 도착해야 한다. 분속 30m로 걸으면 정해진 시간보다 8분 더 걸리고, 분속 45m로 걸으면 정해진 시간보다 4분 빠르게 도착한다고 한다. 이때 출발지점에서 목적지까지의 거리는 얼마인가?

① 1,080

② 1,182

③ 1,421

④ 1,672

18 서울시 유료 도로에 대한 자료이다. 관광용 도로 5km의 건설비는 얼마가 되는가?

분류	도로수	총길이	건설비
관광용 도로	5	30km	30억
산업용 도로	7	55km	300억
산업관광용 도로	9	198km	400억
합계	21	283km	730억

① 2억 원

② 3억 원

③ 4억 원

④ 5억 원

19 다음은 비전투병과 생도 60명을 대상으로 1년 동안의 봉사활동 이수 시간을 조사한 도수분포표이다. 임의로 한 명을 뽑을 때 뽑힌 생도의 1년 동안의 봉사활동 이수 시간이 40시간 이상일 확률은?

봉사활동 이수 시간	생도 수
20시간 미만	3명
20시간 이상 ~ 30시간 미만	5명
30시간 이상 ~ 40시간 미만	19명
40시간 이상 ~ 50시간 미만	25명
50시간 이상 ~ 60시간 미만	㉠
합계	60

① $\dfrac{3}{5}$

② $\dfrac{3}{10}$

③ $\dfrac{11}{20}$

④ $\dfrac{16}{30}$

20 다음은 위험물안전관리자 실무교육현황에 관한 표이다. 표를 보고 이수율을 구하면?(단, 소수 첫째 자리에서 반올림하시오.)

실무교육현황별(1)	실무교육현황별(2)	2021년
계획인원(명)	소계	5,897.0
이수인원(명)	소계	2,159.0
이수율(%)	소계	
교육일수(일)	소계	35.02
교육회차(회)	소계	344.0
야간/휴일	교육회차(회)	4.0
교육실시현황	이수인원(명)	35.0

① 36.7%

② 41.9%

③ 52.7%

④ 66.5%

[01~04] 다음 입체도형의 전개도로 알맞은 것을 고르시오.

- 입체도형을 전개하여 전개도를 만들 때, 전개도에 표시된 그림(예 : ▮▮, ◢, ▬ 등)은 회전의 효과를 반영한다. 즉, 본 문제의 풀이과정에서 보기의 전개도 상에 표시된 ▮▮과 ▬는 서로 다른 것으로 취급한다.
- 단, 기호 및 문자(예 : ♤, ☎, ♨, K, H)의 회전에 의한 효과는 본 문제의 풀이과정에 반영하지 않는다. 즉, 입체도형을 펼쳐 전개도를 만들었을 때 ⟳의 방향으로 나타나는 기호 및 문자도 보기에서는 ☎방향으로 표시하며 동일한 것으로 취급한다.

01

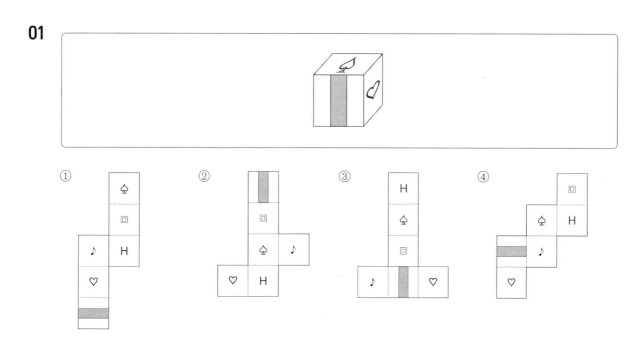

02

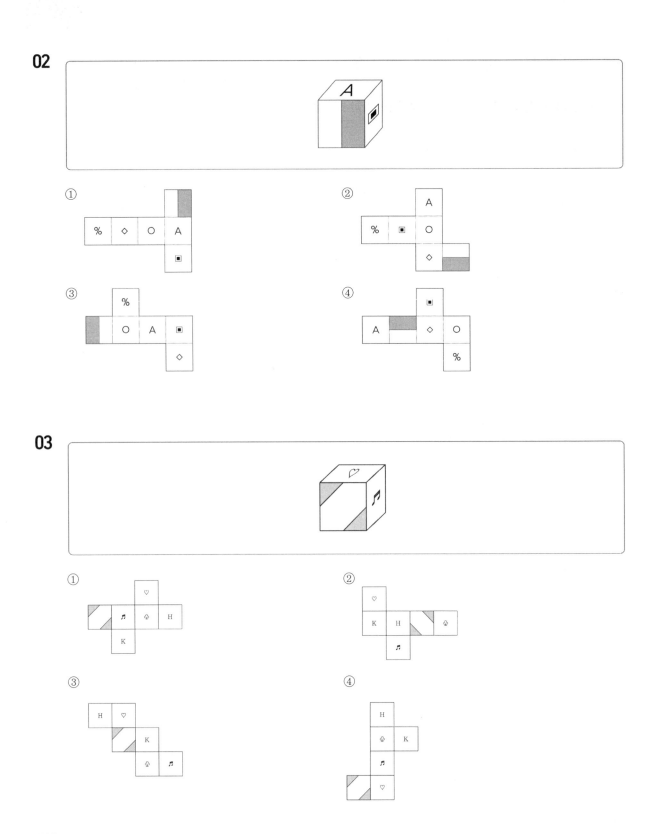

①

②

③

④

03

①

②

③

④

04

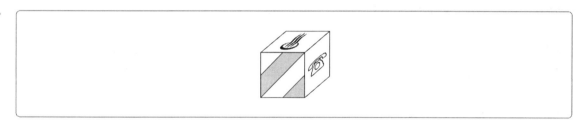

①

②

③

④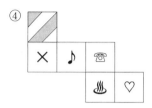

- 전개도를 접을 때 전개도 상의 그림, 기호, 문자가 입체도형의 겉면에 표시되는 방향으로 접는다.
- 전개도를 접어 입체도형을 만들 때, 전개도에 표시된 그림(예 : ▮▮, ◢, ▬ 등)은 회전의 효과를 반영한다. 즉, 본 문제의 풀이과정에서 보기의 전개도 상에 표시된 ▮▮과 ▬는 서로 다른 것으로 취급한다.
- 단, 기호 및 문자(예 : ✆, ☎, ♨, K, H)의 회전에 의한 효과는 본 문제의 풀이과정에 반영하지 않는다. 즉, 전개도를 접어 입체도형을 만들었을 때 ▣의 방향으로 나타나는 기호 및 문자도 보기에서는 ☎방향으로 표시하며 동일한 것으로 취급한다.

05

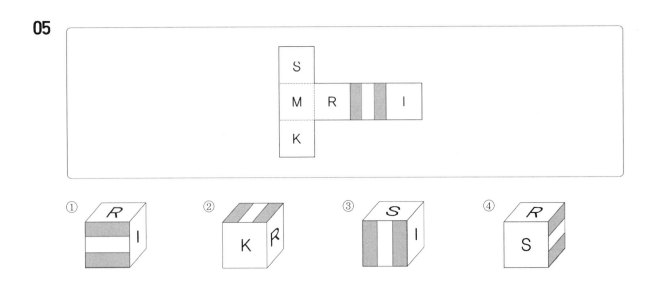

06

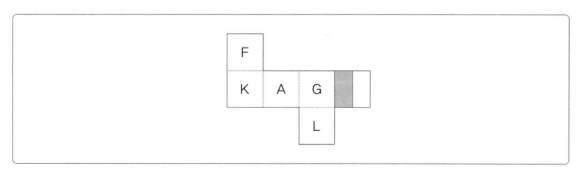

① ② 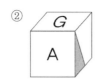 ③ ④

07

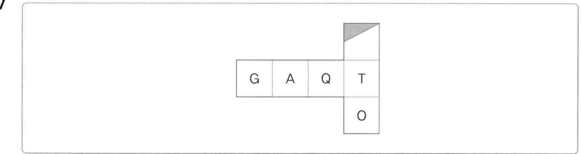

08

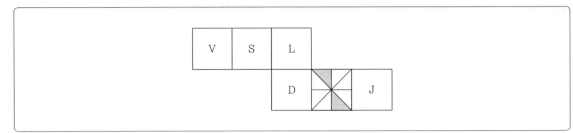

①
②
③
④

09

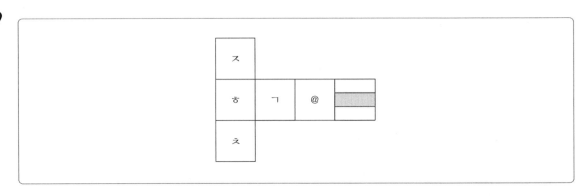

①
②
③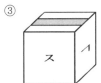
④

[10~14] 다음 제시된 그림과 같이 쌓기 위해 필요한 블록의 수를 고르시오.(단, 블록은 모양과 크기는 모두 동일한 정육면체이다.)

10

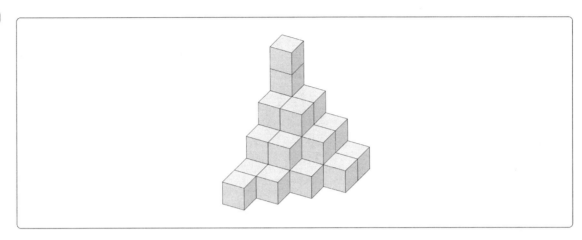

① 24
② 26
③ 28
④ 30

11

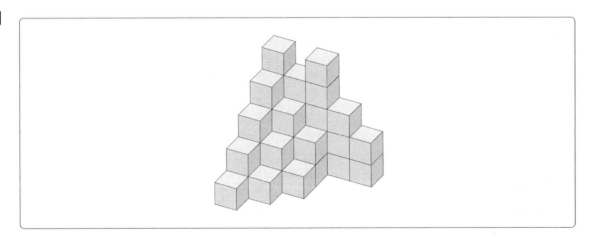

① 32
② 34
③ 36
④ 38

12

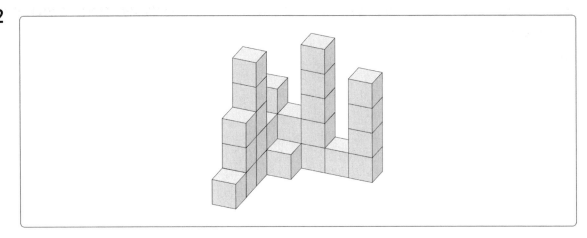

① 25

② 26

③ 27

④ 28

13

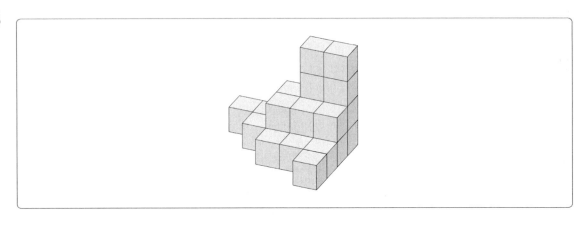

① 20

② 23

③ 26

④ 29

14

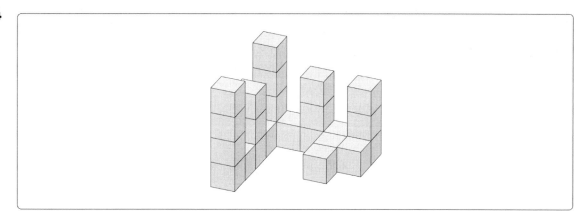

① 20
② 24
③ 28
④ 32

[15~18] 아래에 제시된 블록들을 화살표 표시한 방향에서 바라봤을 때의 모양으로 알맞은 것을 고르시오.(단, 블록은 모양과 크기가 모두 동일한 정육면체이고, 바라보는 시선의 방향은 블록의 면과 수직을 이루며 원근에 의해 블록이 작게 보이는 현상은 고려하지 않는다.)

15

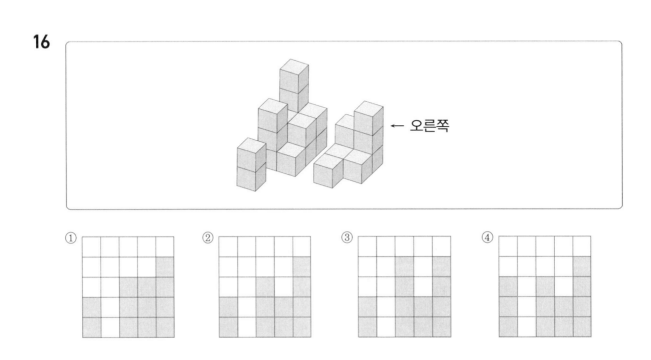

17

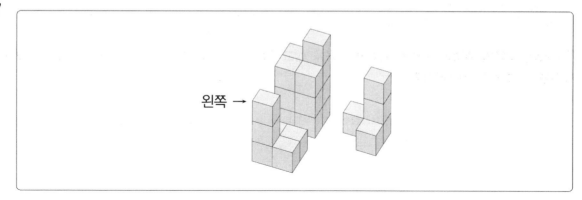

왼쪽 →

① 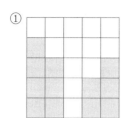 ② 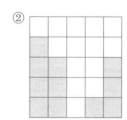 ③ 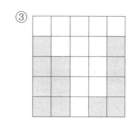 ④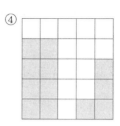

18

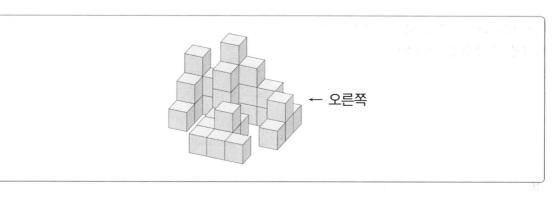

← 오른쪽

① 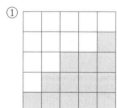 ② 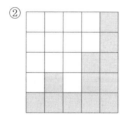 ③ 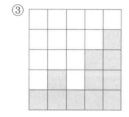 ④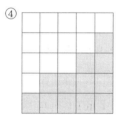

[01~03] 다음의 왼쪽과 오른쪽 기호의 대응을 참고하여 각 문제의 대응이 같으면 답안지에 '① 맞음'을, 틀리면 '② 틀림'을 선택하시오.

강 = 1	남 = 2	단 = 3	락 = 4	맏 = 5
밤 = 6	살 = 7	잎 = 8	잡 = 9	찾 = 0

01 1 2 3 4 5 – 강 남 단 락 맏   ① 맞음   ② 틀림

02 2 0 5 1 7 9 – 남 찾 맏 강 살 잡   ① 맞음   ② 틀림

03 1 8 7 0 4 2 5 – 강 잎 살 찾 락 남 밤   ① 맞음   ② 틀림

[04~06] 다음 왼쪽과 오른쪽 기호, 문자, 숫자의 대응을 참고하여 각 문제의 대응이 같으면 '① 맞음'을 틀리면 '② 틀림'을 선택하시오.

ㄱ = e	ㄴ = i	ㄷ = l	ㄹ = m	ㅁ = n
ㅂ = o	ㅅ = r	ㅇ = s	ㅈ = t	ㅊ = v

04 s i l v e r – ㅇ ㄴ ㄷ ㅊ ㄱ ㅅ   ① 맞음   ② 틀림

05 v e r s i o n – ㅊ ㄱ ㅅ ㄴ ㅇ ㅂ ㅁ   ① 맞음   ② 틀림

06 l i m i t – ㄷ ㄴ ㄹ ㄴ ㅈ   ① 맞음   ② 틀림

[07~10] 다음 왼쪽과 오른쪽 기호, 문자, 숫자의 대응을 참고하여 각 문제의 대응이 같으면 '① 맞음'을, 틀리면 '② 틀림'을 선택하시오.

0 = 군	1 = 구	2 = 굴	3 = 국	4 = 인
5 = 대	6 = 방	7 = 조	8 = 비	9 = 가

07 군 대 국 방 국 가 – 0 5 3 6 3 9   ① 맞음 ② 틀림

08 굴 비 구 조 가 방 – 2 8 1 9 7 6   ① 맞음 ② 틀림

09 국 가 군 가 군 비 인 가 – 3 9 0 9 0 8 4 9   ① 맞음 ② 틀림

10 조 국 대 구 방 조 대 국 인 조 – 7 3 6 1 5 7 5 3 4 7   ① 맞음 ② 틀림

[11~15] 다음 왼쪽과 오른쪽 기호, 문자, 숫자의 대응을 참고하여 각 문제의 대응이 같으면 '① 맞음'을, 틀리면 '② 틀림'을 선택하시오.

苦 = 1	溫 = 3	來 = 9	石 = 10	易 = 11
和 = 23	福 = 18	功 = 2	糟 = 4	妻 = 5

11 福 糟 易 功 和 妻 – 18 4 11 2 23 5   ① 맞음 ② 틀림

12 易 溫 苦 福 易 來 – 11 3 1 18 11 3   ① 맞음 ② 틀림

13 福 溫 易 來 妻 和 – 18 3 11 9 5 23   ① 맞음 ② 틀림

14 易 易 妻 功 福 苦 – 11 11 5 23 18 1   ① 맞음 ② 틀림

15 糟 石 妻 溫 石 功 – 4 10 9 3 10 23   ① 맞음 ② 틀림

[16~30] 다음 각 문제의 왼쪽에 표시된 굵은 글씨체의 기호, 문자, 숫자의 개수를 오른쪽에서 찾으시오.

16   ㄴ   앞서가는 육군 함께하는 육군 최고를 꿈꾸는 자의 선택

① 7개   ② 8개
③ 9개   ④ 10개

17   a   come over and start up a conversation with just me

① 2개   ② 3개
③ 4개   ④ 5개

18   7   12578945138791346816177493218741619841684735

① 5개   ② 6개
③ 7개   ④ 8개

19   宗   台宗太祖世宗文宗斷種世潮中宗停操靈照

① 2개   ② 3개
③ 4개   ④ 5개

20   ㄱ   백두산 정기 뻗은 삼천리강산 무궁화 대한은 온 누리의 빛

① 3개   ② 4개
③ 5개   ④ 6개

21   ▦   ▥▪▤▨▣▥▨▥▧▥▩▫▥▫▥▥▨▪▥▫▫▥

① 3개   ② 4개
③ 5개   ④ 6개

22   1   67181930381310152135384331271925293616

① 6개   ② 7개
③ 8개   ④ 9개

23   之   管鮑之交伯牙絶絃金蘭之交莫逆之友肝膽相照水魚之交

① 3개   ② 4개
③ 5개   ④ 6개

24   ㅎ   다문화적 가치를 이해하고 존중하는 군 문화 조성에 앞장선다

① 4개   ② 5개
③ 6개   ④ 7개

25   2   2101231334232381927304112267121 94536

① 6개   ② 7개
③ 8개   ④ 9개

26 **9** 20029210274105575953978432696241586973109122971

① 7개　② 8개
③ 9개　④ 10개

27 **ㅊ** 기본과 원칙에 충실한 군인다운 군인 양성교육체계 구축

① 1개　② 2개
③ 3개　④ 4개

28 **3** 03795170832189841232548979301860303187469 3154

① 5개　② 6개
③ 7개　④ 8개

29 **◎** △▽□◇◎○☆◎◆△▽☆●○◇□◇△▽☆○▽☆○◇◇◎

① 3개　② 4개
③ 5개　④ 6개

30 **r** If there is one custom that might be assumed to be beyond criticism

① 2개　② 3개
③ 4개　④ 5개

제 2 회
실력평가 모의고사

정답 및 해설 p.374

언 어 능 력	문항수	25문항	풀이시간	20분

01 다음 중 밑줄 친 부분과 같은 의미로 쓰인 것은?

> 　19세기 인상파의 출현으로 인해 서양미술사는 빛과 관련하여 또 한 번 중요하고도 새로운 전기를 맞게 된다. 인상파 화가들은 광학 지식의 발달에 힘입어 사물의 색이 빛의 반사에 의해 생긴 것이라는 사실을 알게 되었다. 이것은 빛의 밝기나 각도, 대기의 흐름에 따라 사물의 색이 변할 수 있음을 의미한다. 이러한 사실에 대한 깨달음은 고정 불변하는 사물의 고유색이란 존재하지 않는다는 인식으로 이어졌다. 　이제 화가가 그리는 것은 사물이 아니라 사물에서 반사된 빛이며, 빛의 운동이 되어 버렸다. 인상파 화가들은 빛의 효과를 극대화하기 위해 같은 주황색이라도 팔레트에서 빨강과 노랑을 섞어 주황색을 만들기보다는 빨강과 노란을 각각 화포에 칠해 멀리서 볼 때 섞이게 함으로써 훨씬 채도가 높은 주황색을 만드는 것을 선호했다. 인상파 화가들은 이처럼 자연을 빛과 대기의 운동에 따른 색체 현상으로 보고 순간적이고 찰나적인 빛의 표현에 모든 것을 바침으로써 매우 유동적이고 변화무쌍한 그림을 창조해 냈다.
> 　지금까지 살펴본 대로, 서양화가들은 빛에 대한 관찰과 실험을 통해 회화의 길이와 폭을 확장시켰다. 그 과정에서 빛이 단순히 물리적 현상으로서만이 아니라 심리적 현상으로도 체험된다는 사실을 발견하였다. 인상파 이후에도 빛에 대한 탐구와 표현은 다양한 측면에서 시도되고 있다. 따라서 빛을 중심으로 서양화를 감상하는 것도 그림이 주는 감동에 <u>젖을</u> 수 있는 훌륭한 방법이 될 수 있다.

① 안개 속에 잠긴 들이 비에 <u>젖고</u> 있었다.
② 귀에 <u>젖은</u> 아버지의 노랫가락이 들려 왔다.
③ 그는 노을빛에 <u>젖은</u> 하늘을 보며 생각에 잠겼다.
④ 어젯밤 그는 묘한 슬픔에 <u>젖어</u> 잠을 이루지 못했다.
⑤ 지금 같은 시대에 봉건사상에 <u>젖어</u> 있다니 말이 되는가?

02 다음 중 밑줄 친 ㉠을 대체할 수 있는 것은?

　　원시인들은 어떻게 그런 자연적 경향으로부터 벗어날 수 있었을까? 폴 라댕은 「철학자로서의 원시인」이라는 저서에서 원시인에게는 두 가지 유형의 기질이 있다고 주장하였다. 하나는 행동하는 인간으로, 이들은 주로 외부의 대상에 정신을 집중하고 실용적인 결과에만 관심이 있으며 내면에서 벌어지는 ㉠ 동요에 대해서는 무관심한 사람이다. 또 다른 유형은 생각하는 인간으로, 늘 세계를 분석하고 설명하고 싶어 하는 사람이다. 행동하는 인간은 '설명' 그 자체에 별 관심이 없으며, 설령 설명한다고 해도 사건 사이의 기계적인 관계만을 설명하려 한다. 즉 그들은 동일 사건의 무한한 반복을 바탕에 두고 반복으로부터의 일탈을 급격한 변화로 받아들일 수밖에 없었다. 반면 생각하는 인간은 기계적인 설명을 벗어나 '하나'에서 '여럿'으로, '단순'에서 '복잡'으로, '원인'에서 '결과'로 서서히 변해간다고 설명하려 한다. 그러나 이 과정에서 외부 대상의 끊임없는 변화에 역시 당황해 할 수밖에 없다. 그래서 대상을 조직적으로 파악하기 위해 대상에 영원불변의 형태를 부여해야만 했고, 그 결과 세상을 정적인 어떤 것으로 만들어야만 했던 것이다.

　　즉, 대상의 본질은 변하지 않는 것이라고 믿고 싶어 하는 '무시간적 사고'는 인간의 사고에 깊이 뿌리내린 사상으로 자리 잡게 되었다. 생각하는 인간은 이 세상을 합리적으로 규명하기 위해 과거의 기억을 바탕으로 늘 변모하는 사건들의 패턴 뒤에 숨어 있는 영원한 요소를 찾아내려고 했으며, 또한 미래에도 동일하게 그런 요소가 존재할 것이라는 믿음을 지닐 수 있었던 것이다. 이러한 과정을 통해 인간은 시간을 통해서 자신의 모습을 인식할 수 있게 되었다. 즉 인간이 자기 인식을 할 수 있는 존재, 자기 정체성을 확인하는 존재로 거듭나게 된 것이다.

① 의표(意表)　　　　　　　　② 당위(當爲)
③ 현혹(眩惑)　　　　　　　　④ 의문(疑問)
⑤ 당혹(當惑)

03 다음 ( ) 안에 들어갈 말로 가장 적절한 것은?

> △△대는 사관후보생으로 4명의 여학생이 선발됐다고 밝혔다. △△대는 이번 여성 사관후보생 52기에 8명의 여학생이 지원, 4명이 최종 선발됐다. 1차 필기고사와 인성검사, 2차 면접 및 체력검정 등을 거쳐 평균 7.7대 1의 경쟁을 뚫고 합격했다. 이들 학생들은 대부분 1, 2학년 평균 학점이 모두 4.0을 넘을 정도로 학업 성적이 우수하고 토익 900점과 JPT 1급 등 외국어 능력과 태권도 2, 3단의 실력을 갖춘 ( )들이다.

① 재자 　　　　　　　② 귀인
③ 인재 　　　　　　　④ 거장
⑤ 재원

04 다음 주제문을 뒷받침하는 내용으로 적절한 것은?

> 인간은 일상생활에서 다양한 역할을 수행한다.

① 교통과 통신의 발달로 멀리 있는 사람들 사이에도 왕래가 많아지며, 인간관계가 깊어지고 있다.
② 인간은 생활 속에서 때로는 화를 내며 상대를 미워하기도 하고, 때로는 웃으며 상대를 이해하기도 한다.
③ 누구나 가정에서는 가족의 일원, 학교에서는 학생의 일원, 그리고 지역 사회에서는 그 사회의 일원으로 생활하게 되어 있다.
④ 인간은 혼자가 아니라 사회 속에서 여러 사람과 더불어 살아가고 있기 때문에 개인의 행동은 사회에 영향을 끼칠 수밖에 없다.
⑤ 오랜 역사를 거쳐 이룩해 온 인간의 문명과 사회는 시간이 흐를수록 더욱 복잡한 양상을 띠고 있다.

05 다음에 제시된 문장의 밑줄 친 부분의 의미가 나머지와 가장 다른 것은?

① 그는 아프리카 난민 <u>돕기</u> 운동에 참여하였다.
② 민수는 물에 빠진 사람을 <u>도왔다</u>.
③ 불우이웃을 <u>돕다</u>.
④ 한국은 허리케인으로 인하여 발생한 미국의 수재민을 <u>도왔다</u>.
⑤ 이 한약재는 소화를 <u>돕는다</u>.

06 다음 글에 대한 설명으로 올바르지 않은 것은?

> '숲'이라고 모국어로 발음하면 입 안에서 맑고 서늘한 바람이 인다. 자음 'ㅅ'의 날카로움과 'ㅍ'의 서늘함이 목젖의 안쪽을 통과해 나오는 'ㅜ' 모음의 깊이와 부딪쳐서 일어나는 마음의 바람이다. 'ㅅ'과 'ㅍ'은 바람의 잠재태이다. 이것이 모음에 실리면 숲 속에서는 바람이 일어나는데, 이때 'ㅅ'의 날카로움은 부드러워지고 'ㅍ'의 서늘함은 'ㅜ' 모음 쪽으로 끌리면서 깊은 울림을 울린다.

① 참신하고 시적이다.　　　　　② 비유적 표현이 쓰였다.
③ 자명한 논리이다.　　　　　④ 예리한 관찰력이 돋보인다.
⑤ 대상을 철저히 분석하였다.

07 다음 예문의 밑줄 친 단어 가운데 품사가 다른 하나는?

> 봄 · 여름 · 가을 · 겨울, <u>두루</u> 사시(四時)를 두고 자연이 우리에게 내리는 혜택에는 제한이 없다. 그러나 그중에도 그 혜택을 <u>가장</u> <u>풍성히</u> <u>아낌없이</u> 내리는 시절은 봄과 여름이요, 그중에도 그 혜택이 가장 <u>아름답게</u> 나타나는 것은 봄, 봄 가운데도 만산(萬山)에 녹엽(綠葉)이 우거진 이때일 것이다.

① 두루　　　　　　　　② 가장
③ 풍성히　　　　　　　④ 아낌없이
⑤ 아름답게

[08~09] 다음 글에서 ㉠과 ㉡의 관계와 가장 유사한 것을 고르시오.

08

영국의 ㉠소설가이자 문학비평가 버지니아 울프는 가장 영향력 있는 모더니즘 작가 중 한 명이다. 신경 쇠약과 우울증을 앓고 있었음에도 그녀는 많은 작품을 ㉡집필했고 작은 출판사를 차리기도 했다.

① 학자 : 연구　　　　　　　　　　② 서울 : 에펠탑
③ 여자 : 남자　　　　　　　　　　④ 존함 : 함자
⑤ 악기 : 피아노

09

백남준이 ㉠한국에 본격적으로 소개된 것은 1980년대 중반이다. 1960년대 독일에서 '㉡동양에서 온 문화 테러리스트'라는 별명을 얻었고, 이후 미국을 중심으로 '비디오 아트의 창시자'로 활동해 온 것을 고려하면 한참 늦은 편이다. 국내의 미술 평론가들은 1980년대 말까지도 "백남준의 작품은 어린애 장난이지 예술 작품이 아니다"는 식의 혹평을 공공연하게 퍼부었다.

① 채소 : 야채　　　　　　　　　　② 나무 : 가지
③ 고무 : 타이어　　　　　　　　　④ 봄 : 계절
⑤ 벌레 : 곤충

10 다음 중 논리 전개에 문제가 없는 것은?

① 귀한 것은 드물다. 10원짜리 가락국수는 드물다. 그러므로 10원짜리 가락국수는 귀하다.

② 생물은 죽는다. 사람은 생물이다. 그러므로 사람은 죽는다.

③ 담배는 폐암의 원인이다. 그러므로 담배를 피우는 당신은 폐암으로 죽을 것이다.

④ 해준이네 집은 수정이네 집 바로 윗집이다. 그렇다면 수정이네 집은 어디에 있지? 그야 해준이네 집 아래지.

⑤ 이번 학기 네 성적은 아주 나빠. 그러면 그렇게 말하는 형의 성적은 좋은가?

11 다음의 일화에서 왕이 범한 오류와 같은 종류의 오류를 범하고 있는 것은?

> 크로이소스 왕은 페르시아와의 전쟁에 앞서 델포이 신전에 찾아가 신탁을 얻었는데, 내용인즉슨 "리디아의 크로이소스 왕이 전쟁을 일으킨다면 큰 나라를 멸망시킬 것이다"였다. 그러나 그는 전쟁에서 대패하였고 델포이 신전에 가서 강력히 항의하였다. 그러자 신탁은 "그 큰 나라가 리디아였다"고 말하였다.

① 민주주의는 좋은 제도이다. 사회주의는 민주주의를 포괄하는 개념이므로, 사회주의도 좋은 제도이다.

② 미국은 가장 부유한 나라이므로 빈곤문제에 시달린다는 것은 어불성설이다.

③ 철수가 친구에게 자기 애인은 나보다 영화를 더 좋아하는 것 같다고 하자, 친구는 철수의 애인은 철수보다는 영화와 연애하는 것이 낫겠다고 말했다.

④ 엄마는 내가 어제 연극 보러 가는 것도, 오늘 노래방 가는 것도 막으셨다. 엄마는 내가 노는 것을 못 참으신다.

⑤ 어제 만난 그 사람의 말을 믿어서는 안 된다. 그 사람은 전과자이기 때문이다.

12 다음 문장의 문맥상 (　　) 안에 들어갈 단어로 가장 적절한 것은?

> 　　고향사랑기부금에 관한 법률(이하 "고향세법")이 국회를 통과함에 따라 지자체에서는 관외 거주자로부터 기부금을 받을 수 있게 되었다. 2007년 처음으로 논의가 되었던 고향세법은 후속 작업과 정비를 거쳐 오는 2023년 1월 1일 시행을 앞두고 있다. 고향세법은 지역 경제를 활성화하기 위한 (　⊙　)로 발의된 법안으로 개인 기부액 상한은 연간 500만 원으로 제한하며 전국 지자체에 기부가 가능하다. 단, 현재 거주 지자체는 제외한다.

① 취지　　　　　　　　　　　　② 논지
③ 이치　　　　　　　　　　　　④ 성취
⑤ 철리

13 다음 글의 제목으로 알맞은 것은?

> 　　사적 공간은 그저 사회와의 단절을 위한 도피처가 아니라, 개인이 사회와 의미 있는 관계를 맺기 위해 개성과 정체성을 찾는 곳이다. 인격적 정체성은 진정한 의사소통의 전제이므로, 획일화된 인간과 사회 사이의 소통도 형식적인 수준에 그치고 말 것이다.
> 　　사적 공간은 자율과 자유를 위한 기본 조건이다. 누군가 우리를 엿보거나 도청하는 것을 싫어하는 이유도 자율과 자유의 맥락에 가 닿는다. 우리는 자신의 내밀한 정보를 함부로 말하지 않으며, 그러한 정보를 공유할 상대를 신중하게 선택한다. 따라서 비밀을 공유한 사람과 그렇지 않은 사람을 대하는 우리의 태도는 분명 다를 수밖에 없다. 이런 점에서 사적 영역에 대한 자기 통제권을 상실할 때 우리는 다른 사람이 나에 관해 얼마나 알고 있는지 예측할 수 없고, 자유롭게 행동하지도 못한다.

① 개인 공간의 필요성
② 홀로 남겨질 권리
③ 외톨이의 자기변명
④ 인간관계 확장의 중요성
⑤ 인격적 정체성과 의사소통

[14~15] 다음 글을 읽고 순서에 맞게 논리적으로 배열한 것을 고르시오.

14

> ㉠ 대류 이동으로 풍선이 자리를 벗어나면 또 다른 풍선이 대체하여 서비스를 지속한다. 지상에서는 안테나를 설치하여 풍선에 연결된 통신 장비와 송수신을 하여 인터넷을 쓸 수 있다.
>
> ㉡ 하늘 위의 통신망이라고도 하는 프로젝트 룬은 인터넷을 이용하지 못하는 오지까지 무료로 인터넷을 보급하기 위한 구글의 프로젝트이다. 지난 2013년, 홈페이지를 통해 프로젝트 룬을 공식발표하였다.
>
> ㉢ 그러나 지난 2021년 1월 21일, 구글은 이 '프로젝트 룬'을 종료했다고 외신들이 보도하였다. 케냐와 태풍이 불어닥쳤던 지역에 인터넷을 공급했으나 지속 가능한 사업을 위한 비용 줄이기에 실패하여 이와 같은 결정을 내린 것으로 보인다. 이번 인터넷 서비스 종료로 인해 영향을 받을 수 있는 케냐 사용자들을 위해 1천만 달러를 지원하겠다고 밝혔으며, 구글이 실험하다 포기한 프로젝트가 기록되는 '구글무덤'에도 올랐다.
>
> ㉣ 프로젝트 룬의 첫 번째 실험은 뉴질랜드에서 진행되었다. 시험용 풍선 30개를 뉴질랜드 남쪽 캔터베리 지역에 띄워 인근 50가구에 인터넷을 연결했다. 구글은 2015년에 프로젝트 룬의 성과를 발표했는데, 풍선을 제작하는 시간이 줄고 100일 이상 비행이 가능해졌다고 밝혔으며. 또한 통신 신호도 20km 거리까지 보낼 수 있게 되었다고 하였다. 구글은 프로젝트 룬을 성공시킴에 따라 구글의 서비스 영역을 넓히는 데 초점을 두었다. 사용자가 늘어나는 만큼 광고 수익이 늘고, 무료 사용자의 정보를 수집하여 패턴을 파악할 수 있기 때문이다.
>
> ㉤ 이는 지름 15m짜리 풍선에 통신장비를 설치하여 높은 고도에 띄우는 것이다. 이 풍선을 고도 20km 상공에 띄워 바람을 타고 천천히 이동시킨다. 대형 무선 인터넷 공유기 역할을 하기 때문에 머리 위로 풍선이 지나가면 무료 와이파이 구역이 되는 것이다.

① ㉠㉣㉤㉢㉡
② ㉡㉣㉤㉠㉢
③ ㉡㉤㉠㉣㉢
④ ㉢㉠㉣㉤㉡
⑤ ㉢㉡㉤㉠㉣

15

㉠ 초기의 프로슈머들은 제품평가를 통해 생산과정에 의견을 반영하거나 간접적이고 제한적인 영향력만을 행사해 왔지만, 최근 인터넷의 보급과 함께 이들은 보다 직접적이고 폭 넓은 영향력을 행사하며, 때로는 불매운동이나 사이버 시위 등의 과격한 방법으로 자신들의 의견을 반영한다.

㉡ 프로슈머는 소비자의 의견을 생산자에게 반영한다는 점에서 긍정적이지만, 인터넷 매체 등을 이용해 허위사실을 유포하거나, 무조건적인 안티문화를 형성한다는 비판을 받는다.

㉢ 프로슈머는 1980년 앨빈 토플러가 「제3의 물결」에서 사용한 신조어이다. 제품개발과정에 소비자를 직접 또는 간접적으로 참여시킴으로서 소비자의 요구를 정확하게 반영할 수 있기 때문에 기업이 마케팅 수단으로 활용하고 있다.

㉣ 프로슈머의 등장을 촉진한 요소는 전체적 소득 및 여가시간 증대와 인터넷 등의 통신매체의 발달로 정보를 획득하기 용이하며, 전기·전자기술의 발달로 인하여 각종 장비가격의 하락과 전문가만이 사용할 수 있는 제품들의 보급 등을 들 수 있다.

㉤ 프로슈머는 기존의 소비자와는 달리 생산 활동 일부에 직접 참여하며, 이는 각종 셀프 서비스나 DIY(Do It Yourself) 등을 통해서 나타나고 있다. 또한 이들은 인터넷의 여러 사이트에서 자신이 새로 구매한 물건의 장단점, 구매가격 등을 다른 사람들과 비교·비판함으로써 제품개발과 유통과정에 직·간접적으로 참여할 수 있다.

① ㉠㉣㉤㉢㉡　　　　　　② ㉠㉡㉤㉢㉣
③ ㉢㉣㉤㉡㉠　　　　　　④ ㉢㉤㉣㉠㉡
⑤ ㉣㉠㉡㉤㉢

16 다음 글에서 논리 전개상 불필요한 문장은?

㉠유엔(UN)이 정한 기준에 의하면 고령인구 비율이 7%를 넘으면 고령화 사회, 14%를 넘으면 고령사회, 20% 이상이면 초고령사회로 분류한다. ㉡통계청 발표에 따르면 우리나라는 2017년부터 고령인구 비율 14%를 넘기며 고령사회에 진입했다. 2000년 고령화 사회에 들어선 지 17년 만이다. 이는 세계에서 가장 빠른 고령화 속도다. ㉢고령화 속도가 가장 빠른 것으로 알려진 일본도 1970년 고령화 사회에서 1994년 고령사회로 들어서는 데 24년이 걸렸다. ㉣프랑스는 115년, 미국은 73년, 독일은 40년 등이 걸렸는데 다른 선진국들과 비교하면 한국의 고령사회 진입 속도는 무척 빠른 편이다. 통계청은 2019년 장래인구추계에서 2025년 초고령사회가 될 것으로 내다보았다. ㉤교외·농촌의 도시계획과는 무관하게 땅값이 저렴한 지역을 찾아 교외로 주택이 침식하는 스프롤 현상은 토지이용 면에서나 도시 시설 정비면에서 극히 비경제적이다.

① ㉠　　　　　　② ㉡
③ ㉢　　　　　　④ ㉣
⑤ ㉤

17 다음 밑줄 친 부분과 같은 의미로 사용된 것을 고르시오.

> 언어는 외부 세계를 반영할 때 있는 그대로 반영하지 않고 연속적으로 ㉠이루어져 있는 세계를 불연속적인 것으로 끊어서 표현한다. 실제로 무지개 색깔 사이의 경계를 찾아볼 수 없는데도 우리는 무지개 색깔이 일곱 가지라고 말한다. 이를 통해 알 수 있는 언어의 특성을 언어의 분절성이라고 한다.

① 지금까지 내 마음대로 이루어진 것은 없다.
② 이런 악조건 속에서는 절대 이루어질리 없다.
③ 실력자들로만 이루어진 프로젝트 팀이다.
④ 원만한 합의가 이루어지기 글렀다.
⑤ 성격은 타고나는 것보다 환경에 의해 이루어진다고 생각한다.

18 다음 글의 내용과 거리가 먼 것은?

> 우리나라에서 중산층 연구는 여러 학문 분야에서 중간 계급, 중간 소득 계층, 또는 거주 지역 및 주택 규모를 기준으로 한 중간 계층 등 서로 다른 대상을 가리키면서 이들의 성격을 규명하려 했다. 실제로 각각의 연구 대상은 상당 부분 중첩되지만, 계층 연구에서는 중산층의 실체에 대해 좀 더 체계적이고 분석적으로 접근할 것이 요구되고 있다. 이제 '중산층'이란 말은 '중간 계급'도 아니고, '중간 소득 계층'도 아니면서 이들의 속성을 함께 아우르는 대중적 용어로 정착되고 있다. '민중'이라는 말을 서구어로 번역하기가 쉽지 않듯이 '중산층'이라는 말도 마찬가지다. 그 구성원을 다시 세분할 수는 있겠지만, 이 용어가 궁극적으로 가리키는 것은 포괄적이고 총체적인 하나의 계층집단이다.

① 중산층 연구에 있어서 각 계층의 실체를 명확하게 파악할 필요가 있다.
② 우리나라의 중산층 연구는 여러 학문 분야에서 동일한 대상을 가리키며 진행되어 왔다.
③ '중산층'이라는 용어는 다양한 속성을 지닌 대상을 아우르는 대중적 표현으로 자리 잡아 가고 있다.
④ '중산층'이라는 용어는 포괄적이고 총체적인 하나의 계층집단을 가리킨다.
⑤ 여러 학문 분야에서 연구하는 중산층으로서의 각각의 대상은 서로 중첩되는 부분이 많다.

[19~20] 다음 글을 읽고 물음에 답하시오.

최근 한 유전학 연구팀이 지구의 생명체는 100억 년 전 생긴 것으로 보인다는 연구결과를 발표해 눈길을 끌고 있다. 이 같은 결과는 곧 45억 년 된 지구 나이를 고려하면 인류의 기원은 지구 밖에서 온 것으로 풀이된다. 화제의 연구는 미국의 국립노화연구소 알렉세이 샤로브 박사와 해군 연구소 리처드 고든 박사가 실시해 발표했다. 연구팀이 이번 연구에 적용한 이론은 엉뚱하게도 '무어의 법칙'(Moore's Law)이다.

무어의 법칙은 마이크로칩에 저장할 수 있는 데이터 용량이 18개월마다 2배씩 증가한다는 이론으로 인텔의 공동설립자 고든 무어가 주장했다. 곧 생명체가 원핵생물에서 진핵생물로 이후 물고기, 포유동물로 진화하는 복잡성의 비율을 컴퓨터가 발전하는 속도와 비교한 결과 지구 생명체의 나이는 97억 년(±25억 년)으로 계산됐다.

결과적으로 이들 연구팀의 이론은 지구상의 원시 생명은 다른 천체로부터 운석 등에 달려 도래한 것이라는 '판스페르미아설'(theory of panspermia)을 뒷받침하는 또 하나의 이론이 된 ⓐ셈이다.

샤로브 박사는 "이번 연구는 어디까지나 이론일 뿐"이라면서도 "생명체의 기원이 지구 밖에서 왔을 확률은 99% 진실"이라고 주장했다. 이어 "연구에 다양한 변수들이 존재하지만 생명체의 기원을 밝히는 가장 그럴듯한 가설"이라고 덧붙였다.

19 위 글의 내용으로 적절하지 않은 것은?

① 지구의 생명체는 외계에서 왔다.
② 고든 무어는 인텔의 공동설립자이다.
③ 고든 무어는 18개월마다 2배로 생명체가 증식한다고 주장했다.
④ 원시 생명체는 운석 등으로 지구에 정착한 것이다.
⑤ 생명체의 기원에 대한 가설은 아직까지 확실하게 밝혀지지 않았다.

20 밑줄 친 ⓐ과 같은 의미로 사용된 것은?

① 영희는 셈이 매우 빠르다.
② 그렇게 아무 생각이 없어서 어쩔 셈이야?
③ 그 정도면 잘 한 셈이야.
④ 다 받은 셈 치자.
⑤ 떼어먹을 셈으로 돈을 빌린 것은 아니었어.

21 다음 글에서 ㉠이 범하고 있는 오류와 가장 가까운 것은?

> 오늘날 이와 같은 철학을 배경으로 하여 자연 환경의 문제에 관한 의사 결정에는 전문 과학자만이 참가할 수 있다는 엘리트주의가 판을 치고 있다. 이렇게 되면 ㉠<u>평범한 보통 사람은 과학자가 하는 일을 이해할 수 없으므로 과학자가 하는 일은 무조건 정당한 것으로 받아들여야 한다</u>는 논리가 성립된다. 이 논리는 오늘날 핵 산업의 전문가와 군부 및 경제 과학 전문가들이 핵무기와 핵 발전 또는 그것으로 인한 환경의 오염 등에 대한 대중의 참여가 부당함을 입증하는 논리로 애용되어 왔다.

① 명한이가 훔쳤을 거야. 여기에 돈을 둘 때 옆에서 보고 있었거든.
② 아니, 너 요즘은 왜 전화 안 하니? 응, 이젠 아주 나를 미워하는구나.
③ 누나, 누나는 자기도 매일 텔레비전 보면서, 왜 나만 못 보게 하는 거야?
④ 애 아버지는 유명한 화가야. 그러니까 이 아기도 그림을 잘 그릴 게 분명해.
⑤ 어디 그럼 하나님이 없다는 증거를 대봐. 못 하지? 거봐. 하나님은 있는 거야.

22 동양 연극과 서양 연극의 차이점에 관한 글을 쓰려고 한다. '관객과 무대와의 관계'라는 항목에 활용하기에 적절하지 않은 것은?

> ㉠ 서양의 관객이 공연을 예술 감상의 한 형태로 본다면, 동양의 관객은 공동체적 참여를 통하여 함께 즐기고 체험한다.
> ㉡ 동양 연극은 춤과 노래와 양식화된 동작을 통해서 무대 위에서 현실을 모방하는 게 아니라, 재창조한다.
> ㉢ 서양 연극의 관객이 정숙한 분위기 속에서 격식을 갖추고 관극(觀劇)을 하는 데 비하여, 동양 연극의 관객은 매우 자유분방한 분위기 속에서 관극한다.
> ㉣ 서양 연극은 지적인 이론이나 세련된 대사로 이해되는 텍스트 중심의 연극이라면, 동양 연극은 노래와 춤과 언어가 삼위일체가 되는 형식을 지닌다.
> ㉤ 서양 연극과는 달리, 동양 연극은 공연이 시작되는 순간부터 관객이 신명나게 참여하고, 공연이 끝난 후의 뒤풀이에도 관객, 연기자 모두 하나가 되어 춤판을 벌이는 것이 특징이다.

① ㉠㉡
② ㉡㉣
③ ㉡㉢㉤
④ ㉣㉤
⑤ ㉠㉡㉢㉣

23 다음은 어떤 글을 쓰기 위한 자료들을 모아 놓은 것이다. 이틀 자료를 바탕으로 쓸 수 있는 글의 주제는?

> • 소크라테스는 '악법도 법이다.'라는 말을 남기고 독이 든 술을 태연히 마셨다.
> • 도덕적으로는 명백하게 비난할 만한 행위일지라도, 법률에 규정되어 있지 않으면 처벌할 수 없다.
> • 개 같이 벌어서 정승같이 쓴다는 말도 있지만, 그렇다고 정당하지 않은 방법까지 써서 돈을 벌어도 좋다는 뜻은 아니다.
> • 주요섭의 '사랑방 손님과 어머니'라는 작품은, 서로 사랑하면서도 관습 때문에 헤어져야 하는 청년과 한 미망인에 대한 이야기이다.

① 신념과 행위의 일관성은 인간으로서 지켜야 할 마지막 덕목이다.
② 도덕성의 회복이야말로 현대 사회의 병리를 치유할 수 있는 최선의 방법이다.
③ 개인적 신념에 배치된다 할지라도, 사회 구성원이 합의한 규약은 지켜야 한나.
④ 현실이 부조리하다 하더라도, 그저 안주하거나 외면하지 말고 당당히 맞서야 한다.
⑤ 부정적인 세계관은 결코 현실을 개혁하지 못하므로 적극적·긍정적인 세계관의 확립이 필요하다.

24 다음 글에서 궁극적으로 말하고자 하는 것은?

> 역사가는 하나의 개인입니다. 그와 동시에 다른 많은 개인들과 마찬가지로 그들은 하나의 사회적 현상이고, 자신이 속해 있는 사회의 산물인 동시에 의식적이건 무의식적이건 그 사회의 대변인인 것입니다. 바로 이러한 자격으로 그들은 역사적인 과거의 사실에 접근하는 것입니다.
>
> 우리는 가끔 역사 과정을 '진행하는 행렬'이라고 말합니다. 이 비유는 그런대로 괜찮다고 할 수는 있습니다. 하지만 이런 비유에 현혹되어 역사가들이 우뚝 솟은 암벽 위에서 아래 경치를 내려다보는 독수리나 사열대에 선 중요 인물과 같은 위치에 서 있다고 생각해서는 안 됩니다. 이러한 비유는 사실 말도 안 되는 이야기입니다. 역사가도 이러한 행렬의 한편에 끼어서 타박타박 걸어가고 있는 또 하나의 보잘 것 없는 인물밖에는 안 됩니다. 더구나 행렬이 구부러지거나, 우측 혹은 좌측으로 돌며, 때로는 거꾸로 되돌아오고 함에 따라 행렬 각 부분의 상대적인 위치가 잘리게 되어 변하기 마련입니다.
>
> 따라서 1세기 전 우리들의 증조부들보다도 지금 우리들이 중세에 더 가깝다든가, 혹은 시저의 시대가 단테의 시대보다 현대에 가깝다든가 하는 이야기는 매우 좋은 의미를 갖는 경우도 될 수 있는 것입니다.
>
> 이 행렬이, 그와 더불어 역사가들도 움직여 나감에 따라 새로운 전망과 새로운 시각은 끊임없이 나타나게 됩니다. 이처럼 역사가의 시각은 역사의 일부분만을 보는 데 지나지 않습니다. 즉 그가 참여하고 있는 행렬의 지점이 과거에 대한 그의 시각을 결정한다는 것이지요.

① 역사는 현재와 과거의 단절에 기초한다.
② 역사가는 주관적으로 역사를 바라보아야 한다.
③ 역사는 사실의 객관적 편찬이다.
④ 과거의 역사는 현재를 통해서 보아야 한다.
⑤ 역사가와 사실의 관계는 평등한 관계이다.

25 다음 글에서 추론할 수 있는 진술이 아닌 것은?

> 명절 연휴 때면 어김없이 등장하는 귀성행렬의 사진촬영, 육로로 접근이 불가능한 지역으로의 물자나 인원이 수송, 화재 현장에서의 소화와 구난작업, 농약살포 등에는 어김없이 헬리콥터가 등장한다. 이는 헬리콥터가 일반 비행기로는 할 수 없는 호버링(공중정지), 전후진 비행, 수직 착륙, 저속비행 등이 가능하기 때문이다. 이렇게 헬리콥터를 자유자재로 움직이는 비밀은 로터에 있다. 비행체가 뜰 수 있는 양력과 추진력을 모두 로터에서 동시에 얻기 때문이다. 로터에는 일반적으로 2 ~ 4개의 블레이드(날개)가 붙어있다. 빠르게 회전하는 각각의 블레이드에서 비행기 날개와 같은 양력이 발생하는데 헬리콥터는 이 양력 덕분에 무거운 몸체를 하늘로 띄울 수 있다. 비행기 역시 엔진의 추진력 때문에 양쪽 날개에 발생하는 양력을 이용해 공중에 뜨게 되는 것이므로 사실 헬리콥터의 비행원리는 비행기와 다르지 않다.

① 헬리콥터는 현대시회에서 일반 비행기로는 할 수 없는 나양한 일에 사용된다.
② 비행기도 화재 현장에서의 소화와 구난작업, 농약살포 등에 이용할 수 있다.
③ 로터는 헬리콥터가 뜰 수 있는 양력과 추진력을 제공한다.
④ 헬리콥터는 빠르게 회전하는 블레이드 덕분에 무거운 몸체를 띄울 수 있다.
⑤ 헬리콥터가 뜨는 원리는 비행기와 크게 다르지 않다.

01 다음은 한국사 시험 성적에 관한 자료이다. 다음 중 진영이의 성적은?

응시생 구분	정답 문항 수	오답 문항 수
수호	19	( )
민수	18	2
진영	( )	1
지연	18	2
갑수	17	( )

※ 한국사 시험은 총 20문항으로 100점 만점이다.

① 100점   ② 95점

③ 90점   ④ 85점

02 다음은 전국 교통안전시설 설치현황에 대한 예시표이다. 2017년 대비 2022년 안전표지 설치시설 중 증가율이 가장 높은 것은?

연도	안전표지					신호등		
	주의	규제	지시	보조	합계	차신호등	보행등	합계
2015	140	140	100	85	465	82	45	127
2016	160	160	110	100	530	95	50	145
2017	175	190	130	135	630	110	48	158
2018	190	200	140	130	660	115	55	170
2019	205	220	150	140	715	160	70	230
2020	230	230	165	135	760	195	80	275
2021	240	240	175	145	800	245	87	332
2022	245	250	165	150	810	270	95	365

① 주의표지   ② 규제표지

③ 지시표지   ④ 보조표지

03 다음은 연도별 정보통신기기의 생산규모에 관한 자료이다. 이에 대한 설명 중 옳지 않은 것은?

(단위 : 조 원)

구분	연도	2017	2018	2019	2020	2021	2022
정보 통신 기기	통신기기	43.4	43.3	47.4	61.2	59.7	58.2
	정보기기	14.5	13.1	10.1	9.8	8.6	9.9
	음향기기	14.2	15.3	13.6	14.3	13.7	15.4
	전자부품	58.1	95.0	103.6	109.0	122.4	174.4
	응용기기	27.1	29.2	29.9	32.2	31.0	37.8
	소계	184.9	195.9	204.6	226.5	235.4	295.7

① 정보통신기기 생산규모 소계는 매년 증가하였다.
② 응용기기의 생산규모는 2019년 이후 매년 증가하였다.
③ 전자부품의 생산규모는 매년 증가하였다.
④ 매년 음향기기의 생산규모 증감폭은 2조 원을 넘지 않는다.

[04~05] 다음은 A 해수욕장의 입장객을 연령·성별로 구분한 것이다. 물음에 답하시오.

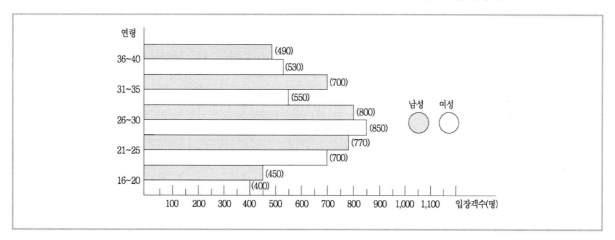

04 21 ~ 25세의 여성 입장객이 전체 여성 입장객에서 차지하는 비율은 몇 % 인가?(단, 소수 둘째 자리에서 반올림한다)

① 22.5%

② 23.1%

③ 23.5%

④ 24.1%

05 다음 설명 중 옳지 않은 것은?

① 전체 남성 입장객의 수는 3,210명이다.

② 26 ~ 30세의 여성 입장객이 가장 많다.

③ 21 ~ 25세는 여성 입장객의 비율보다 남성 입장객의 비율이 더 높다.

④ 26 ~ 30세 여성 수는 전체 여성 입장객수의 25.4%이다.

[06~08] 다음은 우체국 택배물 취급에 관한 기준표이다. 표를 보고 물음에 답하시오.

(단위 : 원/개당)

중량(크기)		2kg까지 (60cm까지)	5kg까지 (80cm까지)	10kg까지 (120cm까지)	20kg까지 (140cm까지)	30kg까지 (160cm까지)
동일지역		4,000원	5,000원	6,000원	7,000원	8,000원
타지역		5,000원	6,000원	7,000원	8,000원	9,000원
제주지역	빠른(항공)	6,000원	7,000원	8,000원	9,000원	11,000원
	보통(배)	5,000원	6,000원	7,000원	8,000원	9,000원

※ 1) 중량이나 크기 중에 하나만 기준을 초과하여도 초과한 기준에 해당하는 요금을 적용함.
　2) 동일지역은 접수지역과 배달지역이 동일한 시/도이고, 타지역은 접수한 시/도지역 이외의 지역으로 배달되는 경우를 말한다.
　3) 부가서비스(안심소포) 이용시 기본요금에 50% 추가하여 부가됨.

06 미영이는 서울에서 포항에 있는 보람이와 설희에게 각각 택배를 보내려고 한다. 보람이에게 보내는 물품은 10kg에 130cm이고, 설희에게 보내려는 물품은 4kg에 60cm이다. 미영이가 택배를 보내는 데 드는 비용은 모두 얼마인가?

① 13,000원　　　　　　　　　　② 14,000원
③ 15,000원　　　　　　　　　　④ 16,000원

07 설희는 서울에서 빠른 택배로 제주도에 있는 친구에게 안심소포를 이용해서 18kg짜리 쌀을 보내려고 한다. 쌀 포대의 크기는 130cm일 때, 설희가 지불해야 하는 택배 요금은 얼마인가?

① 19,500원　　　　　　　　　　② 16,500원
③ 15,500원　　　　　　　　　　④ 13,500원

08 ㉠ 타지역으로 15kg에 150cm 크기의 물건을 안심소포로 보내는 가격과 ㉡ 제주지역에 보통 택배로 8kg에 100cm 크기의 물건을 보내는 가격을 각각 바르게 적은 것은?

	㉠	㉡
①	13,500원	7,000원
②	13,500원	6,000원
③	12,500원	7,000원
④	12,500원	6,000원

09 어느 방송국에서는 10개의 서로 다른 상품에 대한 광고 방송을 빠짐없이 편성하려고 하는데, 각 상품의 광고는 15초짜리와 20초짜리 중 한 가지이다. 15초짜리 광고는 각각 2회씩, 20초짜리 광고는 각각 1회씩 방송할 예정이고 각 광고 사이에는 1초의 간격을 두기로 한다. 첫 번째 광고가 시작되는 시각부터 마지막 광고가 끝나는 시각까지가 4분 35초라면, 15초짜리 광고의 방송 횟수와 20초짜리 광고의 방송 횟수의 합은?

① 14

② 15

③ 16

④ 17

10 어느 회사에서 비누와 치약으로 구성된 선물 세트 A, B를 만들어 판매하였다. 각 선물 세트 1개당 비누와 치약의 개수 및 판매 이익은 표와 같다. 선물 세트를 만드는 데 사용된 비누의 개수는 5,200개이고, 치약의 개수는 2,400개였다고 한다. 선물 세트 A, B를 모두 팔았을 때, 총 판매 이익은?

구분	A	B
비누(개)	6	5
치약(개)	2	3
판매 이익(원)	1,000	1,100

① 90만 원

② 100만 원

③ 110만 원

④ 120만 원

11 다음은 학교 설명회에 참석한 사람들에게 나눠줄 기념품을 제작하려고 한다. 제작하는 기념품의 총 제작비용을 구하면?

〈설명회 참석 기념품〉

구분	수량(1인 기준)	개당 제작비용	비고
마스코트 인형	1개	5,000원	–
벽걸이 달력	1개	3,000원	예상 인원의 10% 여유분 준비
우산	1개	5,000원	
수건	2매	1,000원	
3색 볼펜	1개	500원	예상 인원의 20% 여유분 준비

※ 수령 예상 인원 300명

① 4,567,000원   ② 4,669,000원
③ 4,965,000원   ④ 4,980,000원

12 직원들에게 설 선물세트를 주려고 할 때 다음을 보고 지불해야 하는 총 비용을 고르시오.

〈설 선물세트 선호도 조사〉

(단위 : 만 원, 명)

구분	개당 가격	수요
한과	10	5
보리굴비	15	11
한돈	11	8
한우	15	14
곶감	13	4
꿀	12	3

※ 1) 수요 인원 5명마다 해당 선물세트의 가격 할인율은 4%씩 증가한다. 단, 5명 미만은 해당되지 않는다.
   2) 위 조건이 반영되었을 경우 구매 가격이 70만 원 이상인 경우 추가로 3%를 할인해준다.

① 5,525,956원   ② 5,589,331원
③ 5,654,800원   ④ 5,696,800원

[13~14] 다음은 국내 온실가스 배출현황을 나타낸 표이다. 물음에 답하시오.

(단위 : 백만 톤 CO_2 eq.)

구분	2016년	2017년	2018년	2019년	2020년	2021년	2022년
에너지	467.5	473.9	494.4	508.8	515.1	568.9	597.9
산업공정	64.5	63.8	60.8	60.6	57.8	62.6	63.4
농업	22.0	21.8	21.8	21.8	22.1	22.1	22.0
폐기물	15.4	15.8	14.4	14.3	14.1	x	14.4
LULUCF	−36.3	−36.8	−40.1	−42.7	−43.6	−43.7	−43.0
순배출량	533.2	538.4	551.3	562.7	565.6	624.0	654.7
총배출량	569.4	575.3	591.4	605.5	609.1	667.6	697.7

13 2021년 폐기물로 인한 온실가스 배출량은?(단, 총배출량 = 에너지 + 산업공정 + 농업 + 폐기물)

① 14.0
② 14.1
③ 14.2
④ 14.3

14 전년대비 총배출량 증가율이 가장 높은 해는?

① 2019년
② 2020년
③ 2021년
④ 2022년

15 다음 표는 A시와 B시의 민원접수 및 처리 현황에 대한 자료이다. 이에 대한 설명으로 옳은 것은?

〈민원접수 및 처리 현황〉

(단위 : 건)

구분	민원접수	처리 상황		완료된 민원의 결과	
		미완료	완료	수용	기각
A시	19,699	1,564	18,135	14,362(79.19)	3,773(20.81)
B시	40,830	8,781	32,049	23,637(73.75)	8,412(26.25)

※ 괄호 안의 숫자는 완료건수 대비 민원수용(또는 기각)비율이다.

① A시는 B시에 비해 1인당 민원접수건수가 적다.
② A, B시는 완료건수 대비 민원수용비율이 10%p 이상 차이가 난다.
③ B시는 A시보다 시민이 많다.
④ B시는 A시에 비해 수용건수가 많지만 민원접수 대비 수용비율은 A시보다 적다.

16 신입사원 채용 과정에서 지원자 전체의 15%만이 2차 필기시험을 치렀다. 1차 서류전형을 통과한 남녀 비율이 2 : 3이고 2차 필기시험을 통과한 남녀의 비율이 4 : 6, 2차 필기시험을 통과한 합격자가 180명이라고 할 때 필기시험에 합격한 여자 지원자의 수는 몇 명인가?

① 72명
② 94명
③ 101명
④ 108명

17 甲사의 인사 담당자 김 대리는 최종 선발을 앞두고 지원자 A 씨가 작년에 음주운전 교통사고로 인해 집행 유예 6개월을 선고받은 사실을 알게 되었다. 채용 규정에 따라 A 씨의 채용 취소 사유를 써낼 때 ㉠ ~ ㉤ 중 해당하는 사유는?

〈2022년 상반기 신입사원 채용 안내문〉

1. 채용 분야 및 인원

분야	인원	비고
일반	지역별 10명	지역 단위
IT(전산)	13명	전국 단위
IT(기술)	5명	

2. 지원 자격
   - 학력 및 전공 : 제한 없음
   - 연령 및 성별 : 제한 없음
   - 병역 : 남자의 경우 병역필 또는 면제자(22.1.31.까지 병역필 가능한자 포함)
   - 당사 내규상의 신규채용 결격사유가 없는 자

3. 신규 채용 결격 사유
   - 피성년후견인 · 피한정후견인 · 피특정후견인
   - ㉠ 파산자로서 복권되지 아니한 자
   - ㉡ 금고 이상의 형을 선고 받고 그 집행이 종료되거나 집행을 받지 아니하기로 확정된 후 3년이 경과되지 아니한 자
   - ㉢ 금고 이상의 형을 선고 받고 그 집행유예의 기간이 만료된 날부터 1년이 경과 되지 아니한 자
   - ㉣ 금고 이상의 형의 선고유예를 받고 그 선고유예기간 중에 있는 자
   - 징계 해직의 처분을 받고 2년이 경과되지 아니한 자
   - 법원의 판결 또는 법률에 의하여 자격이 상실 또는 정지된 자
   - 병역의무를 기피 중인 자
   - 병역의무를 기피 중인 자
   - 부정한 채용 청탁을 통해 합격된 사실이 확인된 자
   - 그 외 채용 전 파렴치 범죄, 폭력 및 경제 관련 범죄, 기타 불량한 범죄를 범하여 직원으로 부적당하다고 인정되는 자

4. 전형 절차

단계	구분	문항 수	시간	비고
2차 필기	인 · 적성평가	객관식 325문항	45분	–
	직무능력평가	객관식 50문항	70분	–
	직무상식평가	객관식 30문항	25분	–
3차 면접	집단 면접	–	–	5 ~ 6명이 1조를 이루어 多대多 면접으로 진행
	토의 면접	–	–	주어진 주제 및 상황에 대하여 지원자 간, 팀 간 토의 형식으로 진행

※ 상기 내용은 일부 변경될 수 있음

① ㉠
② ㉡
③ ㉢
④ ㉣

18 귀하는 학교 홍보 담당자이다. 아래의 자료를 근거로 판단할 때 선택할 4월의 광고 수단은?

- 주어진 예산은 월 3천만 원이며, 담당자는 월별 공고 효과가 가장 큰 광고 수단 하나만을 선택한다.
- 광고비용이 예산을 초과하면 해당 광고 수단은 선택하지 않는다.
- 광고 효과는 아래와 같이 계산한다.

$$광고\ 효과 = \frac{총광고횟수 \times 회당광고노출자수}{광고비용}$$

- 광고 수단은 한 달 단위(30일)로 선택한다.

광고 수단	광고 횟수	회당 광고 노출자 수	월 광고 비용(천 원)
TV	월 3회	100만 명	30,000
버스	일 1회	10만 명	20,000
지하철	일 60회	2천 명	25,000
SNS	일 50회	5천명	30,000

① TV
② 버스
③ 지하철
④ SNS

[19~20] 다음은 도로교통사고 원인을 나이별로 나타낸 표이다. 물음에 답하시오.

(단위 : %)

원인별	20 ~ 29세	30 ~ 39세	40 ~ 49세	50 ~ 59세	60세 이상
운전자의 부주의	24.5	26.3	26.4	26.2	29.1
보행자의 부주의	2.4	2.0	2.7	3.6	4.7
교통 혼잡	15.0	14.3	13.0	12.6	12.7
도로구조의 잘못	3.0	3.5	3.1	3.3	2.3
교통신호체계의 잘못	2.1	2.5	2.4	2.1	1.7
운전자나 보행자의 질서의식 부족	52.8	51.2	52.3	52.0	49.3
기타	0.2	0.2	0.1	0.2	0.2
합계	100%	100%	100%	100%	100%

19 20 ~ 29세 인구가 10만 명이라고 할 때, 도로구조의 잘못으로 교통사고가 발생하는 수는 몇 명인가?

① 1,000명
② 2,000명
③ 3,000명
④ 4,000명

20 주어진 표에서 60세 이상의 인구 중 도로교통사고의 가장 높은 원인과 그 다음으로 높은 원인은 몇 % 차이가 나는가?

① 20.1
② 20.2
③ 37.4
④ 37.5

공 간 능 력	문항수	18문항	풀이시간	10분

[01~04] 다음 입체도형의 전개도로 알맞은 것을 고르시오.

- 입체도형을 전개하여 전개도를 만들 때, 전개도에 표시된 그림(예 : ▮▮, ◢, ▬ 등)은 회전의 효과를 반영한다. 즉, 본 문제의 풀이과정에서 보기의 전개도 상에 표시된 ▮▮과 ▬는 서로 다른 것으로 취급한다.
- 단, 기호 및 문자(예 : ♤, ☎, ♨, K, H)의 회전에 의한 효과는 본 문제의 풀이과정에 반영하지 않는다. 즉, 입체도형을 펼쳐 전개도를 만들었을 때 ☎의 방향으로 나타나는 기호 및 문자도 보기에서는 ☎방향으로 표시하며 동일한 것으로 취급한다.

01

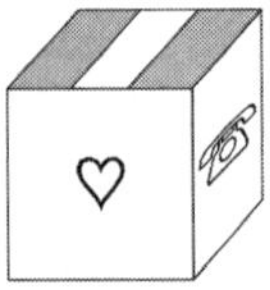

①

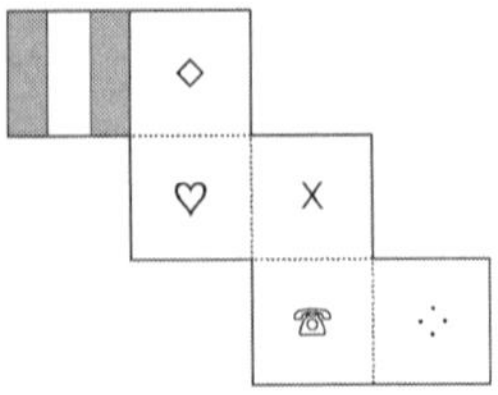

②

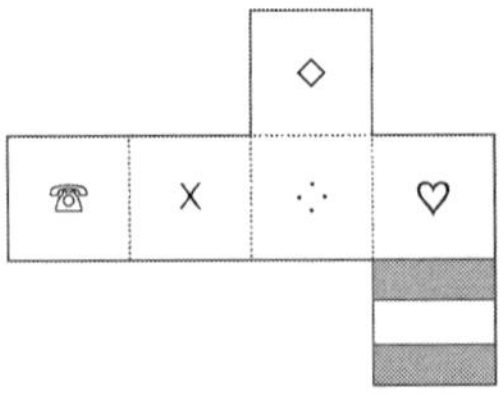

③

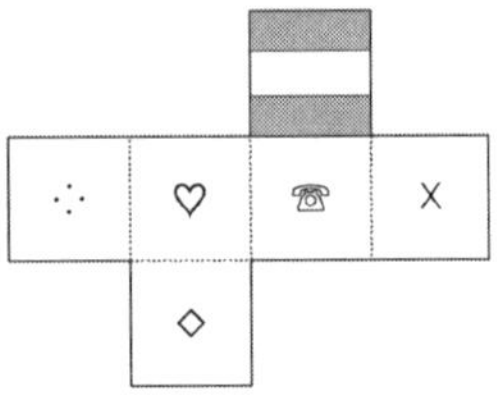

④

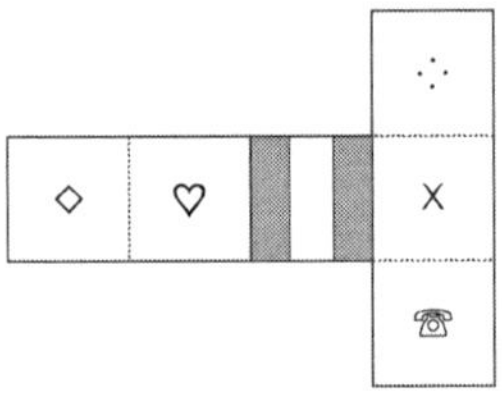

02

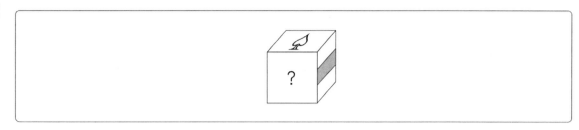

① 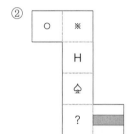   ② 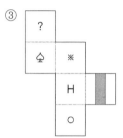   ③ 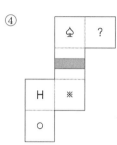   ④

03

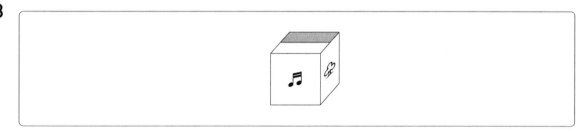

① 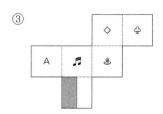   ②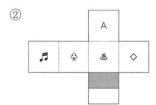

③   ④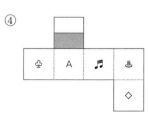

04

①

②

③

④

[05~09] 다음 전개도로 만든 입체도형에 해당하는 것을 고르시오.

- 전개도를 접을 때 전개도 상의 그림, 기호, 문자가 입체도형의 겉면에 표시되는 방향으로 접는다.
- 전개도를 접어 입체도형을 만들 때, 전개도에 표시된 그림(예 : ▮▮, ◢, ▮ 등)은 회전의 효과를 반영한다. 즉, 본 문제의 풀이과정에서 보기의 전개도 상에 표시된 ▮▮과 ▬는 서로 다른 것으로 취급한다.
- 단, 기호 및 문자(예 : ♤, ☎, ♨, K, H)의 회전에 의한 효과는 본 문제의 풀이과정에 반영하지 않는다. 즉, 전개도를 접어 입체도형을 만들었을 때 ✋의 방향으로 나타나는 기호 및 문자도 보기에서는 ☏방향으로 표시하며 동일한 것으로 취급한다.

05

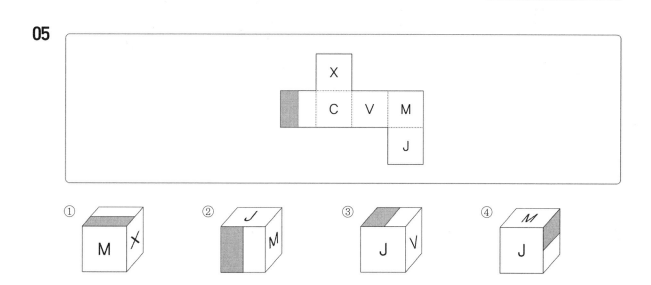

① ② ③ ④

06

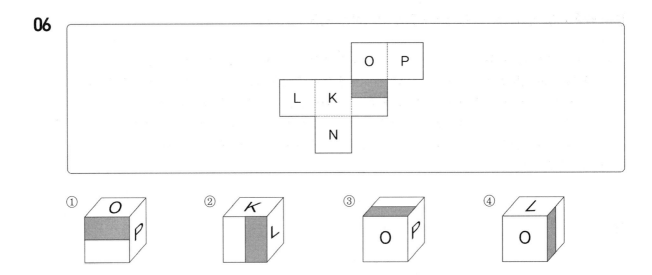

07

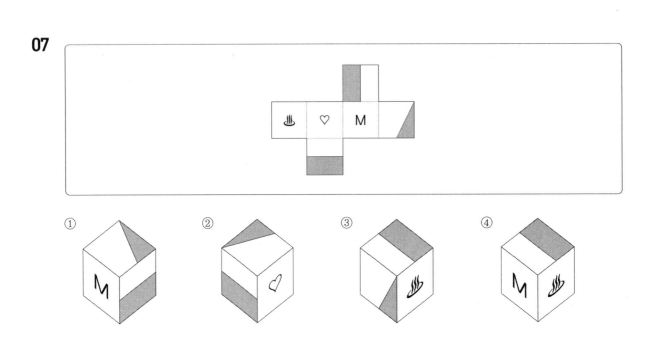

08

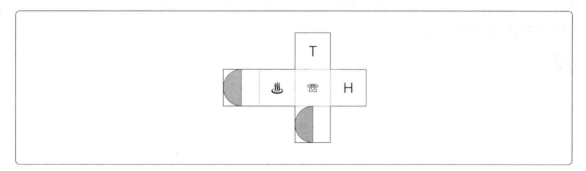

① 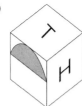 ②  ③ 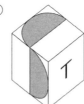 ④

09

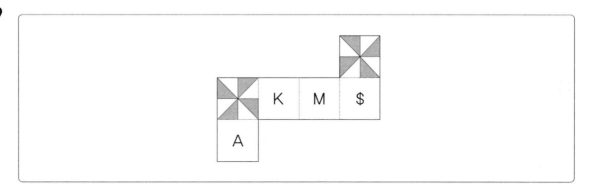

① 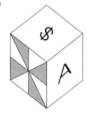 ②  ③  ④

[10~14] 다음에 제시된 그림과 같이 쌓기 위해 필요한 블록의 수를 고르시오.(단, 블록은 모양과 크기가 모두 동일한 정육면체이다)

10

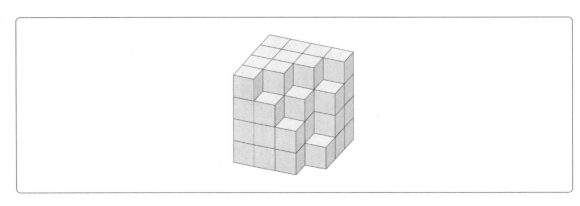

① 50
② 51
③ 52
④ 53

11

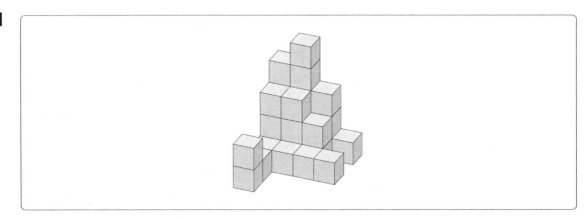

① 27
② 28
③ 29
④ 30

12

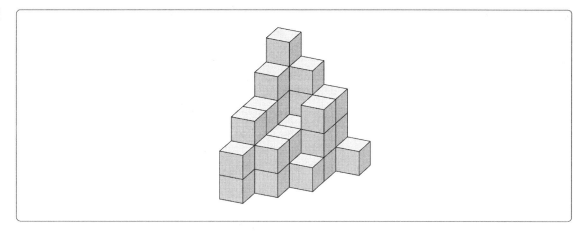

① 33개   ② 34개

③ 35개   ④ 36개

13

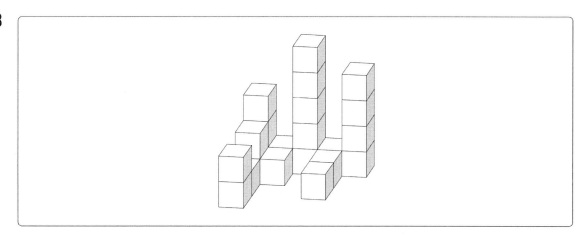

① 20   ② 21

③ 22   ④ 23

14

① 35개   ② 36개

③ 37개   ④ 38개

[15~18] 다음에 제시된 블록들을 화살표 표시한 방향에서 바라봤을 때의 모양으로 알맞은 것을 고르시오.

- 블록은 모양과 크기가 모두 동일한 정육면체임
- 바라보는 시선의 방향은 블록의 면과 수직을 이루며 원근에 의해 블록이 작게 보이는 효과는 고려하지 않음

15

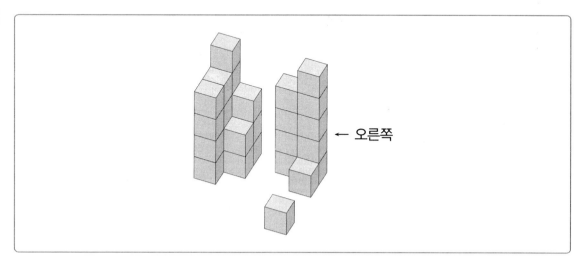

← 오른쪽

① 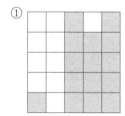 ② 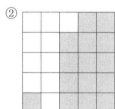 ③ 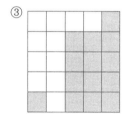 ④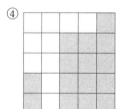

16

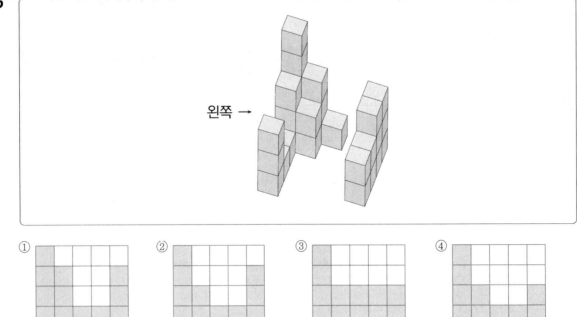

① ② ③ ④

17

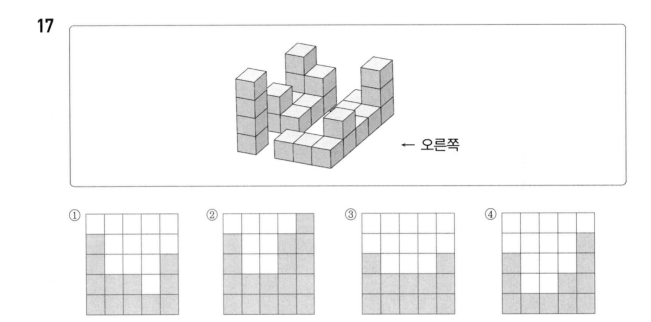

① ② ③ ④

18

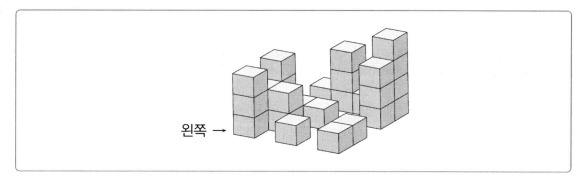

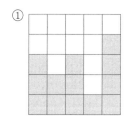 ①   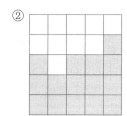 ②   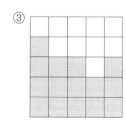 ③   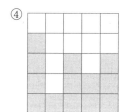 ④

[01~05] 다음의 왼쪽과 오른쪽 기호의 대응을 참고하여 각 문제의 대응이 같으면 답안지에 '① 맞음'을, 틀리면 '② 틀림'을 선택하시오.

1 = 학	2 = 비	3 = 생	4 = 후	5 = 군
6 = 관	7 = 예	8 = 보	9 = 사	0 = 교

01 학 사 후 보 생 - 1 9 4 8 3   ① 맞음   ② 틀림

02 학 군 사 관 - 1 5 8 6   ① 맞음   ② 틀림

03 군 관 예 보 사 교 - 5 6 7 8 9 0   ① 맞음   ② 틀림

04 학 비 생 후 군 관 - 1 2 3 4 5 6   ① 맞음   ② 틀림

05 관 비 보 후 교 생 - 6 2 8 4 3 0   ① 맞음   ② 틀림

[06~10] 다음 왼쪽과 오른쪽 기호, 문자, 숫자의 대응을 참고하여 각 문제의 대응이 같으면 '① 맞음'을, 틀리면 '② 틀림'을 선택하시오.

구 = 1	관 = 2	검 = 3	면 = 4	분 = 5
사 = 6	신 = 7	임 = 8	접 = 9	체 = 0

06 7 8 7 0 3 6 – 신 임 신 체 구 사   ① 맞음   ② 틀림

07 2 6 5 8 7 3 – 관 사 분 임 신 검   ① 맞음   ② 틀림

08 8 2 1 5 0 4 – 임 관 구 분 사 면   ① 맞음   ② 틀림

09 4 9 3 6 7 8 – 면 검 접 사 신 임   ① 맞음   ② 틀림

10 6 7 2 8 1 5 0 – 사 신 임 관 구 분 체   ① 맞음   ② 틀림

[11~15] 다음 왼쪽과 오른쪽 기호, 문자, 숫자의 대응을 참고하여 각 문제의 대응이 같으면 '① 맞음'을, 틀리면 '② 틀림'을 선택하시오.

1 = a	2 = b	3 = c	4 = d	5 = e
6 = g	7 = n	8 = r	9 = s	0 = v

11　a d v a n c e − 1 4 0 1 7 3 5　　　　　① 맞음　　② 틀림

12　a v e n g e r s − 1 0 5 7 5 6 8 9　　　　① 맞음　　② 틀림

13　d a n g e r − 4 1 7 6 8 5　　　　　　① 맞음　　② 틀림

14　b a n n e r − 2 1 7 7 5 8　　　　　　① 맞음　　② 틀림

15　c a r a v a n − 3 1 8 1 1 0 7　　　　　① 맞음　　② 틀림

[16~30] 다음 각 문제의 왼쪽에 표시된 굵은 글씨체의 기호, 문자, 숫자의 개수를 오른쪽에서 찾으시오.

16 **7** 74721283023198902597178527930725973265709239715972579307954
① 10개 ② 12개
③ 14개 ④ 16개

17 **ㅁ** 해저유물 탐사 및 인양작업 지원으로 찬란한 민족유산과 전통문화의 보존·계승
① 2개 ② 3개
③ 4개 ④ 5개

18 **e** can you please tell me where you are calling from?
① 5개 ② 6개
③ 7개 ④ 8개

19 **9** 1960499113040912089139394989061958053740102565591297653
① 10개 ② 11개
③ 12개 ④ 13개

20 **ㄱ** 군의 존재 목적은 궁극적으로 전쟁에서 승리하여 국가를 보전하는 일이지만, 싸우지 않고 이기는 것이 최선이다
① 8개 ② 9개
③ 10개 ④ 11개

21 **t** of course, that's the way the navy wants you
① 3개 ② 4개
③ 5개 ④ 6개

22 **4** 23498547914394950049823284004983410244993421789435l
① 10개 ② 12개
③ 14개 ④ 16개

23 o 군 목표는 '군의 존재 의의, 곧 존립목적'이며, 육군의 모든 역량을 집중해야 할 지향점이다

① 11개 ② 12개 ③ 13개 ④ 14개

24 c cargo space reserved with the local shipping firms

① 1개 ② 2개 ③ 3개 ④ 4개

25 8 84265917398218389868485736974125920470098713883015812673

① 10개 ② 11개 ③ 12개 ④ 13개

26 Ч Ч Ц Ы Ш Ђ Э К Ч Ы Ѕ З Ы Ч К ё Ю Ч Я ф г Ч Й О э д ф л Ч Ч

① 6개 ② 7개 ③ 8개 ④ 9개

27 s reactivation of shop facilities at the yokosuka navy yard

① 1개 ② 2개 ③ 3개 ④ 4개

28 6 13467914253678894556126253957826157499658266486327

① 10개 ② 11개 ③ 12개 ④ 13개

29 ㅎ 작전을 포함한 제반 항공기 지휘 및 참모 산불진화, 환자이송 등 대민 지원임무

① 2개 ② 4개 ③ 6개 ④ 7개

30 p the city of athens prepared its navy to fight the persians

① 1개 ② 2개 ③ 3개 ④ 4개

제 3 회
실력평가 모의고사

맞은 문항수

언어능력 [/ 25]   자료해석 [/ 20]
공간능력 [/ 18]   지각속도 [/ 30]

정답 및 해설 p.388

언 어 능 력	문항수	25문항	풀이시간	20분

[01~05] 다음 빈칸에 들어갈 알맞은 것을 고르시오.

01

> 상대의 (   )이/가 나타나는 곳을 집중적으로 공격해라.

① 하자   ② 여백
③ 결점   ④ 허점
⑤ 트집

02

> 여러 사람의 마음이 서로 (   )하지 않고서는 어떤 단체든 와해될 것이다.

① 화합   ② 조합
③ 사양   ④ 양보
⑤ 배합

03

> 기술이 가지고 있는 능력을 (   ) 관찰하는 과정이 필요하다.

① 확고히   ② 면밀히
③ 소담히   ④ 간략히
⑤ 한참동안

04

> 지난 밤 커피를 마셔서 잠을 꼬박 샜지만 등산 약속을 지키기 위해 (   ) 일어났다.

① 괜스레   ② 부산히
③ 간신히   ④ 한갓지게
⑤ 소잡하게

05

> 방역 패스를 시작하였지만 일부 고령층은 방역 패스 사용의 (   )현상이 일어나고 있다.

① 모면   ② 도피
③ 혼돈   ④ 혼란
⑤ 기피

06 다음에 보기에 해당하는 속담으로 옳은 것은?

> 연예계의 대선배 K 씨는 최근 사건사고가 많은 연예계 후배들에게 일침을 놓았다. 그는 "우리는 준공인 이다. 유명해지면 질수록 이름값을 할 줄 알아야 한다."며 "경제가 많이 성장하며 일탈 행동이 생겨난 듯하 다. 이럴 때일수록 자신은 자제하고 절제할 줄 알아야 한다."고 덧붙였다.

① 쇠뿔도 단김에 빼라.   ② 가지 많은 나무 바람 잘 날 없다.
③ 개구리 올챙잇적 생각 못한다.   ④ 벼는 익을수록 고개를 숙인다.
⑤ 돌다리도 두들겨 보고 건너라.

07 다음 밑줄 친 부분이 '아장아장'과 다른 것은?

① 아기는 <u>방실방실</u> 웃으며 쳐다보았다.   ② 산에 있는 감나무에 감이 <u>주렁주렁</u> 달려있다.
③ 갑자기 비가 내리더니 파도가 <u>철썩철썩</u>였다.   ④ 다람쥐가 떨어트린 도토리가 <u>데굴데굴</u> 굴러갔다.
⑤ 거북이는 <u>느릿느릿</u> 토끼를 쫓아갔다.

08 다음 글에 대한 설명으로 옳은 것은?

> 아이가 모국어를 말할 수 있게 되면 외국어를 배울 시기가 된 것이다. 아이들에게 불어 학습이 좋은 이유는 문법 규칙이 아닌 일상적 대화를 통해 불어를 가르치는 교육법이 익숙해져 있기 때문이다. 불어는 살아있는 언어로 회화에 사용할 기회가 더 많기 때문에 먼저 배우는 것이 좋다.
>
> 아이가 외국어를 배울 때는 문법 규칙으로 어렵게 하지 말고 외국어로 말하는 것을 들려주어 기억하게 하는 것이 좋다. 그저 아이와 그 언어로 재잘재잘 이야기하는 것만으로 외국어를 잘 말하고 읽게 한다. 정확한 어음과 바른 발음을 습관화하는 것은 발음 기관이 유연할 때 해야 한다.
>
> 외국어를 배울 때는 다른 언어는 일체 말하거나 읽지 말고 그 언어만 사용해야 한다. 이때 자칫 모국어를 읽는 법을 잊어버리지 않도록 신경 써야 한다. 다른 언어를 배우되 엄마가 다른 모국어 책을 골라 읽어주는 것도 모국어 독서력을 유지하는 좋은 방법이다.

① 읽고 쓰는 학습의 중요도는 말하고 듣는 학습보다 높다.
② 외국어를 배울 때 모국어가 개입되어야 더 쉽게 배울 수 있다.
③ 외국어를 배울 때 문법적으로 먼저 시작해야 기억에 많이 남는다.
④ 발음기관의 유연함은 정확한 발음과 어음을 배우기 좋은 조건이다.
⑤ 모국어 형성이 완벽해도 외국어를 배우게 될 경우 모국어를 잊어버릴 수 있다.

09 다음 글을 읽고 순서에 맞게 논리적으로 배열한 것은?

> ㉠ 조류발전과 다르게 조력발전이 환경에 미치는 부담 가운데 가장 큰 것이 물막이 댐의 건설이다.
> ㉡ 그동안 산업을 지탱해 온 화석연료의 고갈과 공해 문제를 생각할 경우 이를 대체할 에너지원의 개발은 매우 절실하고 시급한 문제이기는 하다.
> ㉢ 조력발전이란 조석간만의 차이가 큰 해안지역에 물막이 댐을 건설해 그곳에 수차발전기를 설치하여 밀물이나 썰물의 흐름을 이용해 전기를 생산하는 발전 방식으로 댐 건설이 필수 요소이다.
> ㉣ 그렇다 하더라도 자연환경에 엄청난 부담을 초래하는 조력발전을 친환경적으로 포장하고 댐 건설을 부추기는 현재의 정책은 결코 용인될 수 없다.
> ㉤ 댐을 건설하지 않고 자연적인 조류의 흐름을 이용해 발전하는 방식은 '조류발전'으로 따로 구분한다.

① ㉢㉤㉠㉡㉣
② ㉢㉤㉡㉣㉠
③ ㉠㉡㉢㉤㉣
④ ㉠㉢㉤㉡㉣
⑤ ㉤㉠㉡㉣㉢

[10 ~ 11] 다음을 제시된 글을 읽고 물음에 답하시오.

갑의 주장은 토지 문제를 토지 시장에 국한하지 않고 경제 전체의 흐름과 밀접하게 연결해 파악하면 된다는 것이다. 이는 토지 문제를 이용의 효율에만 국한하는 단순한 문제가 아닌 경제의 성장, 물가, 실업 등의 거시경제적 변수를 함께 고려해야 하는 복잡한 문제로 본다. (㉠)토지 문제는 경기 변동과 직결되며 사회 정의와도 관련이 있다고 주장하고 있다.

을은 토지 문제도 다른 상품과 마찬가지로 수요와 공급의 법칙에 따라 시장이 자율적으로 조정하도록 맡기면 된다는 주장이다. 토지의 투자는 상품 투자의 일종으로 (A) 부동산의 자본 이득이 충분히 클 경우에는 좋은 투자 대상이 되어 막대한 자금이 금융권으로부터 부동산 시장으로 흘러 들어간다. 반대로 자본의 이득이 떨어지게 될 경우 부동산에 투입되었던 자금이 다시 금융권에 회수되어 다른 시작으로 흘러 들어간다. 따라서 부동산의 자본 이득은 금융권과 부동산 시장 사이를 이어주는 것이다.

갑은 을과 달리 상품 투자와 토지 투자를 구분한다. 상품 투자는 상품 가격을 상승시키고 상품 공급을 증가시킬 수 있다. 공급이 증가하면 다시 상품이 투자가 억제되므로 상품투자에는 내재적 한계를 포함한다. (㉡) 토지는 공급이 한정되어 있기 때문에 토지 투자는 가격 상승의 제어장치가 마련되어 있지 않다. 이러한 토지 투자는 지가의 상승을 부추기며 거품이 잔뜩 낀 부동산 가격을 만들게 된다.

---

10 다음 ㉠ ~ ㉡에 들어갈 이음말은?

	㉠	㉡
①	그러나	따라서
②	따라서	그러나
③	그리고	따라서
④	반면에	그리고
⑤	하지만	그리하여

11 다음 A에 들어갈 문장으로 옳은 것은?

① 토지는 투자대상으로 볼 수 없다.
② 거시경제적 관점에서 보면 토지와 상품 투자는 상호보완적이다.
③ 상품 생산 수단으로 토지에 대한 투자가 활용된다.
④ 귀금속, 주식, 은행 예금만큼 좋은 투자의 대상으로 본다.
⑤ 부동산 시장과 금융권의 사이를 이어준다.

12 다음 글 뒤에 이어질 내용으로 옳은 것은?

> 한국식 '세는 나이'는 나이 계산법이 왜 다른 것일까? '세는 나이'의 유래는 여러 가지 있지만 동양권은 고대 중국에서 시작된 방식으로 보고 있다. 아기가 엄마 뱃속에 있는 동안에도 나이를 먹는다고 본 것이기 때문에 태어나면서 한 살이 된 것이라는 주장과 동양에는 0이라는 숫자가 없기 때문에 한 살로 보았다는 주장이 있다. 또 다른 주장은 서양과 달리 동양은 태어난 날보다 새해의 시작일인 1월 1일을 더 중요하게 생각했기 때문이라는 것이다.
>
> 그렇다면 동양의 다른 나라들은 어떤 방법으로 나이를 세고 있을까? 베트남은 프랑스 식민지 시대 이후 서양식의 '만 나이'의 보편화로 사용하였으며 일본과 중국, 북한까지 일상생활에 '만 나이'를 사용하고 있다. 우리나라는 '만 나이'를 1962년에 도입하였지만 일상생활까지는 적용하지 않고 있다.

① '만 나이'와 '세는 나이'의 장단점 ② 나이에 대한 인식의 중요성
③ 동양에서 '만 나이'를 사용하는 이유 ④ 유래에 따른 나이 계산 예시
⑤ '세는 나이'와 '만 나이' 일상생활 혼용의 불편함

13 다음 글에 대한 주장으로 옳은 것은?

> 근로기준법이 개정되며 일명 '52시간 근무제'에 대한 관심이 높아졌다. 하지만 개정된 근로기준법에 '최대 근로시간을 1주에 52시간으로 규정한다'라는 조문이 명시적으로 추가된 것이 아니다. 다만, '1주란 휴일을 포함한 7일을 말한다'는 한 문장이 근로기준법에 추가되었을 뿐이다. 이 한 문장의 추가가 어떻게 52시간 근무제를 보장한다는 것일까?
>
> 월요일에서 금요일까지 하루에 8시간씩 소정근로시간 동안 일하는 근로자를 확인해보자. '소정근로시간'은 근로자와 사용자가 합의한 근로시간이다. 사실 기존 근로기준법도 최대 근로시간이 52시간으로 규정되어 있어 보였다. 소정근로시간이 하루 최대 8시간으로 1주에는 최대 40시간, 연장근로는 1주에 12시간만 허용되므로 총 52시간이 되기 때문이다. 그러나 근로시간을 최대 68시간까지 허용했는데 기존 근로기준법에서 휴일근로(토, 일)를 소정근로도 연장근로도 아닌 것으로 간주하였기 때문이다. 따라서 소정근로 40시간에 12시간 연장근로 후 휴일근로 18시간이 더해진 것으로 기존 근로기준법에 따르면 52시간이 초과되어도 법을 위반하지 않았던 것이다.

① 기존 근로기준법과 개정 근로기준법의 차이
② 소정근로시간과 연장근로시간에 대한 정의
③ 새로운 근로기준법 재정 및 실현 가능성
④ 사용자와 근로자를 위한 기존 근로기준법 안내
⑤ 휴일근로가 연장근무로 포함되지 않는 이유

14 다음 중 맞춤법으로 올바르지 않은 것은?

① 내일은 <u>쾌청할</u> 것으로 예상한다.

② 갯벌은 썰물에 <u>들어난다.</u>

③ 바람이 너무 차가워 몸을 <u>움츠렸다.</u>

④ <u>얽히고설킨</u> 복잡한 마음을 표현할 수 없다.

⑤ 시 한 구절이 가슴을 <u>설레게</u> 하였다.

15 다음 한자 표기로 옳은 것은?

> 복싱은 사각의 링 안에서 손으로 상대방의 신체 ㉠<u>전면</u> 벨트 위쪽을 가격하여 승패를 겨루는 스포츠이다. 복싱의 경기규칙은 아마추어 복싱의 경우 3분 3회전에 1분의 휴식이 주어진다. 승부는 ㉡<u>정권</u>으로 벨트라인 위를 가격한 유효타로 판정된다. 판정의 종류는 판정승, 기권승, 주심의 경기 중단, 실격승, KO승, 부전승 등이 있다.

	㉠	㉡
①	全面	正權
②	全面	正拳
③	前面	正拳
④	前面	呈券
⑤	轉昤	呈券

16 다음 밑줄에 들어갈 알맞은 문장으로 옳은 것은?

> 질병이란 단어를 보면 무엇이 떠오르는가? 병균 또는 바이러스가 가장 먼저 떠오르며, 병에 걸리게 된 개인적인 요인으로 취급한다. 바이러스에 노출된 사람이 있다면 우리는 그 사람을 평소 위생 관념을 철저히 지키지 못했다고 여긴다. 이는 발병 책임을 전적으로 질병에 걸린 사람에게 묻는 것이다. 또한 건강관리를 꾸준히 하지 않은 사람, 비만이나 허약한 체질의 사람이 더 병균에 쉽게 노출된다고 믿는다. 그러나 전체 발병인원을 고려해 본다면, 성별·계층·직업 등의 사회적인 요인에 따라 질병의 종류와 심각성 등이 다르게 나타난다. 따라서 _____.

① 질병에 걸린 사람에게 그 책임을 물을 수 있다는 것이다.
② 개인적 차원보다 사회적 차원의 질병 치료가 이뤄져야 한다.
③ 질병은 개인적 요인이 아닌 사회적인 요인과 관련이 있다는 점을 알아야 한다.
④ 질병에 걸린 사람들은 편견으로 인한 고통이 더 크기 때문에 사회적 대책이 필요하다.
⑤ 개인적 요인의 바이러스의 감염은 질병이라 할 수 없다.

17 다음을 글에 대한 설명으로 옳지 않은 것은?

> 2018년 2월부터 사전연명의료의향서 제출 시 연명의료 거부 의사를 표명한 사람에 대해 병원이 연명의료를 실행하지 않는다는 제도가 도입되었다. 제도 도입 후 사전연명의료의향서 제출이 늘어났지만, 많은 사람들이 사전연명의료의향서 접수처가 협소하며 연명의료 전문기관의 상담사 수가 적어 처리가 늦고 불편하다는 민원이 많았다. 따라서 2020년 1월부터 예약이 가능하도록 전화 상담 시스템을 도입하여 운영 중이며 4월부터는 일부 병원에서만 운영하던 접수처를 전국 보건소에서 접수가 가능하도록 시행할 계획이다. 또한 해당 접수 기관이 늘어난 만큼 전문 상담사의 필요성이 증가되면서 연명의료의 전문기관의 상담 없이 사전연명의료의향서를 제출할 수 있도록 하는 주장이 나오고 있다. 이들은 전문 상담사 배치가 힘든 만큼 보건소 직원들을 대상으로 해당 기본 필수교육을 실시하여 운영하도록 하자는 내용이다. 하지만, 생명을 다루는 중대한 사안인 만큼 연명의료 전문 상담사의 상담을 꼭 받아야 한다는 주장이 맞서면서 이에 대한 대책을 마련중이다.

① 많은 민원은 접수처와 상담사 수가 적어 처리가 늦다는 것이다.
② 2020년 1월부터는 전화로 상담 예약이 가능하다.
③ 전국의 모든 보건소는 2020년 4월부터 사전연명의료의향서를 접수받고 있다.
④ 사전연명의료의향서 접수한 병원은 연명의료를 실행하지 않아도 된다.
⑤ 빠른 접수를 위하여 연명의료 전문 상담 없이 사전연명의료의향서 제출이 가능하다.

[18 ~ 20] 다음의 밑줄 친 부분과 같은 의미로 사용된 것은?

18

> 부동산 정책이 바뀌고 난 뒤 집값이 <u>동결</u>되었다.

① 예산 부족으로 시작도 못한 채 모두 <u>동결</u>되었다.
② 전기요금의 <u>동결</u>은 1조원의 적자만 남겼다.
③ 강아지 간식으로 <u>동결</u>건조 식품을 사왔다.
④ 모든 대학들은 정원을 <u>동결</u>하였다.
⑤ 생선을 <u>동결</u>하면 오랫동안 보관할 수 있다.

19

> 후보들은 인기 있는 공약들을 앞서 <u>내세우다</u> 보니 정작 환경 문제에 대한 내용은 잊혀졌다.

① 체육시간에 키가 제일 큰 친구를 맨 앞줄로 <u>내세웠다</u>.
② 서로의 주장을 <u>내세우던</u> 쟁쟁한 토론이 마무리 되었다.
③ 우리 과수원의 <u>내세울만한</u> 장점 중 하나는 당도 높은 사과이다.
④ 그를 후보로 <u>내세우기</u> 위해 많은 노력을 하였다.
⑤ 민사사건에 변호사를 <u>내세워</u> 일을 처리하였다.

20

> 혈액은 적혈구 표면에 <u>붙어</u> 있는 응집원과 혈장에 들어있는 응집소의 유무 또는 종류를 기준으로 구분한다.

① 성적을 안 봐도 한 번에 <u>붙었다는</u> 느낌이 들었다.
② 그는 자신에게 이득이 되는 쪽에만 <u>붙어</u> 다닌다.
③ 냉장고에 <u>붙어있던</u> 자석이 사라졌다.
④ 조건이 <u>붙어있는</u> 줄 모르고 서명을 해버렸다.
⑤ 만일의 사태를 대비하여 환자 옆에 <u>붙어있어야</u> 한다.

21 다음 글에 대한 내용으로 옳은 것은?

> 우리 몸에는 세 종류의 중요한 근육이 있다. 이 근육들은 다음의 두 가지 기준에 따라 각각 두 종류로 분류가 가능하다. 세 종류의 근육 중 뼈대근육은 의식적 통제가 가능하기 때문에 수의근이라 하며 뼈에 붙어 있다. 근섬유에는 줄무늬가 있기 때문에 줄무늬근으로 분류한다. 이 근육은 달리기, 들어올리기 등의 신체동작을 하며 운동을 통해 발달시킬 수 있는 근육이다.
>
> 내장근육은 소화기관, 혈관, 기도 등에 있는 근육으로 의식적인 통제가 불가능하다. 또한, 근섬유에 무늬가 없어 민무늬근으로 분류된다. 소화기관의 근육은 꿈틀운동을 하며, 혈관 근육과 기도 근육은 직경을 변화하여 피나 공기의 흐름을 촉진시킨다.
>
> 심장근육은 심장에만 있는 근육으로 의식적 통제가 불가능하며 근섬유에 줄무늬가 있다. 심장벽을 구성하며 심장을 수축시키는 역할을 한다.

① 불수의근은 내장근육과 심장근육이다.
② 움직임의 의식적 통제가 가능한 근육을 불수의근육이라고 한다.
③ 달리기, 들어올리기 등의 운동으로 내장근육의 발달이 가능하다.
④ 근섬유의 줄무늬 유무, 의식적 통제 가능성, 운동 발달의 가능성을 기준으로 분류한다.
⑤ 근섬유에 줄무늬가 잇는 근육은 뼈대근육과 내장근육이다.

[22 ~ 23] 다음 글을 읽고 물음에 답하시오.

> 본래 콜드리딩은 연극과 영화 분야에서 널리 쓰이는 말이다. 오디션이 있는 경우, 리허설 또는 연습 없이 즉석에서 대본을 큰 소리로 읽는 것을 뜻하는 용어이다. 이 콜드리딩은 커뮤니케이션 분야로 넘어오며 상대에 대한 정보 없이 상대의 마음을 읽어내는 기술이라는 의미를 가지게 되었다. 주로 심리치료사나 점쟁이가 사용하며 상대가 비밀을 털어놓도록 하거나 무조건 자신의 말을 믿을 수 있도록 만드는 능력을 말한다.
>
> 콜드리더는 콜드리딩을 잘 하는 사람, 높은 언어구사력과 고도의 심리적 능력 및 진정성을 갖춘 사람을 말한다. 이들은 상대방의 신체 언어, 억양 및 음색, 헤어 및 패션, 성별, 종교, 인정, 교육수준, 말하는 방식 등을 분석하여 마음을 읽어내며 그 사람의 과거와 현재 및 미래를 ㉠<u>예측</u>하기도 한다.

22 다음을 읽고 추론할 수 없는 것은?

① 콜드리더는 아무런 사전정보 없이 상대방의 마음을 확인할 수 있다.

② 콜드리딩을 악용한 사람은 사기꾼이 될 가능성이 크다.

③ 콜드리딩 기술로 비즈니스 협상 시 좋은 결과를 이끌어 낼 수 있다.

④ 콜드리딩은 심리치료사 또는 점쟁이만 사용할 수 있는 기술이다.

⑤ 콜드리더에게 거짓말을 하면 들킬 가능성이 높다.

23 ㉠ 대신 사용할 수 있는 용어로 옳은 것은?

① 예감   ② 예상

③ 예견   ④ 예시

⑤ 예기

24 다음 글에서 ㉠과 ㉡의 관계와 가장 유사한 것을 고르시오.

> 예로부터 백자가마에서는 ㉠숯이나 재가 남지 않고 충분한 열량을 낼 수 있는 소나무를 연료로 사용했다. 불티가 남지 않는 소나무는 백자 표면에 입힌 유약을 매끄럽게 해질 좋은 백자를 굽는 데 최상의 연료였다. 철분이 많은 ㉡참나무 종류는 불티가 많이 생겨서 백자 표면에 붙고, 그 불티가 산화철로 변하여 유약을 바른 표면에 원하지 않는 자국을 내기 때문에 예열할 때 외에는 땔감으로 사용하지 않았다.

① 월간잡지 : 정기구독   ② 영화 : 문학

③ 장미꽃 : 호랑나비   ④ 저수지 : 바다

⑤ 도자기 : 점토

25 다음 밑줄의 단어와 상하관계가 아닌 것은?

> 정부는 국경일 등 공휴일이 토·일요일 또는 다른 공휴일과 겹칠 경우 대체공휴일을 지정하기로 하였다.

① 제헌절   ② 삼일절

③ 광복절   ④ 현충일

⑤ 한글날

자 료 해 석	문항수	20문항	풀이시간	25분

01 다음은 건강보험료의 연간 징수 내역이다. 다음 자료를 올바르게 해석하지 못한 것은 어느 것인가?

구분		2017년	2018년	2019년	2020년	2021년	2022년
보험료 (억 원)	전체	363,900	390,319	415,938	443,298	475,931	504,168
	직장	293,796	318,751	343,865	369,548	399,446	424,486
	지역	70,103	71,568	72,073	73,750	76,485	79,682
1인당 월 보험 료(원)	전체	36,536	38,622	40,819	43,003	45,763	48,152
	직장	36,156	38,239	40,816	43,085	45,874	48,266
	지역	37,357	39,503	40,825	42,798	45,473	47,847

① 지역가입자 수는 매년 증가하였다.

② 전체 보험료에서 직장가입자의 보험료가 차지하는 비중은 2021년보다 2022년이 더 크다.

③ 2017년 대비 2022년의 직장가입자 1인당 월 보험료 증가율은 지역가입자보다 더 크다.

④ 전체 보험료와 1인당 월 보험료는 모두 매년 증가하였다.

[02 ~ 03] 다음은 최저임금제도에 대한 현황을 나타낸 표이다. 이어지는 물음에 답하시오.

〈최저임금제 현황〉

구분	2017년	2018년	2019년	2020년	2021년
시간급 최저시급	6,470	7,530	8,350	8,590	8,720
전년 대비 인상률(%)	7.3	㉠	10.9	㉢	1.5
영향률(%)	23.3	24	25.9	24.3	25.9
적용대상 근로자 수	18,734	19,240	㉡	21,678	21,453
수혜 근로자 수	4,366	4,625	5,376	5,264	5,546

※ 영향률 $= \dfrac{\text{수혜 근로자 수}}{\text{적용대상 근로자 수}} \times 100$, 최저임금 인상으로 수혜를 받을 것으로 추정되는 근로자 비율

※ 단위는 원, %, 천 명

02 제시된 표의 ㉠ ~ ㉣에 들어갈 알맞은 것은?

	㉠	㉡	㉢
①	16.4	20,757	2.9
②	16.4	20,757	2.9
③	17.4	20,687	1.9
④	17.4	20,687	1.9

03 다음 표에 대한 설명으로 옳은 것은?

① 수혜 근로자 수는 계속 증가하고 있다.

② 적용대상 근로자 수가 가장 많이 증가한 시기는 2020년이다.

③ 수혜 근로자 수가 많으려면 적용근로자 수 또한 많아져야 한다.

④ 2022년 최저시금 인상률이 2.5%일 경우 최저 시급은 8,938원이다.

[04 ~ 05] 다음 자료를 보고 이어지는 물음에 답하시오.

〈65세 이상 노인인구 대비 기초 (노령)연금 수급자 현황〉

연도	65세 이상 노인인구	기초(노령) 연금수급자	국민연금 동시 수급자
2015	5,267,708	3,630,147	719,030
2016	5,506,352	3,727,940	823,218
2017	5,700,972	3,818,186	915,543
2018	5,980,060	3,933,095	1,023,457
2019	6,250,986	4,065,672	1,138,726
2020	6,520,607	4,353,482	1,323,226
2021	6,771,214	4,495,183	1,444,286
2022	6,987,489	4,581,406	1,541,216

〈가구유형별 기초연금 수급자 현황(2022년)〉

65세 이상 노인 수	수급자 수					수급률
	계	단독가구	부부가구			
			소계	1인수급	2인수급	
6,987,489	4,581,406	2,351,026	2,230,380	380,302	1,850,078	65.6

※ 단위 : 명, %

04 위 자료를 참고할 때, 2015년 대비 2022년의 기초연금 수급률 증감률은 얼마인가?(백분율은 반올림하여 소수 첫째 자리까지만 표시함)

① -4.8%   ② -4.2%
③ -3.2%   ④ -3.6%

05 다음 중 위의 자료를 올바르게 분석한 것이 아닌 것은?

① 기초연금 수급률은 65세 이상 노인 수 대비 수급자의 비율이다.
② 기초연금 수급자 대비 국민연금 동시 수급자의 비율은 2015년 대비 2022년에 증가하였다.
③ 2022년 1인 수급자는 전체 기초연금 수급자의 약 17%에 해당한다.
④ 2015년 대비 2022년의 65세 이상 노인인구 증가율보다 기초연금수급자의 증가율이 더 낮다.

[06 ~ 07] 다음 예시 자료를 보고 물음에 답하시오.

〈경기도 지역별 자가격리자 및 모니터링 요원 현황(12월 12일 기준)〉

구분	지역명	A	B	C	D
내국인	자가격리자	9,778	1,287	1,147	9,263
	신규 인원	900	70	20	839
	해제 인원	560	195	7	704
외국인	자가격리자	7,796	508	141	7,626
	신규 인원	646	52	15	741
	해제 인원	600	33	5	666
모니터링 요원		10,142	710	196	8,898

※ 해당일 기준 자가격리자 = 전일 기준 자가격리자 + 신규 인원 − 해제 인원

〈회 의 록〉

회의 일시 : 2022.12.12. 14 : 00 ~ 16 : 00
회의 장소 : 본청 4층 회의실
작성자 : ○ ○ ○
작성일 : 2022.12.12.
안건 : 감염병 확산 확인 및 모니터링 요원 추가 배치의 건
회의내용
1. 지역별 자가격리자 및 모니터링 요원 현황 확인(2022.12.12. 기준)
 − 과천시 제외 3개의 도시 모두 전일보다 자가격리자가 증가하였다.

2. 모니터링 요원의 업무 관련 통계 자료 확인(2022.12.12. 기준)
 − 고양시, 과천시, 파주시 모니터링 요원 대비 자가격리자의 비율은 18% 이상이다.

3. 지역별 모니터링 요원 추가 배치
 − 고양시가 자가격리자 중 외국인 비중이 가장 높다.
 − 고양시에 외국어 구사가 가능한 모니터링 요원의 우선적 배치를 검토한다.

06 자료에 대한 설명으로 옳지 않은 것은?

① 해제 인원이 다시 확진이 된 경우에도 다시 신규인원으로 포함된다.

② 해당일 기준으로 총 자가격리자 수가 가장 많은 지역은 A이다.

③ B지역의 외국인의 전일 기준 자가격리자 수는 내국인의 해제인원보다 294명 더 많다.

④ 내국인 신규인원이 가장 적은 지역과 외국인 신규인원이 가장 적은 지역은 같다.

07 다음 보고서의 내용을 토대로 C와 D에 해당하는 지역구가 바르게 연결된 것은?

	C	D
①	파주	고양
②	파주	과천
③	남양주	파주
④	남양주	고양

08 다음 글과 보기를 근거로 판단할 경우, K씨의 계약 의뢰 날짜와 공고 종료 후 결과통지 날짜를 올바르게 짝 지은 것은?

〈OO기업의 통신인프라 도입을 위한 계약 체결 절차〉

순서	단계	소요기간
1	계약 의뢰	1일
2	서류 검토	2일
3	입찰 공고	30일 (긴급계약의 경우 10일)
4	공고 종료 후 결과통지	1일
5	입찰서류 평가	7일
6	우선순위 대상자와 협상	5일

※ 1) 소요 기간은 해당 절차의 시작부터 종료까지 걸리는 기간
 2) 모든 절차는 하루 단위이며 주말 및 공휴일에도 중단이나 중복 없이 진행
 3) 5월은 31일, 6월은 30일까지 있다.

〈 보 기 〉
OO기업의 K씨는 통신인프라 도입에 대해 6월 23일에 계약 체결을 목표로 하여 계약부서에 긴급으로 계약을 의뢰하려고 한다. 계약은 우선순위 대상자와의 협상이 끝난 날의 다음 날 체결이 이뤄진다고 한다.

	계약 의뢰 날짜	공고 종료 후 결과통지 날짜
①	5월 27일	6월 10일
②	5월 27일	6월 11일
③	5월 28일	6월 10일
④	5월 28일	6월 11일

[09 ~ 10] 다음 자료를 보고 물음에 답하시오.

〈2022년 인천항 해운항만산업 사업실적〉

(단위 : 억 원, 개)

구분 업종	매출액	영업비용	영업이익	사업체 수
화물운송업	59,279	57,839	1,440	335
대리중개업	65,287	61,578	3,709	㉢
항만부대업	㉠	13,251	3,084	302
수리업	8,751	7,714	1,037	457
창고업	14,840	13,754	1,086	154
하역업	15,892	12,658	3,234	65
여객운송업	948	897	51	16
선용품공급업	57,218	53,747	3,471	1,339
전체	238,550	㉡	17,112	4,266

※ 영업이익률(%) = $\dfrac{\text{영업이익}}{\text{매출액}} \times 100$

※ 매출액 = 영업이익 + 영업비용

09 다음 빈칸에 ㉠ ~ ㉢에 들어갈 알맞은 수로 옳은 것은?

	㉠	㉡	㉢
①	16,334	221,438	1,588
②	16,335	221,438	1,598
③	16,334	231,438	1,598
④	16,335	231,438	1,589

10 다음 표에 대한 분석으로 옳지 않은 것은?(소수점 둘째자리에서 반올림 한다.)

① 인천항 해운항만산업 매출액과 영업이익 모두 대리중개업이 가장 많다.

② 2022년 인천항 해운항만산업 전체 영업이익률은 약 7.7%이다.

③ 화물운송업을 제외한 모든 업종이 3% 이상의 영업이익률을 나타냈다.

④ 2022년 인천항 전체 사업체당 매출액은 60억 원 이상이다.

11 다음 표에 대한 설명으로 옳은 것은?(단, 소수 셋째짜리에서 반올림한다)

〈2022년 주요 5개 지역의 지진 피해 현황〉

지역 \ 구분	피해액(천 원)	행정면적(㎢)	인구(명)	1인당 피해액(원)
전국	121,411,804	58,045	11,846,348	3,419
A	2,787,341	1,052	2,380,104	983
B	3,364,044	10,875	3,510,142	1,028
C	6,351,457	18,226	1,115,760	4,716
D	23,371,458	9,031	2,691,705	11,566
E	85,537,504	18,861	2,148,637	32,191

※ 피해밀도(원/km2) = $\dfrac{\text{피해액}}{\text{행정면적}}$

① D지역의 피해액은 전국 피해액의 20% 이상이다.
② C지역과 D지역을 합친 지역의 1인당 피해액은 전국 1인당 피해액의 4배 이상이다.
③ 주요 5개 지역 중 피해밀도가 가장 낮은 지역은 C 지역이다.
④ 피해밀도는 A 지역이 B 지역의 10배 이상이다.

12 다음 2022년 총선거의 당선자 수에 대한 자료에 대한 분석으로 옳지 않은 것은?

〈2022년 총선거 당선자 수〉

(단위 : 명)

권역 \ 정당	A	B	C	D	E	합
甲	57	9	0	1	3	72
乙	3	2	27	0	1	33
丙	48	94	2	1	5	150
전체	108	105	29	2	9	253

① E 정당의 당선자 수는 甲권역이 乙권역보다 많다.
② 당선자 수의 합은 丙권역이 甲권역의 2배 이상이다.
③ C정당 전체 당선자 중 乙권역 당선자가 차지하는 비율은 A정당 전체 당선자 중 丙권역 당선자가 차지하는 비율의 3배 이상이다.
④ B정당 전체 당선자 중 丙권역 당선자가 차지하는 비중은 60%이상이다.

13 다음은 2022년 12월 첫째 주 치킨가게의 메뉴 A ~ F의 배달 횟수에 관한 자료이다. 조건에 따라 메뉴 B, F의 판매량으로 옳은 것은?

〈 메뉴 A ~ F의 배달 횟수 〉

(단위 : 회)

간편식	A	B	C	D	E	F	평균
판매량	48				50		54

〈조건〉

㉠ C와 E의 배달 횟수는 같다.
㉡ B와 D의 배달 횟수는 같다.
㉢ E의 배달 횟수는 D보다 28회 적다.

	B	F
①	75	15
②	76	20
③	77	15
④	78	20

14 다음 자료에 대한 분석으로 옳지 않은 것은?

〈 A ~ E 지역의 월별 최대 순간 풍속 〉

(단위 : m/s)

월 \ 지역	A	B	C	D	E
1	10.7	7.8	13.4	21.9	18.4
2	9.5	8.5	14.0	20.7	11.3
3	14.5	12.5	16.5	18.5	19.5
4	13.9	11.7	14.8	19.7	21.0
5	8.7	16.0	9.1	17.8	15.5
6	11.5	13.8	12.0	24.0	19.0
7	11.8	17.0	24.0	28.3	16.5
8	10.8	24.6	20.2	28.0	26.6
9	16.5	14.9	21.4	27.7	29.2
10	13.2	9.3	14.5	16.4	23.8
11	7.0	12.3	15.1	18.2	14.2
12	14.4	11.8	15.3	21.0	17.9

〈 타워크레인 작업 유형에 따른 작업제한 기준 순간 풍속 〉

(단위 : m/s)

타워크레인 작업 유형	조립	운전
작업제한 기준 순간 풍속	10	15

※ 순간 풍속이 타워크레인 작업 유형별 작업제한 기준 이상인 경우, 해당 작업 유형에 대한 작업제한 조치가 시행됨

① A 지역은 '운전' 작업제한 조치가 1개 '월'만 시행되었다.
② 매월 C 지역의 최대 순간 풍속은 A 지역보다 높고 E 지역보다 낮다.
③ E 지역의 '운전' 작업제한 조치는 2개 '월'을 제외한 모든 '월'에 시행하였다.
④ D지역은 B지역보다 '운전' 작업제한 조치 시행 날이 더 많다.

15 다음 표에 대한 설명을 옳은 것을 고른 것은?(단, 소수 둘째 자리에서 반올림 한다.)

〈3개국의 발전원별 발전량 및 비중〉

(단위 : TWh, %)

| 국가 | 연도 | 원자력 | 화력 | | | 수력 | 신재생 에너지 | 전체 |
			석탄	LNG	유류			
독일	2016	140.6 (22.2)	273.5 (43.2)	90.4 (14.3)	8.7 (1.4)	27.4 (4.3)	92.5 (14.6)	633.1 (100.0)
	2022	91.8 (14.2)	283.7 (43.9)	63.0 (9.7)	6.2 (1.0)	24.9 (3.8)	177.3 (27.4)	646.9 (100.0)
일본	2016	428.5 (75.3)	26.3 (4.6)	23.8 (4.2)	5.5 (1.0)	67.5 (11.9)	17.5 (3.1)	569.1 (100.0)
	2022	437.4 ( )	12.2 (2.1)	19.8 (3.5)	2.2 (0.4)	59.4 (10.4)	37.5 (6.6)	568.5 (100.0)
프랑스	2016	62.1 (16.3)	108.8 (28.5)	175.3 (45.9)	5.0 (1.3)	6.7 (1.8)	23.7 (6.2)	381.6 (100.0)
	2022	70.4 (20.8)	76.7 (22.6)	100.0 (29.5)	2.1 (0.6)	9.0 (2.7)	80.9 ( )	339.1 (100.0)

※ 발전원은 원자력, 화력, 수력, 신재생 에너지로만 구성됨

ⓐ 2016년 대비 2022년 전체 발전량이 증가한 국가는 독일뿐이다.
ⓑ 2022년 일본의 전체 발전량 중 원자력 발전량의 비중은 75 % 이하이다.
ⓒ 프랑스의 전체 발전량 중 신재생 에너지 발전량의 비중은 2016년 대비 2022년에 15 % 이상 증가하였다.
ⓓ 3개국 모두 2016년 대비 2022년 신재생 에너지의 발전량과 비중은 모두 증가하였다.

---

① ㄱ
② ㄱㄴ
③ ㄱㄷㄹ
④ ㄱㄴㄷㄹ

16 기말고사 과목 점수에 대한 자료로 옳은 것은?

〈A ~ E 의 기말고사 과목 점수〉

(단위 : 점)

과목 \ 학생 성별	A 남	B 여	C 여	D 여	E 남
국어	80	85	90	95	75
영어	90	100	80	65	100
수학	75	70	85	100	100
한국사	95	90	80	90	80

① 국어 평균 점수는 80점 이하이다.

② A ~ E 중 영어와 한국사의 평균점수는 A가 가장 높다.

③ 성별 수학 평균 점수는 여학생이 남학생보다 높다.

④ 4개 과목 평균 점수가 가장 높은 학생과 가장 낮은 학생의 평균 점수 차이는 5점이다.

17 다음 표에 대한 설명으로 옳지 않은 것은?

〈인공지능반도체 세계 시장규모 전망〉

(단위 : 억 달러, %)

구분 \ 연도	2021	2022	2023	2024	2025	2026	2027	2028
시스템반도체	2,410	2,213	2,576	2,823	( )	3,358	( )	3,596
인공지능반도체	69 (2.9)	158 (7.1)	352 ( )	493 (17.5)	675 (20)	827 (26.3)	1,197 (30)	2,197 (60.9)

※ ( )는 시스템반도체 중 인공지능반도체가 차지하는 비중(단, 소수 둘째자리에서 반올림)

① 인공지능반도체 비중은 매년 증가하고 있다.

② 2027년 시스템반도체 시장규모는 2021년보다 900억 달러 이상 증가할 것이다.

③ 2023년 대비 2025년의 시장규모 증가율은 인공지능 반도체가 시스템반도체의 5배 이상이다.

④ 2028년 인공지능반도체의 시장규모가 2027년보다 1000억 달러 증가할 경우 비중은 60.9%이다.

18 다음은 SNS((Social Network Service) 계정 소유 여부를 나타낸 표이다. 이에 대한 설명으로 옳은 것은?

(단위 : %)

구분		소유함	소유하지 않음	합계
성별	남성	49.1	50.9	100
	여성	71.1	28.9	100
연령별	40 ~ 50대	31.3	68.7	100
	20 ~ 30대	84.9	15.1	100
	10대	61.7	3.3	100

ㄱ SNS 계정을 소유하고 있는 성별의 비율은 여성이 남성보다 높다.
ㄴ 10대의 SNS 계정 소유 비율은 40 ~ 50대 SNS 계정 소유 비율의 2배이다.
ㄷ 연령이 낮아질수록 SNS 계정을 소유한 비율이 높다.
ㄹ 40 ~ 50대 경우 다른 연령과 달리 SNS 계정을 소유한 비율이 소유하지 않은 비율보다 낮다.

① ㄹ
② ㄱㄹ
③ ㄴㄷㄹ
④ ㄱㄷㄹ

[19 ～ 20] 다음 표를 보고 물음에 답하시오.

〈 2022년 코로나19로 인한 연령별 소득 변화 경험 〉

연령별	응답자수(명)	감소(%)	변동 없음(%)	증가(%)
20대 이하	371	12.5	86.3	1.2
30 ～ 40대	1,258	23.8	75.6	0.6
50 ～ 60대	1,144	35.6	64.0	0.4
70대 이상	㉠	16.7	㉡	0.0
전체	3,026	26.3	㉢	0.5

〈 2022년 코로나19로 인한 연간총가구소득별 소득 변화 경험 〉

연간총가구소득	응답자수(명)	감소(%)	변동 없음(%)	증가(%)
1천만 원 미만	78	5.1	94.5	0.4
1 ～ 3천만 원 미만	701	22.1	77.1	0.8
3 ～ 5천만 원 미만	929	25.1	74.6	0.3
5 ～ 7천만 원 미만	615	32.2	67.1	0.7
7천 ～ 1억 원 미만	516	29.1	70.5	0.4
1억 원 이상	187	30	69.2	0.8

19 다음을 보고 ㉠ ～ ㉢에 들어갈 알맞은 것은?

	㉠	㉡	㉢
①	252	82.2	72.1
②	252	83.2	73.2
③	253	83.3	73.2
④	253	83.4	73.3

20 다음 중 위의 표를 올바르게 이해하지 못한 것은?(단, 소수 둘째자리에서 반올림한다.)

① 연령별 소득 변화 경험에서 30 ～ 40대가 가장 많은 인원이 소득 '증가'를 경험하였다.

② 연간총가구소득별 소득 변화 경험에서 1 ～ 3천만 원 '변동 없음'에 응답자수는 '감소' 응답자수의 3배 이상이다.

③ 연령별, 연간총가구소득별 소득 변화 경험에서 공통적으로 '증가' 응답의 비율이 '감소' 응답의 비율을 넘지 않는다.

④ 연간총가구소득이 적을수록 소득 변화 '감소' 경험의 응답 비율이 낮아진다.

공 간 능 력	문항수	18문항	풀이시간	10분

[01 ~05] 다음 입체도형의 전개도로 알맞은 것을 고르시오.

- 입체도형을 전개하여 전개도를 만들 때, 전개도에 표시된 그림(예 : ▋▋, ◢, ▬ 등)은 회전의 효과를 반영한다. 즉, 본 문제의 풀이과정에서 보기의 전개도 상에 표시된 ▋▋과 ▬는 서로 다른 것으로 취급한다.
- 단, 기호 및 문자(예 : ✆, ☎, ♨, K, H)의 회전에 의한 효과는 본 문제의 풀이과정에 반영하지 않는다. 즉, 입체도형을 펼쳐 전개도를 만들었을 때 ⊡의 방향으로 나타나는 기호 및 문자도 보기에서는 ⊡방향으로 표시하며 동일한 것으로 취급한다.

01

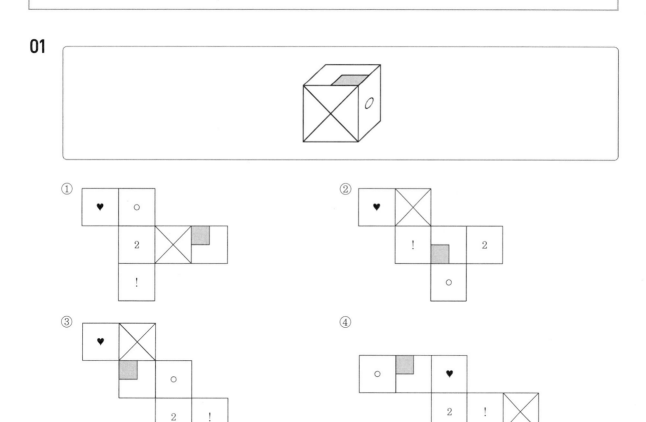

02

①

②

③

④

03

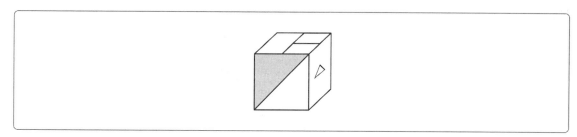

①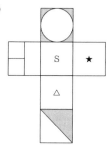

②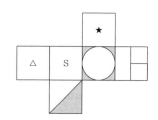

③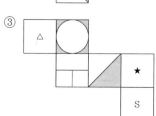

④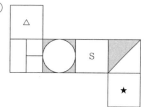

04

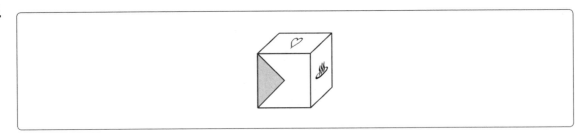

①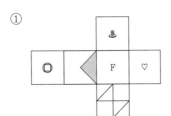

②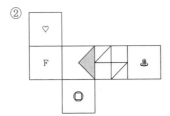

③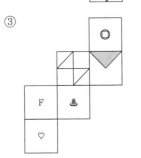

④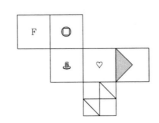

05

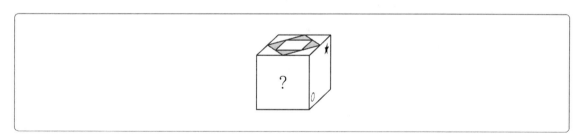

①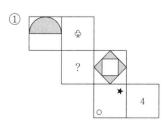

②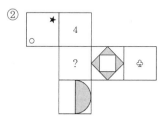

③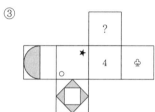

④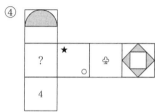

[06~10] 다음 전개도로 만든 입체도형에 해당하는 것을 고르시오.

- 전개도를 접을 때 전개도 상의 그림, 기호, 문자가 입체도형의 겉면에 표시되는 방향으로 접는다.
- 전개도를 접어 입체도형을 만들 때, 전개도에 표시된 그림(예 : ▎▎, ◣, ▎ 등)은 회전의 효과를 반영한다. 즉, 본 문제의 풀이과정에서 보기의 전개도 상에 표시된 ▎▎과 ▀는 서로 다른 것으로 취급한다.
- 단, 기호 및 문자(예 : ☂, ☎, ♨, K, H)의 회전에 의한 효과는 본 문제의 풀이과정에 반영하지 않는다. 즉, 전개도를 접어 입체도형을 만들었을 때 ⊞의 방향으로 나타나는 기호 및 문자도 보기에서는 ⊞방향으로 표시하며 동일한 것으로 취급한다.

06

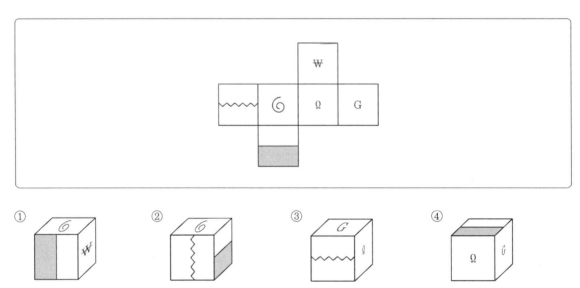

07

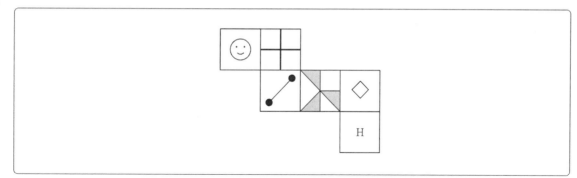

① 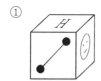　② 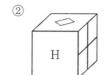　③ 　④

08

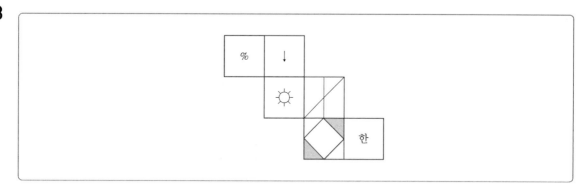

① 　② 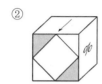　③ 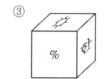　④

09

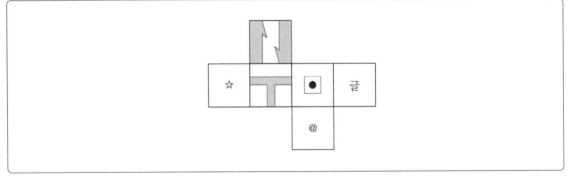

 ①

 ②

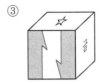 ③

 ④

10

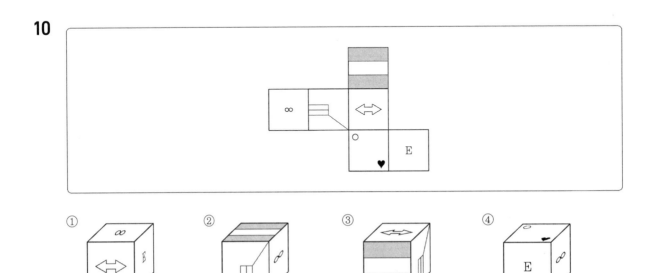

[11~14] 다음에 제시된 그림을 보고 필요한 블록의 수를 고르시오.(단, 블록은 모양과 크기가 모두 동일한 정육면체이다.)

11

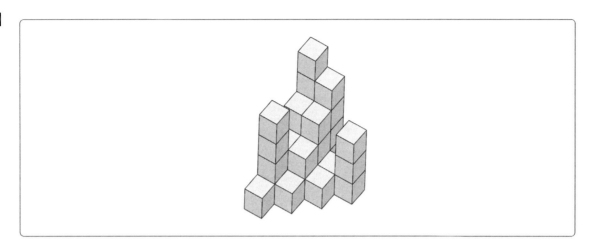

① 30　　　　　　　　　　② 31

③ 32　　　　　　　　　　④ 33

12

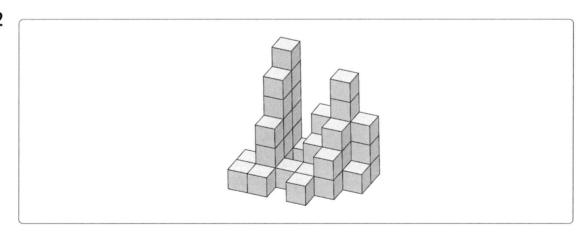

① 40　　　　　　　　　　② 42

③ 43　　　　　　　　　　④ 45

13

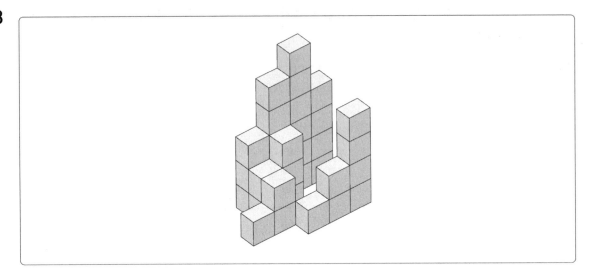

① 30   ② 31
③ 32   ④ 33

14

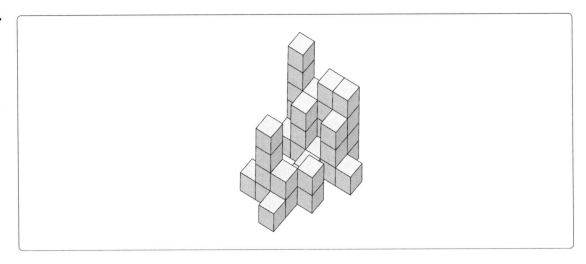

① 37   ② 39
③ 40   ④ 42

[15~18] 다음에 제시된 블록들을 화살표 표시한 방향에서 바라봤을 경우 모양으로 알맞은 것을 고르시오.

1) 블록은 모양과 크기가 모두 동일한 정육면체이다.
2) 바라보는 시선의 방향은 블록의 면과 수직을 이루며 원근에 의해 블록이 작게 보이는 효과는 고려하지 않는다.

15

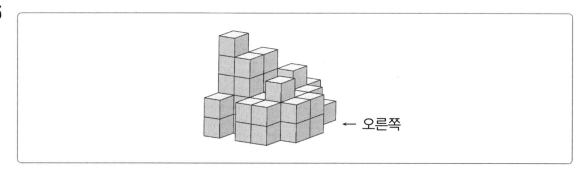

← 오른쪽

① 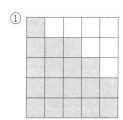   ② 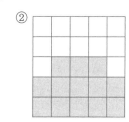   ③ 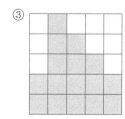   ④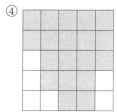

16

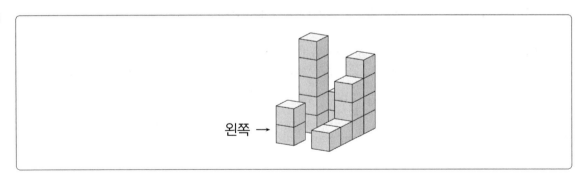

왼쪽 →

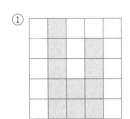 ① 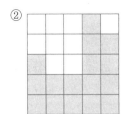 ② 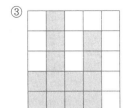 ③ 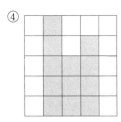 ④

17

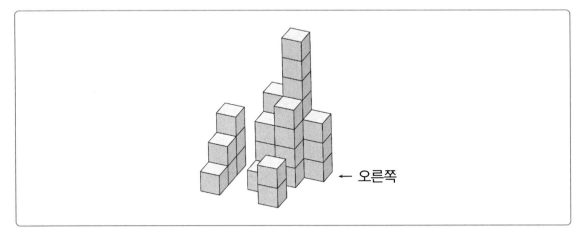

← 오른쪽

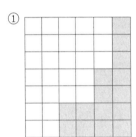 ① 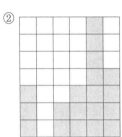 ② 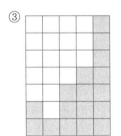 ③ 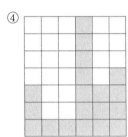 ④

18

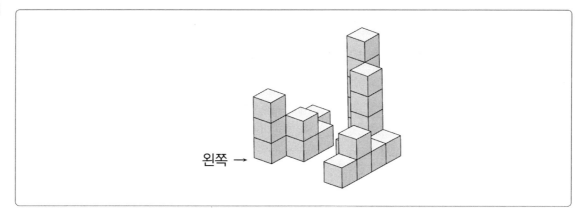

왼쪽 →

① 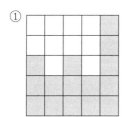　② 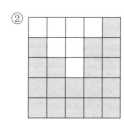　③ 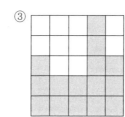　④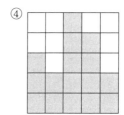

[01~05] 다음 짝지은 문자, 숫자 또는 기호 중 서로 다른 것을 고르시오.

01
① batmanironmanfrashman   —   batmanironmanfrashman
② avengerssavetheworld   —   avengerssavetheworld
③ watchcellulartablet   —   watchcellulartablet
④ catalogcalenderholiday   —   catalogcalemderholiday

02
① ▤◀▨▤◐■□◉◆   —   ▤◀▨▤◐■□◉◆
② ♩ ♪ ♫ ♭ √ ∞ ¶ ♪   —   ♩ ♪ ♫ ♭ √ ∞ ¶ ♪
③ ∈∃∈∈⊂∪   —   ∈∃∈∈⊃∪
④ ▽↕↑→↓╱≫   —   ▽↕↑→↓╱≫

03
① LjǸĐŽÃÔÆÀ ŔÂ   —   LjǸĐÃÔÆÀ ŔÂ
② ⇔∃♧☎▷▶‰ƒ⇒   —   ⇔∃♧☎▷▶‰ƒ⇒
③ ↘→↢↗↕↑→↓↙   —   ↘→↢↗↕↑→↓↙
④ ФЦЩшЗЭлгТЦбСТ   —   ФЦЩшЗЭлгТЦбСТ

04
① semperterecordor   —   semperterecordor
② No'W&%$#"Q⟨=   —   No'W&%$#"Q⟨=
③ 3151810091003717   —   3151810091003717
④ aAbEtstressIntajd   —   aAbEtstressIntajd

05
① ㉣ⓇⓘⓀ㋖㋅㋱ⓤ　－　㉣ⓇⓘⓀ㋖㋅㋱ⓤ
② ㄱaeò ㄹ Ɣáĕ▯Ⅰiü　－　㄰aeò ㄹ Ɣáĕ▯Ⅰiü
③ ℙ℃°𝔽ℒ　ℯ　－　ℙ℃°𝔽ℒ　ℯ
④ ∞≠⟩ ₵∴⟪∽∝　－　∞≠⟩ ₵∴⟪∽∝

[06～08] 다음 보기를 참고하여 제시된 단어를 바르게 표시한 것을 고르시오.

vi = 체	Ⅶ = 현	Ⅹ = 지	ix = 역	ii = 대	Ⅻ = 장
xⅱ = 부	Ⅲ = 력	Ⅳ = 관	Ⅸ = 사	Ⅴ = 검	xi = 휘

06

현역부사관

① vi ix Ⅹ Ⅸ Ⅳ
② Ⅶ ix ix Ⅸ Ⅳ
③ Ⅶ ii xⅱ Ⅸ Ⅳ
④ Ⅶ ix xⅱ Ⅸ Ⅳ

07

체력검사장

① vi Ⅲ Ⅴ Ⅳ Ⅻ
② vi Ⅲ Ⅴ Ⅸ Ⅻ
③ vi Ⅻ Ⅴ Ⅸ Ⅻ
④ xi Ⅲ Ⅴ Ⅹ Ⅻ

08

지휘관부대장

① IX xi IV xii ii III ② X xi IX xii ii XII
③ X xi IV xii ii XII ④ X xii IV xii ii XII

[09~10] 다음 보기를 참고하여 제시된 단어를 바르게 표시한 것을 고르시오.

a = 한	b = 학	c = 가	d = 민	e = 평	f = 군
H = 육	I = 국	J = 성	K = 제	L = 대	M = 적

09

대한민국육군

① LbdIHf ② LbdIHe
③ LadiHf ④ LadIHf

10

대학적성평가제

① LdMJecK ② LbMJecK
③ LdMJeaK ④ LbMjecK

[11~15] 다음 제시된 문자들을 뒤에서부터 거꾸로 쓴 것을 고르시오.

11

> AstSPJjIIjiisueQp

① pQeusiijIIjJPStsA

② pQeusiiiIIjJPStsA

③ pQausiijIIjJPSstA

④ pQeusijiIIjJSPtsA

12

> !#¶$"%&*®«±

① ±*®«"&%$¶#!

② ±«®«&%"$¶#!

③ ±«®*&%"$¶#!

④ ±«®*&"$%¶#!

13

> 塞翁之馬指鹿爲馬

① 馬爲鹿指馬之翁塞

② 馬爲指鹿馬之翁塞

③ 馬爲指馬之翁塞鹿

④ 馬鹿爲指馬之翁塞

14

처 츠쿄카퇴쾨멍건핑

① 핑건멍쾨튀카쿄츠콕쳐 ② 핑경멍쾨퇴카코츠콕쳐

③ 핑건멍쾨퇴카쿄초콕쳐 ④ 핑건멍쾨퇴카쿄츠콕쳐

15

1110101100111101011

① 1101101110011010111 ② 1101011110011000111

③ 1101011110011010111 ④ 1110101110011010111

[16~20] 다음 제시된 단어의 개수를 모두 고르시오.

시작	시집	시가	시도	시책	시구	시차
시경	시주	시지	시무	시문	시주	시루
시간	시계	시표	시타	시청	시추	시하
시인	시댁	시사	시골	시인	시절	시장
시차	시하	시절	시차	시작	시청	시정
시루	시장	시격	시주	시계	시간	시골
시절	시집	시소	시호	시표	시주	시작

16

시인

① 1개 ② 2개 ③ 3개 ④ 없음

17

시주

① 2개   ② 3개   ③ 4개   ④ 없음

18

시표 시책 시구 시무 시소

① 4개   ② 5개   ③ 6개   ④ 7개

19

시장 시탁 시사 시댁 시격 시작

① 5개   ② 6개   ③ 7개   ④ 8개

20

시지 시하 시호 시청 시중 시차

① 9개   ② 10개   ③ 11개   ④ 12개

[21~30] 다음 각 문제의 왼쪽에 표시된 굵은 글씨체의 기호, 문자, 숫자의 개수를 오른쪽에서 찾으시오.

21 **l** 보급품이 낙하산으로 낙하하거나 장비 및 보급품이 자유낙하로 투하되는 특정지대

① 2개 ② 3개
③ 4개 ④ 5개

22 **♠** ♠♥♧♣♧▢♭◈♧♧♡♣♧♧♠♧▷▶◉◐

① 1개 ② 2개
③ 3개 ④ 4개

23 **t** the south korean led official investigation carried out by a team

① 4개 ② 5개
③ 6개 ④ 7개

24 **蘭** 芝蘭之交莫逆之友金蘭之契九曲肝腸金蘭之交

① 1개 ② 2개
③ 3개 ④ 4개

25 **o** 교전당사국이 쌍방의 합의에 의하여 적대행위를 정지시키는 행위

① 13개 ② 14개
③ 15개 ④ 16개

26 **f** f18g473fO039g42lwgdb8904wp8z28fd65

① 3개 ② 4개
③ 5개 ④ 6개

27 **i** military is responsible for maintaining the sovereignty

① 5개 ② 6개
③ 7개 ④ 8개

28 **骨** 鷄卵有骨刻骨銘心靑雲之士見利思義白骨難忘

① 2개 ② 3개
③ 4개 ④ 5개

29 3 ιⅡε℧Λ3εθΓꝗℵⴹℽⴄⴑⴣ₹ꞯℳ₃₃℧Λⴑⅼⴔ

① 2개　　② 3개
③ 4개　　④ 5개

30 ⇆ ↙ ⇖⇑ ↗ ↘⇓ ↙⇓ ⇌⇄⇵ ↗↙ ↘↖ ↓ ↘ ⇗⇕ ↑⇙↔

① 3개　　② 4개
③ 5개　　④ 6개

제 4 회
실력평가 모의고사

맞은 문항수

언어능력 [/ 25]   자료해석 [/ 20]
공간능력 [/ 18]   지각속도 [/ 30]

정답 및 해설 p.408

언 어 능 력	문항수	25문항	풀이시간	20분

[01 ~ 03] 다음 빈칸에 들어갈 알맞은 말은?

01

> 약속에 늦은 친구가 멋쩍은지 괜히 (   )웃음을 지었다.

① 거드름   ② 게으름
③ 너스레   ④ 너주레
⑤ 달풀이

02

> 우리는 서로 (   ) 빈정거리만 했다.

① 마각을 드러내며   ② 마수를 걸며
③ 발을 맞추며   ④ 오금을 떼며
⑤ 코웃음 치며

03

> 대화의 맥락을 중요시하는 우리의 언어문화는 생산성과 효율성이 중요한 직장 생활에서는 불편한 상황을 만들 수밖에 없다. 한국인은 직접적인 표현보다 분위기를 통해 전달하는 간접적 표현을 (   ). 예를 들어 실내에서 불쾌한 냄새가 난다면 '이상한 냄새가 난다'라고 말하기보다 가까운 창문을 찾아 열기 위해 시도하는 식이다.

① 선호한다

② 영호한다

③ 지양한다

④ 철회한다

⑤ 호가한다

[04 ~ 05] 다음 밑줄 친 부분의 문맥적 의미와 유사하지 않은 것은?

04

> 형벌은 엄격하고 각박하여 사람을 죽인 자는 사형에 처하고, 그 가족은 적몰(籍沒)하여 노비를 삼았다. 도둑질을 하면 도둑질한 물건의 12배를 밑줄 배상하게 하였다.

① 대상하게

② 진상하게

③ 변상하게

④ 물어내게

⑤ 보상하게

05

> 뭉크의 「절규」는 현대인의 아노미를 상징하는 작품으로 유명하다. 배경 화면의 구성을 대담하게 사선으로 처리하였으며, 얼굴의 동적인 처리와 삼원색에 맞추어진 배색 등으로 형식적인 면에서 더욱 강렬한 효과를 나타낸다.

① 낙락하게

② 담대하게

③ 담략하게

④ 담외하게

⑤ 담용하게

06 다음 중 밑줄 친 말의 쓰임이 틀린 것은?

지금과 같이 ㉠촌각을 다투는 사고현장에서 ㉡손이 뜨다는 것은 치명적일 수밖에 없다. 하지만 그렇다고 ㉢코가 빠진 것처럼 있어서는 안 된다. 동시다발적으로 일어나는 사건들이 많아 어쩔 수 없이 해결하지 못하는 상황들이 있기 마련이라 ㉣눈에 밟히더라도 팀원 모두가 호흡을 맞춰 나아간다면 ㉤열흘 붉은 꽃 없듯 잘 이겨낼 수 있을 것이다.

① ㉠   ② ㉡

③ ㉢   ④ ㉣

⑤ ㉤

07 다음 중 밑줄 친 부분과 같은 의미로 쓰인 것은?

국민총매력지수(GNC)는 미국의 뉴아메리칸재단의 연구원인 맥그레이가 2002년 외교전문잡지인 「포린 폴리시」에서 처음 사용했으며, 한 국가의 총체적인 문화역량이나 문화산업화능력으로 국가 이미지의 부(富)를 측정하는 방식이다. 그는 GNC를 한 국가가 가지고 있는 문화적 역량이나 영향력을 <u>나타내는</u> 개념 또는 지표로 이해했으며, 이를 계량화된 수치로 제시하지는 못하였다. 다만, 일본의 애니메이션, 게임, 패션 등 문화산업이 세계시장에서 차지하는 비중이 커지면서 이를 GNC로 정의하였다.

① 베일에 싸여 있던 그가 드디어 모습을 <u>나타냈다</u>.
② 그녀는 감정이 얼굴에 모두 <u>나타난다</u>.
③ 그의 생애를 음악으로 <u>나타내려고</u> 노력했다.
④ 아이는 수학에서 두각을 <u>나타냈다</u>.
⑤ 소설 속에 <u>나타난</u> 작가의 인생관은 복잡했다.

08 다음 제시된 문장의 밑줄 친 부분의 의미가 나머지와 가장 다른 것은?

① 누나는 피아노를 칠 줄 <u>안다</u>.
② 다섯 살짜리가 영어를 읽고 쓸 줄 <u>안다니까</u>?
③ 면허도 없으면서 운전할 줄 <u>아니</u>?
④ 많은 호주 아이들은 수영을 할 줄 <u>안다</u>.
⑤ 이번 시험은 낙제할 줄 <u>알았어</u>.

09 다음 밑줄 친 단어 가운데 품사가 다른 하나는?

> 최근 광화문광장이 개장하면서 역사 전시관 '세종 · 충무공 이야기'를 찾는 시민들도 늘고 있다. 광화문 광장 개장 이후 첫 주말이었던 지난 6 ~ 7일 '세종 · 충무공 이야기'에 관람객 2만 명이 방문했다. 코로나 19 확산 이전 평균 관람객 수보다 2배 이상 늘어난 수치이다.

① 최근   ② 주말
③ 지난   ④ 이전
⑤ 수치

[10 ~ 11] 다음 글의 내용과 거리가 먼 것은?

10

> 의사표시는 도달에 의한 효력이 발생하므로 표의자가 상대방을 알 수 없거나 상대방의 소재를 알 수 없을 경우에는 의사표시의 효력이 발생할 수 없다. 이러한 불편을 제거하기 위하여 공시의 방법에 의한 의사표시, 즉 공시송달의 방법이 인정된다. 공시의 방법은 법원 사무관 등이 송달할 서류를 보관하고, 그 사유를 법원 게시판에 게시함으로써 한다. 법원은 공시송달의 사유를 신문지상에 공고할 것을 명할 수 있다. 그러나 외국에서 하는 송달에 관하여는 공시송달의 사유를 일정한 자에게 등기우편으로 통지하여야 한다. 공시송달에 의한 의사표시는 게시한 날로부터 이주일이 경과한 때에 상대방에게 도달한 것으로 간주한다.

① 상대방에 대한 정보가 없으면 의사표시의 효력은 발생하지 않는다.
② 공시송달은 반드시 상대방을 알거나 상대방의 소재를 알아야 가능하다.
③ 공시송달은 그 사유를 법원 게시판에 게시함으로써 한다.
④ 법원은 공시송달 사유 공고를 명할 수 있지만, 외국에서 하는 송달은 등기우편으로 통지하여야 한다.
⑤ 공시송달을 게시한 후 2주가 지나면 상대방에게 도달한 것으로 간주한다.

11

모시 짜기는 주로 여성이 주도한 전통 가내수공업이다. 어머니에서 딸로, 시어머니에서 며느리로 기술과 경험이 이어졌다. 더 나아가 고단한 모시 짜기 작업의 특성상 마을 주민들이 한 곳에 모여 서로를 도와가며 일하면서 지역 공동체 문화를 발전시켰다. 우리나라 모시는 고대부터 최상품으로 알려져 다른 나라와의 교역품으로도 사용됐다. 삼국시대에 처음 수출된 후 고려시대와 조선시대에는 주요 수출품목으로 자리 잡았다. 모시 짜기는 모시풀 수확과 삶기, 표백, 모시풀 섬유로 실 짓기, 전통 베틀에서 짜기의 과정으로 진행된다. 모시 한 필을 짜려면 저마 껍질 3kg가량이 필요한데, 완성하는 데에는 약 3 ~ 4개월이 걸린다. 특히 한산 모시는 감히 기계로는 흉내 낼 수 없는 섬세함을 갖추면서도 가볍고 투명한 옷감을 자랑해 '잠자리 날개'와도 비유된다.

① 모시 짜기는 여성을 중심으로 발달된 전통 가내수공업이다.
② 모시 짜기는 지역 공동체 문화를 진전시켰다.
③ 우리나라 모시는 고대 시대부터 품질이 뛰어났다.
④ 모시 짜기의 과정은 복잡하며, 그 기간은 3 ~ 4개월가량 소요된다.
⑤ 한산 모시는 잠자리 날개보다 얇다.

[12 ~ 13] 다음 글에서 논리 전개상 불필요한 문장은?

12

㉠우리나라 최초의 장애인 복지 종합 법률은 1981년에 제정되었다. 그해 국가 주도로 제정된 「심신장애자복지법」은 장애인에 대한 다양한 시책과 법적 기반을 마련하는 계기가 되었다. ㉡법률 제정 이후 장애인 정책은 다양한 변화를 맞이하기 시작했다. 1988년 8월에는 대통령 소속기구로 장애자복지대책위원회가 설치되었으며, ㉢장애인 복지시설을 중심으로 관련 서비스가 제공되고 장애인을 위한 직업 재활 프로그램도 도입되기 시작했다. 1980년대 이전까지만 해도 우리나라의 장애인 관련 정책은 수용 보호나 재활치료 지원 등 다소 소극적인 수준에 머물러 있었다는 게 현장의 목소리다. ㉣장애등급제 폐지의 핵심은 '수요자 중심의 장애인 지원체계'를 만들자는 데에 있다. UN은 제31차 총회에서 1981년을 '세계 장애인의 해'로 선포하고, 1982년 'UN 장애인 10년을 위한 세계행동계획'을 채택하면서 우리나라의 분위기도 점차 바뀌어 갔다. ㉤이전보다 장애인의 삶과 인권 등을 더 면밀하게 살피는 쪽으로 변화한 것이다.

① ㉠
② ㉡
③ ㉢
④ ㉣
⑤ ㉤

13

권련을 피우는 사람들은 이제 공공건물 앞의 보도에 한데 모여서 흡연을 해야 하는 신세가 되었다. ㉠그들 사이에 즉각적 연대감을 형성하면서 말이다. 그런 그들에게 더러 경멸의 눈길을 보내는 사람들도 있지만, 대부분의 사람들은 그들에게 관심을 보이지 않는다. 그들이 공공건물 밖에서 흡연을 하는 한, 남에게 해가 될 게 전혀 없다고 생각하기 때문이다. ㉡그런데 시가를 피우는 사람들의 사정은 전혀 다르다. 그들은 저녁 식사가 끝날 즈음에, 또는 파티 도중에 전리품을 자랑하듯이 당당하게 시가를 꺼내어 입에 문다. 그들의 행동에 눈살을 찌푸리는 사람은 아무도 없다.

어찌하여 이런 차별이 생긴 것일까? ㉢연기를 삼키지 않기 때문에 시가가 몸에 덜 해롭다는 일반적 주장은 설득력이 없다. 연기를 들이마시지 않고 뱉어 내는 것은 간접흡연의 피해를 줄이기는커녕, 오히려 실내 공기를 더욱 심하게 오염시키기 때문이다. 그렇다면 진짜 이유는 무엇일까? ㉣사람들의 흡연 욕구가 여전하다는 것은 전혀 틀린 말이 아니기 때문이다. 가장 설득력 있는 설명은 다음과 같다. 먼저 보건 당국에서 국민 건강을 위함 캠페인의 일환으로 권련과의 투쟁을 선포했다. 그러자 권련은 죽음의 상징이 되었고, 그 캠페인은 상류층 사람들 사이에 즉각적 반향을 불러일으켰다. ㉤이제 최고급 레스토랑에서는 아무도 권련을 피우지 않지만, 싸구려 술집에는 여전히 권련 연기가 자욱하다.

① ㉠

② ㉡

③ ㉢

④ ㉣

⑤ ㉤

[14 ~ 15] 다음 제시문을 읽고 질문에 답하시오.

제품 사용 안내 설명서는 제품에 있어서 매우 중요한 부분으로, 최종 사용자가 제품 혹은 서비스를 보다 알맞게 사용하는 데 가장 큰 목적이 있다. 과거에는 이러한 설명서가 인쇄된 매뉴얼이나 파일로써 제공되어 변경하거나 수정할 수 없었지만, 현재는 인쇄된 매뉴얼뿐만 아니라 온라인으로도 함께 제공되기 때문에 기업의 매뉴얼 제작 담당자는 사용자에게 다양하고 풍부한 콘텐츠 사용법을 더 빠르게 제공할 수 있다.

이전에는 해당 기술 연구원들이 제품 사용 안내 설명서를 직접 작성하였다. (㉠) 현재는 매뉴얼 라이터라고 불리는 테크니컬 라이터들이 전문적으로 맡고 있다. 이들은 제품의 매뉴얼이나 사용법에 관한 설명서를 보다 쉽고 편리하게 만들어 낸다. 제품 매뉴얼 작성 담당자들이 매뉴얼을 작성할 때의 원칙은 다음과 같다. 제품 매뉴얼은 고객의 잘못된 사용을 최대한 피하는 데 도움을 주고 올바른 제품 사용을 유도할 필요가 있으며, 제품의 예상 가능한 오남용 사례와 함께 경고 메시지를 충분히 전달하여 고객에게 발생할 수 있는 사고를 예방하고 위험을 회피하는 데에 매우 중요한 역할을 하기 때문에 이해하기 쉽도록 단순하게 작성되어야 한다. (㉡) 고객이 제품을 사용하면서 겪을 법한 상황을 미리 숙지하고 위험한 상황을 접할 시 즉각적으로 활용할 수 있도록 해야 한다.

14 다음 ㉠ ~ ㉡에 들어갈 이음말은?

	㉠	㉡
①	반대로	예를 들어
②	그리고	그러나
③	그리고	그런데
④	하지만	반대로
⑤	하지만	또한

15 다음 글의 내용과 거리가 먼 것은?

① 제품 사용 안내 설명서의 가장 큰 목적은 소비자가 서비스를 알맞게 사용 하는 데에 있다.
② 오늘날에는 인쇄된 매뉴얼을 제공하기 때문에 편리하지만 수정이 힘들다.
③ 제품 사용 안내 설명서 작성을 전문적으로 맡고 있는 직업이 있다.
④ 제품 매뉴얼은 사용 방법뿐만 아니라 잘못된 사용을 피하는 데에도 도움을 줄 필요가 있다.
⑤ 제품 매뉴얼은 최대한 이해하기 쉽도록 단순하게 작성되어야 한다.

[16~17] 다음 제시문을 읽고 질문에 답하시오.

암치료를 환자의 특성에 맞춰 진행할 수 있는 길이 열렸다. 암의 미세 환경뿐 아니라 주요 전이 경로인 혈관·림프관을 모사한 체외 암 모델이 국내 연구진에 의해 개발되었다. 환자에게서 채취한 세포로 암 모델을 제작하면 개인별 맞춤 암 치료를 실현할 수 있게 된 것이다. P대학 공동연구팀은 최근 인-배스 (In-Bath) 3차원 바이오프린팅 기술을 통해 전이성 흑색종 모델을 제작하는 데 성공했다. 이 모델은 전이성 흑색종의 특성을 모사하는 암 스페로이드(Cancer Spheroid)를 인공 혈관·림프관 사이에 프린팅 하여 만들어졌다.

ⓣ연구팀은 암 스페로이드와 혈관·림프관이 공존하는 전이성 암 모델을 ⓛ개발하였으며, 연구 결과 개발된 모델에서 암세포의 침습 및 전이와 기질세포에 의한 약물 저항성 등 전이성 흑색종의 특징적인 현상이 관측되었다. 표적 치료에 사용되는 약물을 적용하자 실제와 비슷한 반응이 나타나기도 했다.

복잡한 인간 체내 환경을 그대로 나타내 만든 체외 암 모델을 이용한다면 암을 더욱 효과적으로 치료할 수 있을 것이다. 암의 진행과 치료제 효과는 환자마다 각기 다르게 나타나므로 이를 몸 밖에서 미리 확인한다면 항암치료에 대한 환자의 부담도 줄어들 뿐만 아니라 더 나아가 면역세포를 적용해 실제 암에서 일어나는 상호작용과 면역반응 등을 관측하여 보다 쉬운 암치료의 발전을 불러올 것이다.

16 다음 글의 제목으로 알맞은 것은?

① 암 스페로이드와 혈관·림프관의 공존성
② 암 스페로이드의 프린팅 방법
③ 3D 바이오프린팅 기술의 원리
④ 3D 바이오프린팅 기술을 이용한 인공 암 모델 개발
⑤ 국내 암치료의 역사와 발전 방향

17 다음 글에서 ⓣ과 ⓛ의 관계와 가장 유사한 것은?

① 몸 – 팔
② 과일 – 사과
③ 할아버지 – 할머니
④ 살갗 – 피부
⑤ 농부 – 수확

18 다음에 제시된 네 개의 문장 ㉠~㉣을 문맥에 맞게 순서대로 바르게 나열한 것은?

> ㉠ 공산품을 제조·유통·사용·폐기하는 과정에서 생태계가 정화시킬 수 있는 정도 이상의 오염물이 배출되고 있기 때문에 다양한 형태의 생태계 파괴가 일어나고 있다.
> ㉡ 생태계 파괴는 곧 인간에게 영향을 미치므로 생태계의 건강관리에도 많은 주의를 기울여야 할 것이다.
> ㉢ 최근 '웰빙'이라는 말이 유행하면서 건강에 더 많은 신경을 쓰는 사람들이 늘어나고 있다.
> ㉣ 그러나 인간이 살고 있는 환경 자체의 건강에 대해서는 아직도 많은 관심을 쏟고 있지 않는 것 같다.

① ㉠ - ㉡ - ㉢ - ㉣
② ㉠ - ㉢ - ㉣ - ㉡
③ ㉡ - ㉠ - ㉢ - ㉣
④ ㉢ - ㉣ - ㉡ - ㉠
⑤ ㉢ - ㉣ - ㉠ - ㉡

[19~20] 다음 중 밑줄 친 단어의 맞춤법으로 올바르지 않은 것은?

19
① 이번 기회는 절대 놓치지 않을 <u>거예요</u>.
② 흥, <u>얻다</u> 대고 반말이야?
③ 무지개 너머는 <u>갈래야</u> 갈 수 없어.
④ 고양이의 눈가가 <u>촉촉이</u> 젖어 있었다.
⑤ 여러 가지 요소들을 <u>감안했지</u>.

20
① <u>우뢰</u>와 같은 박수가 쏟아져 나왔다.
② 이것으로 말할 것 같으면 내가 최고로 아끼는 <u>개발품</u>이다.
③ 자식 <u>뒤치다꺼리</u>를 하느라 시간이 모자라다.
④ <u>오뚝이</u>처럼 다시 일어서면 돼.
⑤ 그는 <u>개구쟁이</u>처럼 활짝 웃었다.

21 다음 글과 관련 있는 고사성어로 옳은 것은?

> • 눈 가리고 아웅
> • 손바닥으로 하늘을 가린다.
> • 천장에서 물이 새 지붕을 잠시 비닐로 덮어 놓았다.

① 등용문(登龍門)
② 미봉책(彌縫策)
③ 백일몽(白日夢)
④ 비익조(比翼鳥)
⑤ 사이비(似而非)

22 다음의 상황에 어울리는 한자 성어로 가장 적절한 것은?

> 김만중의 '사씨남정기'에서 사씨는 교씨의 모함을 받아 집에서 쫓겨난다. 사악한 교씨는 문객인 동청과 작당하여 남편의 유한림마저 모함한다. 그러나 결국은 교씨의 사악함이 만천하에 드러나고 유한림이 유배지에서 돌아오자 교씨는 처형되고 사씨는 누명을 벗고 집으로 돌아오게 된다.

① 사필귀정(事必歸正)
② 남가일몽(南柯一夢)
③ 여리박빙(如履薄氷)
④ 삼순구식(三旬九食)
⑤ 입신양명(立身揚名)

23 다음 글에 대한 설명으로 옳지 않은 것은?

조선 시대 우리의 전통적인 전술은 흔히 장병(長兵)이라고 불리는 것이었다. 장병은 기병(騎兵)과 보병(步兵)이 모두 궁시(弓矢)나 화기(火器)같은 장거리 무기를 주무기로 삼아 원격전(遠隔戰)에서 적을 제압하는 것이 특징이었다. 이에 반해 일본의 전술을 창과 검을 주무기로 삼아 근접전(近接戰)에 치중하였기 때문에 단병(短兵)이라고 일컬어졌다. 이러한 전술상의 차이로 인해 임진왜란 이전에는 조선의 전력(戰力)이 일본의 전력을 압도하는 형세였다. 조선의 화기기술은 고려 말 왜구를 효과적으로 격퇴하는 방도로 수용된 이래 발전을 거듭했지만, 단병에 주력하였던 일본은 화기기술을 습득하지 못하고 있었다.

그러나 이러한 전력상의 우열관계는 임진왜란 직전 일본이 네덜란드 상인들로부터 조총을 구입함으로써 역전되고 말았다. 일본의 새로운 장병 무기가 된 조총은 조선의 궁시나 화기보다도 사거리나 정확도 등에서 훨씬 우세하였다. 조총은 단지 조선의 장병 무기류를 압도하는 데 그치지 않고 일본이 본래 가지고 있던 단병 전술의 장점을 십분 발휘하게 하였다.

조선이 임진왜란 때 육전(陸戰)에서 참패를 거듭한 것은 정치·사회 전반의 문제가 일차적 원인이겠지만, 이러한 전술상의 문제에도 전혀 까닭이 없지 않았던 것이다. 그러나 일본은 근접전이 불리한 해전(海戰)에서 조총의 화력을 압도하는 대형 화기의 위력에 눌려 끝까지 열세를 만회하지 못했다.

일본은 화약무기 사용의 전통이 길지 않았기 때문에 해전에서도 조총만을 사용하였다. 반면 화기 사용의 전통이 오래된 조선의 경우 비록 육전에서는 소형화기가 조총의 성능을 압도하였다. 해전에서 조선 수준이 거둔 승리는 이순신의 탁월한 지휘력에도 힘입은 바 컸지만, 이러한 장병 전술의 우위가 승리의 기본적인 토대가 되었던 것이다.

① 조선시대 전통적인 전술은 근접전보다 원격전에 강하였다.
② 일본의 전술은 단병이라고 일컬어졌으며, 근접전에 강하였다.
③ 조선의 화기기술은 고려 말부터 발전된 산물이다.
④ 조총은 조선의 궁시나 화기보다 사거리 및 정확도가 훨씬 높았다.
⑤ 해전에서의 조총 사용은 임진왜란 당시 일본이 승리할 수 있었던 기본적인 토대가 되었다.

[24~25] 다음 제시문을 읽고 질문에 답하시오.

은행은 불특정 다수로부터 예금을 받아 자금 수요자를 대상으로 정보 생산과 모니터링을 하며 이를 바탕으로 대출을 해주는 고유의 자금 중개 기능을 수행한다. 이 고유 기능을 통하여 은행은 어느 나라에서나 경제적 활동과 성장을 위한 금융 지원에 있어서 중심적인 역할을 담당하고 있다. 특히 글로벌 금융 위기를 겪으면서 주요 선진국을 중심으로 직접금융이나 그림자금융의 취약성이 드러남에 따라 은행이 정보 생산 활동에 의하여 비대칭 정보 문제를 완화하고 리스크를 흡수하거나 분산시키며 금융 부문에 대한 충격을 완화하는 역할에 대한 관심이 크게 높아졌다. 또한 국내외 금융시장에서 비은행 금융회사의 업무 비중이 늘어나는 추세를 보이고 있음에도 불구하고 은행은 여전히 금융시스템에서 가장 중요한 기능을 담당하고 있는 것으로 인식되고 있으며, 은행의 자금 중개 기능을 통한 유동성 공급의 중요성이 부각되고 있다.

한편 은행이 외부 충격을 견뎌 내고 금융시스템의 안정 유지에 기여하면서 금융 중개라는 핵심 기능을 원활히 수행하기 위해서는 (   ) 뒷받침되어야 한다. 그렇지 않으면 은행의 건전성에 대한 고객의 신뢰가 떨어져 수신 기반이 취약해지고, 은행이 '고위험-고수익'을 추구하려는 유인을 갖게 되어 개별 은행 및 금융 산업 전체의 리스크가 높아지며, 은행의 자금 중개 기능이 약화되는 등 여러 가지 부작용이 초래되기 때문이다. 결론적으로 은행이 수익성 악화로 부실해지면 금융시스템의 안정성이 저해되고 금융 중개 활동이 위축되어 실물 경제가 타격을 받을 수 있으므로 은행이 적정한 수익성을 유지하는 것은 개별 은행과 금융시스템은 물론 한 나라의 전체 경제 차원에서도 중요한 과제라고 할 수 있다. 이러한 관점에서 은행의 수익성은 학계는 물론 은행 경영층, 금융시장 참가자, 금융 정책 및 감독 당국, 중앙은행 등의 주요 관심 대상이 되는 것이다.

24 다음 글에 대한 설명으로 옳지 않은 것은?

① 은행은 불특정 다수의 예금으로 수요자에게 대출을 해주는 중개 기능을 수행한다.

② 은행은 소모적 활동과 성장을 위한 금융지원에 있어 중심적인 역할을 담당한다.

③ 비은행 금융회사의 업무 비중이 늘어나는 추세이지만, 여전히 은행은 금융 시스템에서 중요하다.

④ 은행이 부실해지면 실물 경제가 타격을 받을 수 있다.

⑤ 은행의 수익성은 여러 계층 및 기관의 주요 관심 대상이 된다.

25 다음 글의 빈 칸에 들어갈 가장 알맞은 말은?

① 외부 충격으로부터 보호받을 수 있는 제도적 장치가

② 비은행 금융회사에 대한 엄격한 규제와 은행의 건전성이

③ 유동성 문제의 해결과 함께 건전성이

④ 건전성과 아울러 적정 수준의 수익성이

⑤ 고수익에 따른 리스크를 감수하려는 노력이

01 다음은 A도매업체 직원과 고객의 통화 내용이다. 각 볼펜의 일반 가격과 이벤트 할인가는 다음 표와 같을 때 고객이 지불해야 하는 금액은?

> 고객 : 안녕하세요. 회사 워크숍에서 사용할 볼펜 2,000개를 주문하려고 하는데, 이벤트 할인가에서 추가 할인 가능한가요?
> 직원 : 현재 검정색 볼펜만 추가로 10% 할인이 가능합니다. 주문하시겠습니까?
> 고객 : 네. 그러면 검정색 800개, 빨강색 600개, 파랑색 600개로 주문할게요. 배송비는 무료인가요?
> 직원 : 저희가 3,000개 이상 주문 시에만 무료배송이 가능하고, 그 미만은 2,500원의 배송비가 있습니다.
> 고객 : 음…, 그러면 검정색 1,000개 추가로 주문할게요. 각인도 추가 비용이 있나요?
> 직원 : 원래는 개당 50원인데, 서비스로 해드릴게요.
> 고객 : 감사합니다. 그러면 12월 1일까지 배송 가능한가요?
> 직원 : 네, 가능합니다. 원하시는 날짜에 맞춰서 배송해드릴게요.
> 고객 : 그럼 부탁드리겠습니다. 감사합니다.

볼펜 색상	일반 가격	이벤트 할인가
검정색	1,000원	800원
빨강색	1,000원	800원
파랑색	1,200원	900원

① 2,316,000원

② 2,466,500원

③ 2,942,500원

④ 3,090,000원

02 다음은 3개 회사의 '갑' 제품에 대한 국내 시장 점유율 현황을 나타낸 자료이다. 다음 자료에 대한 설명 중, 적절하지 않은 것은 어느 것인가?

(단위: %)

구분	2018	2019	2020	2021	2022
A사	17.4	18.3	19.5	21.6	24.7
B사	12.0	11.7	11.4	11.1	10.5
C사	9.0	9.9	8.7	8.1	7.8

① 2018년부터 2022년까지 3개 회사의 점유율 증감 추이는 모두 다르다.

② 3개 회사를 제외한 나머지 회사의 '갑' 제품 점유율은 2018년 이후 매년 감소하였다.

③ 2018년 대비 2022년의 점유율 감소폭은 C사가 B사보다 더 크다.

④ 3개 회사의 '갑' 제품 국내 시장 점유율이 가장 큰 해는 2022년이다.

03 다음 숫자들의 배열 규칙을 찾아 (   ) 안에 들어갈 알맞은 숫자를 고르시오.

4 10 2 3 17 5 6 14 2 5 (   ) 2

① 12
② 14
③ 16
④ 18

04 다음 중 제시된 여성의 고용률 자료를 보고 적절한 판단을 내린 것은 어느 것인가?

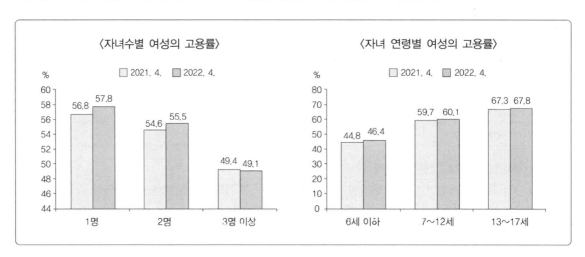

① 여성의 고용률은 자녀의 수보다 자녀의 연령에 의해 더 크게 좌우된다.
② 자녀가 없는 여성의 고용률은 자녀가 있는 여성보다 훨씬 높다.
③ 연도별 여성 고용률의 변동폭은 자녀의 나이가 많을수록 더 크다.
④ 자녀가 2명 이하인 경우 2022년의 여성의 고용률은 2021년보다 증가하였다.

05 일정한 속도로 달리는 60m짜리 배가 있다. 이 열차가 180m 길이의 다리를 완전히 지나가는 데 걸린 시간이 30초라면 이 배의 속력은?

① 4m/s
② 6m/s
③ 8m/s
④ 10m/s

[06~07] 다음은 다문화 신혼부부의 남녀 출신 국적별 비중을 나타낸 자료이다. 다음 자료를 보고 이어지는 물음에 답하시오.

(단위: 명, %)

남편		2021년	2022년
건 수		94,962 (100.0)	88,929 (100.0)
한 국		72,514 (76.4)	66,815 (75.1)
외 국		22,448 (23.6)	22,114 (24.9)
출신국적별구성비	계	100.0	100.0
	중국	44.2	43.4
	미국	16.9	16.8
	베트남	5.0	6.9
	일본	7.5	6.5
	캐나다	4.8	4.6
	대만	2.3	2.3
	영국	2.1	2.2
	파키스탄	2.2	1.9
	호주	1.8	1.7
	프랑스	1.1	1.3
	뉴질랜드	1.1	1.1
	기타	10.9	11.1

아내		2021년	2022년
건 수		94,962 (100.0)	88,929 (100.0)
한 국		13,789 (14.5)	13,144 (14.8)
외 국		81,173 (85.5)	75,785 (85.2)
출신국적별구성비	계	100.0	100.0
	중국	39.1	38.4
	베트남	32.3	32.6
	필리핀	8.4	7.8
	일본	3.9	4.0
	캄보디아	3.7	3.4
	미국	2.3	2.6
	태국	1.8	2.3
	우즈벡	1.3	1.4
	대만	1.0	1.2
	몽골	1.0	1.1
	캐나다	0.7	0.8
	기타	4.4	4.6

06 위의 자료를 올바르게 해석한 것을 〈보기〉에서 모두 고른 것은 어느 것인가?

〈보기〉

㉮ 2022년에는 남녀 모두 다문화 배우자와 결혼하는 사람의 수가 전년보다 감소하였다.

㉯ 다문화 신혼부부 전체의 수는 2022년에 전년대비 약 6.35%의 증감률을 보인다.

㉰ 출신국적의 비중이 2022년에 남녀 모두 증가한 나라는 베트남과 기타 국가이다.

㉱ 다문화 신혼부부 중, 중국인과 미국인 남편, 중국인과 베트남인 아내는 두 시기 모두 50% 이상씩의 비중을 차지한다.

① ㉮, ㉰, ㉱   ② ㉮, ㉯, ㉱

③ ㉮, ㉯, ㉰   ④ ㉯, ㉰, ㉱

07 다음 중 일본인이 남편인 경우의 다문화 신혼부부의 수가 비교 시기 동안 변동된 수치는 얼마인가? (인원수 는 소수점 이하 절사하여 정수로 표시함)

① 246명
② 235명
③ 230명
④ 223명

08 의류업체인 C기업과 D기업의 2022년 매출은 각각 200억, 600억이다. D기업은 매년 매출을 20%씩 늘려가 는 게 목표일 때, 2년 뒤인 2024년에 C기업이 D기업을 이기려면 C기업은 2022년을 기준으로 최소 몇 억 이상을 매출 목표로 잡아야 하는가?

① 464억
② 520억
③ 664억
④ 720억

[09~10] 다음 자료를 보고 이어지는 물음에 답하시오.

〈지역별, 소득계층별, 점유형태별 최저주거기준 미달가구 비율〉

(단위: %)

구분		최저주거기준 미달	면적기준 미달	시설기준 미달	침실기준 미달
지역	수도권	51.7	66.8	37.9	60.8
	광역시	18.5	15.5	22.9	11.2
	도지역	29.8	17.7	39.2	28.0
	계	100.0	100.0	100.0	100.0
소득 계층	저소득층	65.4	52.0	89.1	33.4
	중소득층	28.2	38.9	9.4	45.6
	고소득층	6.4	9.1	1.5	21.0
	계	100.0	100.0	100.0	100.0
점유 형태	자가	22.8	14.2	27.2	23.3
	전세	12.0	15.3	6.3	12.5
	월세(보증금(O)	37.5	47.7	21.8	49.7
	월세(보증금(X)	22.4	19.5	37.3	9.2
	무상	5.3	3.3	7.4	5.3
	계	100.0	100.0	100.0	100.0

09 다음 중 위의 자료를 올바르게 분석하지 못한 것은 어느 것인가?

① 침실기준 미달 비율은 수도권, 도지역, 광역시 순으로 높다.

② 점유 형태가 무상인 경우의 미달 가구 비율은 네 가지 항목 모두에서 가장 낮다.

③ 지역과 소득 계층 면에서는 광역시에 거주하는 고소득층의 면적기준 미달 비율이 가장 낮다.

④ 저소득층은 중소득층보다 침실기준 미달 비율이 더 낮다.

10 광역시 시설기준 미달가구의 비율 대비 수도권 시설기준 미달가구의 비율 배수와 저소득층 침실기준 미달가 구의 비율 대비 중소득층 침실기준 미달가구의 비율 배수는 각각 얼마인가? (반올림하여 소수 둘째 자리까지 표시함)

① 1.52배, 1.64배

② 1.58배, 1.59배

③ 1.66배, 1.37배

④ 1.72배, 1.28배

11 신소재 개발로 인한 원재료 변경의 수익성을 다음 표와 같이 나타낼 때, 빈칸 (A), (B)에 들어갈 수치는 차례 대로 각각 얼마인가?(반올림하여 소수 첫째 자리까지 표시함)

(단위: 원, %, %p)

구분	2021년	2022년	전년대비 증감	전년대비 증감률
□ 총 수 입(a)	856,165	974,553	118,388	13.8
□ 생 산 비(b)	674,340	691,374	17,033	2.5
□ 경 영 비(c)	426,619	(A)	6,484	1.5
□ 순 수 익(a)−(b)	181,825	283,179	101,355	55.7
○ 순수익률*	21.2	29.1	7.8	
□ 소 득(a)−(c)	429,546	541,450	111,904	26.1
○ 소득률*	(B)	55.6	5.4	

* 순수익률 = (순수익 ÷ 총수입) × 100, 소득률 = (소득 ÷ 총수입) × 100

① 433,103 / 45.2

② 433,103 / 50.2

③ 423,605 / 45.2

④ 423,605 / 50.2

12 철도 레일 생산업체인 '서원 금속'은 A, B 2개의 생산라인에서 레일을 생산한다. 2개의 생산라인을 하루 종일 풀가동할 경우 3일 동안 525개의 레일을 생산할 수 있으며, A라인만을 풀가동하여 생산할 경우 90개의 레일을 생산할 수 있다. A라인만을 풀가동하여 5일 간 제품을 생산하고 이후 2일은 B라인만을, 다시 추가로 2일 간은 A, B라인을 함께 풀가동하여 생산을 진행한다면, 강한 금속이 생산한 총 레일의 개수는 모두 몇 개인가?

① 940개   ② 970개
③ 1,050개   ④ 1,120개

13 S공단의 기업유형별 직업교육 인원에 대한 지원비용 기준이 다음과 같다. 대규모기업 집단에 속하는 A사의 양성훈련 필요 예산이 총 1억 3,000만 원일 경우, S공단으로부터 지원받을 수 있는 비용은 얼마인가?

기업구분	훈련구분	지원비율
우선지원대상기업	향상, 양성훈련 등	100%
대규모기업	향상, 양성훈련	60%
	비정규직대상훈련/전직훈련	70%
상시근로자 1,000인 이상 대규모 기업	향상, 양성훈련	50%
	비정규직대상훈련/전직훈련	70%

① 5,600만 원   ② 6,200만 원
③ 7,800만 원   ④ 8,200만 원

14 A마을에 거주하는 성인 60명에게 사회보장제도 이용 실태에 대하여 물어보았다. 국민연금에 가입해 있는 사람이 35명, 고용보험에 가입해 있는 사람이 28명, 국민연금과 고용보험 어느 것에도 가입하지 않은 사람이 5명이었다면, 국민연금은 가입하였으나 고용보험은 가입하지 않은 사람은 몇 명인가?

① 27명   ② 26명
③ 25명   ④ 24명

15 다음 전월세전환율에 대한 설명을 참고할 때, A가구의 전월세전환율이 B가구의 전월세전환율 대비 25% 높을 경우, A가구의 전세금은 얼마인가?

전월세전환율이란 전세에서 월세로 전환 시 월세를 정하는 기준을 말한다. 일반적으로 전월세전환율이 낮을수록 월세 부담이 적어진다. 기준금리에 주택임대차보호법 시행령에 지정된 배수를 곱한 값이 전월세전환율이며, 다음과 같은 산식으로 계산하기도 한다.

전월세전환율 = {월세 × 12(개월) ÷ (전세 보증금−월세 보증금)} × 100

(단위: 만 원)

	A가구	B가구
전세금	( )	42,000
월세보증금	25,000	30,000
월세	50	60

① 32,000만 원

② 33,000만 원

③ 34,000만 원

④ 34,500만 원

16 다음 중 연도별 댐 저수율 변화의 연도별 증감 추이가 동일한 패턴을 보이는 수계로 짝지어진 것은 어느 것인가?

〈4대강 수계 댐 저수율 변화 추이〉

(단위: %)

수계	2018	2019	2020	2021	2022
평균	59.4	60.6	57.3	48.7	43.6
한강수계	66.5	65.1	58.9	51.6	37.5
낙동강수계	48.1	51.2	43.4	41.5	40.4
금강수계	61.1	61.2	64.6	48.8	44.6
영·섬강수계	61.8	65.0	62.3	52.7	51.7

① 낙동강수계, 영·섬강수계

② 한강수계, 금강수계

③ 낙동강수계, 금강수계

④ 한강수계, 영·섬강수계

17 다음 자료를 참고할 때, 직원 1인당 영업거리와 주행거리가 가장 큰 회사가 순서대로 올바르게 짝지어진 것은 어느 것인가?

구분	A공사	B공사	C철도	D공사
정원(명)	3,696	9,115	6,518	600
주행거리 (천km)	13,032	21,204	19,501	1,736
영업거리 (km)	107.8	137.9	162.2	22.6

① A공사, C철도
③ B공사, C철도
② A공사, D공사
④ B공사, D공사

18 다음은 지하철 역사 환경 개선작업을 위하여 고용된 인원의 10일 간의 아르바이트 현황이다. 맡은 바 업무의 난이도에 따른 기본 책정 보수와 야근, 지각 등의 근무 현황이 다음과 같을 경우, 10일 후 지급받는 총보수액이 가장 많은 사람은 누구인가?

구분	야근(시간)	기본 책정 보수	지각횟수(회)
갑	평일3, 주말3	85만 원	3
을	평일1, 주말3	90만 원	3
병	평일2, 주말2	90만 원	3
정	평일5, 주말1	80만원	4

* 평일 기본 시급은 10,000원이다.

* 평일 야근은 기본 시급의 1.5배, 주말 야근은 기본 시급의 2배이다.

* 지각은 1회에 15,000원씩 삭감한다.

① 갑
③ 병
② 을
④ 정

[19 ~ 20] 다음 자료를 보고 이어지는 물음에 답하시오.

〈연도별 사망원인 추이, 2012 ~ 2022년〉

(단위: 인구 10만 명당 명, %)

순위	2012년		2021년		2022년			
	사망원인	사망률	사망원인	사망률	사망원인	사망자수	구성비	사망률
1	악성신생물	134.0	악성신생물	150.8	악성신생물	78,194	40.1	153.0
2	뇌혈관 질환	61.3	심장 질환	55.6	심장 질환	29,735	15.2	58.2
3	심장 질환	41.1	뇌혈관 질환	48.0	뇌혈관 질환	23,415	12.0	45.8
4	당뇨병	23.7	폐렴	28.9	폐렴	16,476	8.4	32.2
5	자살	21.8	자살	26.5	자살	13,092	6.7	25.6
6	운수 사고	15.9	당뇨병	20.7	당뇨병	9,807	5.0	19.2
7	간 질환	15.5	하기도 질환	14.8	하기도 질환	6,992	3.6	13.7
8	하기도 질환	14.4	간 질환	13.4	간 질환	6,798	3.5	13.3
9	고혈압성 질환	9.4	운수 사고	10.9	고혈압성 질환	5,416	2.8	10.6
10	폐렴	9.3	고혈압성 질환	9.9	운수 사고	5,150	2.6	10.1

19 다음 중 위 자료를 올바르게 이해하지 못한 설명은 어느 것인가?

① 사망률이 가장 높은 사망원인은 시간이 지날수록 사망률이 상승하였다.
② 운수 사고는 매 시기 사망원인 순위가 계속 하락한 유일한 원인이다.
③ 과거보다 순위는 더 낮아졌으나 사망률은 더 높아진 사망원인은 없다.
④ 2022년에는 10년 전보다 운수 사고, 당뇨병 등의 사망원인 순위는 낮아진 반면, 폐렴의 사망원인 순위가 급상승하였다.

20 다음 중 2012년 대비 2022년의 순위와 사망률이 모두 상승한 사망원인으로 짝지어진 것은 어느 것인가?

① 심장질환, 폐렴   ② 하기도 질환, 고혈압성 질환
③ 심장질환, 고혈압성 질환   ④ 하기도 질환, 폐렴

[01 ~ 05] 다음 입체도형의 전개도로 알맞은 것을 고르시오.

- 입체도형을 전개하여 전개도를 만들 때, 전개도에 표시된 그림(예 : ▮▮, ◢, ▬ 등)은 회전의 효과를 반영한다. 즉, 본 문제의 풀이과정에서 보기의 전개도 상에 표시된 ▮▮과 ▬는 서로 다른 것으로 취급한다.
- 단, 기호 및 문자(예 : ☎, ☎, ♨, K, H)의 회전에 의한 효과는 본 문제의 풀이과정에 반영하지 않는다. 즉, 입체도형을 펼쳐 전개도를 만들었을 때 [↕]의 방향으로 나타나는 기호 및 문자도 보기에서는 [☎]방향으로 표시하며 동일한 것으로 취급한다.

01

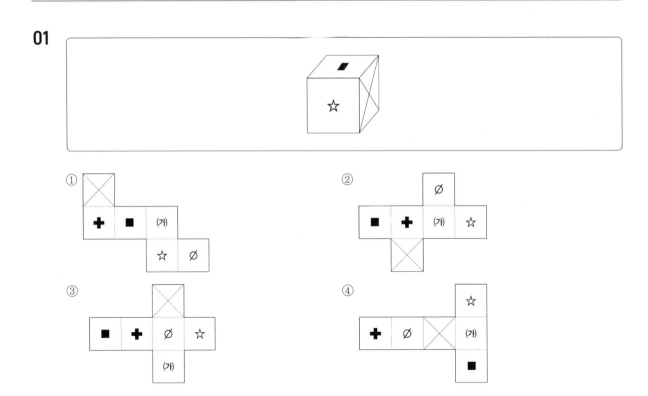

02

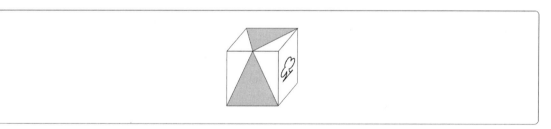

①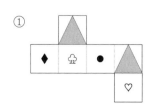

②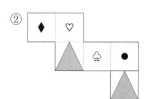

③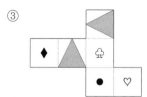

④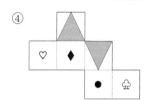

03

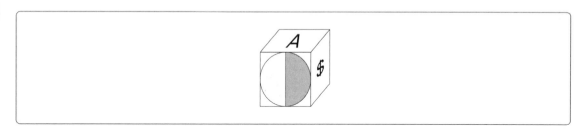

①

②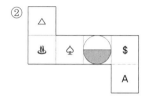

③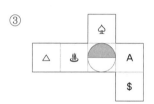

④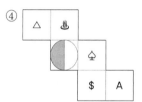

04

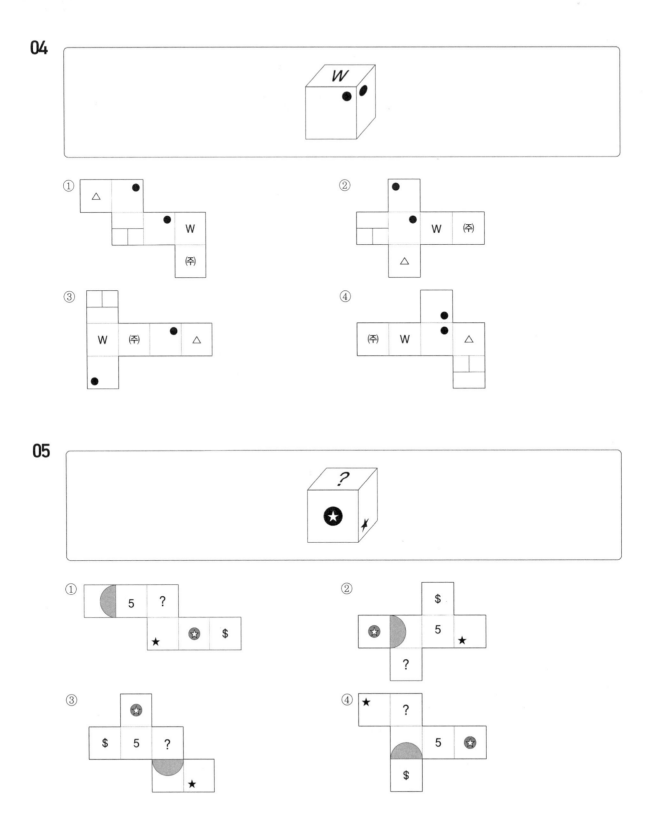

05

[06 ～ 10] 다음 전개도로 만든 입체도형에 해당하는 것을 고르시오.

- 전개도를 접을 때 전개도 상의 그림, 기호, 문자가 입체도형의 겉면에 표시되는 방향으로 접는다.
- 전개도를 접어 입체도형을 만들 때, 전개도에 표시된 그림(예 : ▋▋, ◢, ▋ 등)은 회전의 효과를 반영한다. 즉, 본 문제의 풀이과정에서 보기의 전개도 상에 표시된 ▋▋과 ▬는 서로 다른 것으로 취급한다.
- 단, 기호 및 문자(예 : ♨, ☎, ♨, K, H)의 회전에 의한 효과는 본 문제의 풀이과정에 반영하지 않는다. 즉, 전개도를 접어 입체도형을 만들었을 때 의 방향으로 나타나는 기호 및 문자도 보기에서는 방향으로 표시하며 동일한 것으로 취급한다.

06

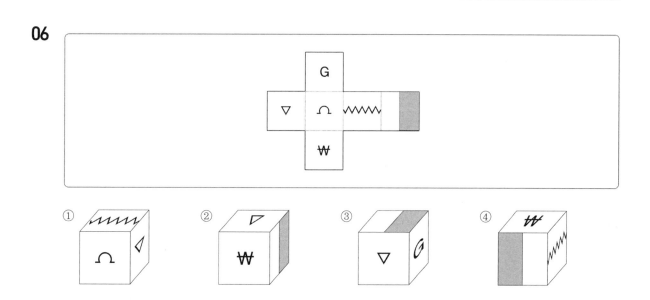

07

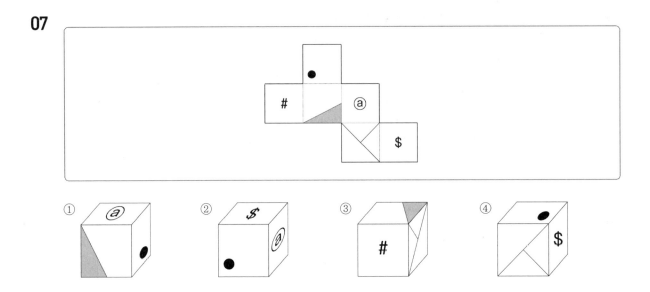

08

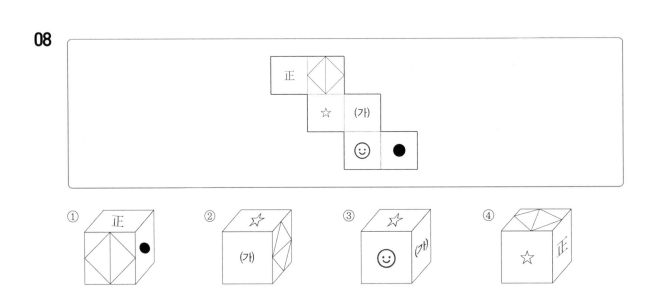

09

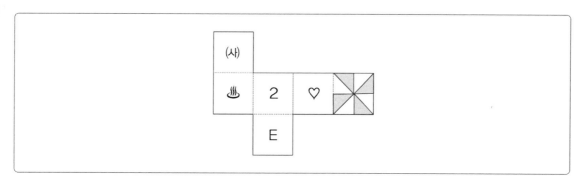

 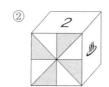 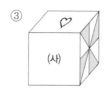

10

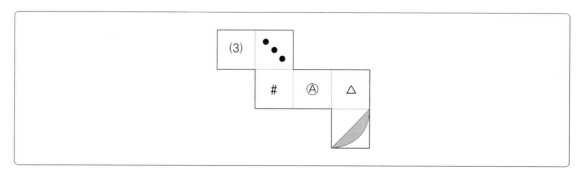

  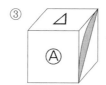

[11~14] 다음에 제시된 블록들을 화살표 표시한 방향에서 바라봤을 경우 모양으로 알맞은 것을 고르시오.

1) 블록은 모양과 크기가 모두 동일한 정육면체이다.
2) 바라보는 시선의 방향은 블록의 면과 수직을 이루며 원근에 의해 블록이 작게 보이는 효과는 고려하지 않는다.

11

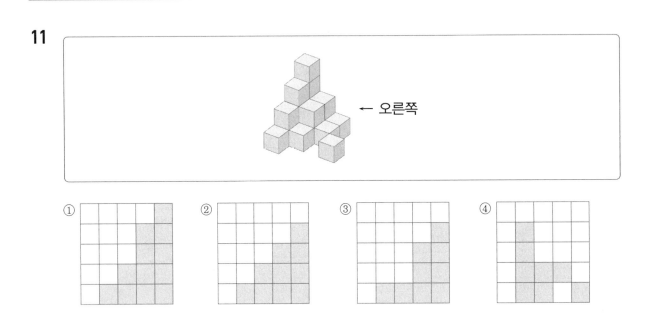

← 오른쪽

① ② ③ ④

12

왼쪽 →

① ② ③ ④

13

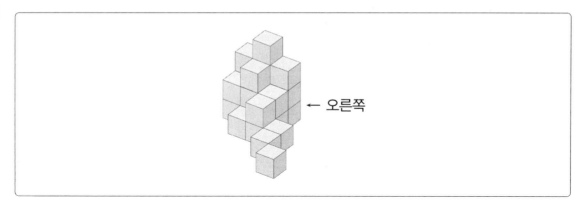

← 오른쪽

① 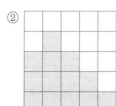 ② 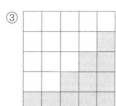 ③ 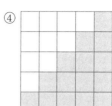 ④

14

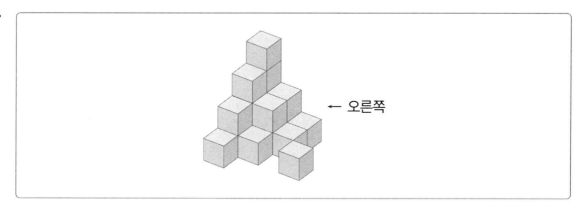

← 오른쪽

①  ② 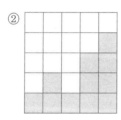 ③ 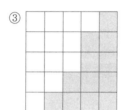 ④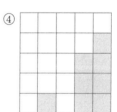

[15~18] 다음에 제시된 블록들을 화살표 표시한 방향에서 바라봤을 경우 모양으로 알맞은 것을 고르시오.

15

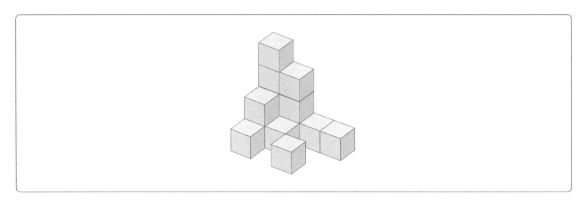

① 12개   ② 13개
③ 14개   ④ 15개

16

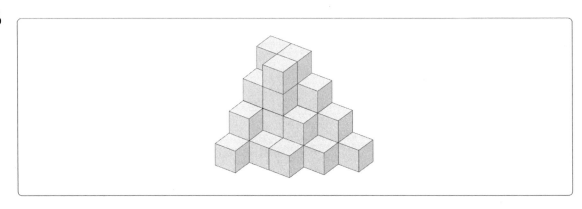

① 27개   ② 29개
③ 31개   ④ 33개

17

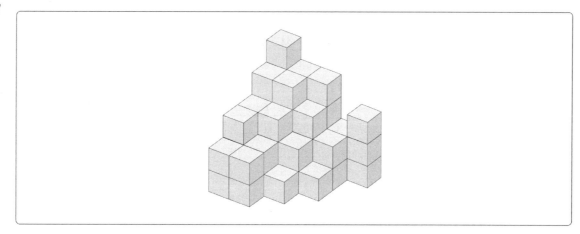

① 44개   ② 46개

③ 48개   ④ 50개

18

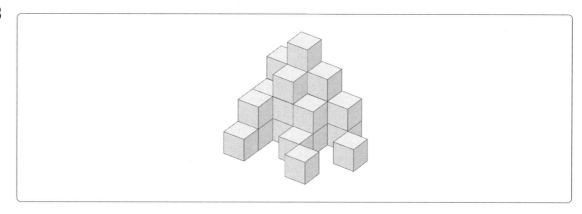

① 25개   ② 27개

③ 29개   ④ 31개

지 각 속 도	문항수	30문항	풀이시간	3분

[01 ~ 05] 다음의 왼쪽과 오른쪽 기호의 대응을 참고하여 각 문제의 대응이 같으면 답안지에 '① 맞음'을, 틀리면 '② 틀림'을 선택하시오.

1 = 관	2 = 도	3 = 생	4 = 교	5 = 육
6 = 사	7 = 활	8 = 학	9 = 군	0 = 삼

01 육 군 삼 사 관 학 교 - 5 9 0 6 1 8 4   ① 맞음   ② 틀림

02 육 사 생 도 생 활 - 5 8 3 2 3 7   ① 맞음   ② 틀림

03 사 관 생 학 도 군 - 5 1 3 8 2 9   ① 맞음   ② 틀림

04 군 교 관 사 생 활 - 9 4 1 6 3 7   ① 맞음   ② 틀림

05 관 학 사 군 교 - 1 8 6 9 4   ① 맞음   ② 틀림

[06 ~ 10] 다음의 왼쪽과 오른쪽 기호의 대응을 참고하여 각 문제의 대응이 같으면 답안지에 '① 맞음'을, 틀리면 '② 틀림'을 선택하시오.

1 = 위	2 = 남	3 = 에	4 = 나	5 = 갑
6 = 산	7 = 소	8 = 저	9 = 철	0 = 무

06 산 위 에 나 철 남 – 6 2 3 4 9 1   ① 맞음   ② 틀림

07 나 남 갑 무 철 저 무 – 4 2 5 0 9 8 0   ① 맞음   ② 틀림

08 위 산 소 에 남 에 – 1 6 7 2 3 2   ① 맞음   ② 틀림

09 갑 나 산 남 나 저 – 5 4 6 2 4 9   ① 맞음   ② 틀림

10 무 철 소 산 소 나 – 0 9 7 6 7 4   ① 맞음   ② 틀림

[11~13] 다음 짝지은 문자, 숫자 또는 기호 중 서로 다른 것을 고르시오.

11   ① onethirdofthecountry − onethirdofthecountry
  ② almosthalfamillionpeple − almosthalfamillionpeple
  ③ theimmediatecause − theinnediatecause
  ④ havebeenhampered − havebeenhampered

12   ① ▲▼◉◍○◼▥◎ − ▲▼◉◍○◼▥◎
  ② →▷◁✕↦↕↔◐◉ − →▷◁✕⋅↦↕↔◐◉
  ③ ⑵⑨⑺⑹⑭⑱⑯⑷ − ⑵⑨⑺⑹⑭⑱⑯⑷
  ④ ㅛㅠㄹㄹㅁ<≒ㅅ − ㅛㅠㄹㄹㅁ<≒ㅅ

13   ① 曲能有誠誠則形 − 曲能有誠誠則形
  ② 形則著著則明 − 形則著著則明
  ③ 明則動動則變 − 明則動動則變
  ④ 唯天下至誠為能化 − 催天下至誠為能花

[14~15] 다음에 제시된 문자들을 뒤에서부터 거꾸로 쓴 것으로 고르시오.

14

witHtheVoluntEErefforT

① ToroferEEtunloVohtHtiw
② TorrferEEtunloVehtHtiw
③ TrofferEEtnuloVehtHtiw
④ TrofferEEtunloVehtHtiw

15

千里之行始于足下

① 下足于始行之里千
② 下足之妬行之里千
③ 下足于始行之理千
④ 下促于妬行之里千

[16~20] 다음 제시된 단어의 개수를 모두 고르시오.

인가	인당	인용	인삼	인연	인간	인도
인세	인생	인욕	인아	인재	인세	인면
인격	인아	인력	인성	인용	인기	인사
인정	인용	인쇄	인임	인보	인정	인세
인견	인면	인세	인의	인용	인공	인물
인아	인용	인병	인아	인접	인결	인목
인경	인세	인문	인수	인장	인용	인구

16

인아

① 1개   ② 2개   ③ 3개   ④ 4개

17

인정

① 1개   ② 2개   ③ 3개   ④ 4개

18

인용

① 6개   ② 7개   ③ 8개   ④ 9개

19

인세 인면 인공 인력

① 6개   ② 7개   ③ 8개   ④ 9개

20

인당 인연 인의 인결

① 6개   ② 5개   ③ 4개   ④ 3개

[21~30] 다음 각 문제의 왼쪽에 표시된 굵은 글씨체의 기호, 문자, 숫자의 개수를 오른쪽에서 찾으시오.

21 ㅜ 군수품의 조달 · 관리 및 유지를 경제적 · 효율적으로 수행한다

① 2개 ② 3개
③ 4개 ④ 5개

22 s the europa clipper spacecraft will visit a moon of jupiter that might harbor life

① 2개 ② 3개
③ 4개 ④ 5개

23 7 3689451875323654413397744697452369432319

① 1개 ② 2개
③ 3개 ④ 4개

24 ◒ ▦◆▶◈▾◍◇●▦◖◉◆◖▶▤▷○▽●◐◇◖▦▦◐□■◇▦◆◐◆

① 3개 ② 4개
③ 5개 ④ 6개

25 i the platform is struggling with a host of financial issues

① 5개 ② 6개
③ 7개 ④ 8개

26 3 44996323149995478536941033518908565466485

① 2개 ② 3개
③ 4개 ④ 5개

27 ㄱ 지역지원을 위한 격자형 통신체계의 핵심통신소 기능을 수행하는 통신소

① 2개 ② 3개
③ 4개 ④ 5개

28 有 父子有親君臣有義夫婦有別長幼有序朋友有信

① 3개　　② 4개
③ 5개　　④ 6개

29 m many refinanced to relieve money stress in the first place

① 2개　　② 3개
③ 4개　　④ 5개

30 ㅎ 항공기의 안전한 활동을 보장하기 위해 협조고도 이하에 설치하는 공역통제 수단

① 5개　　② 6개
③ 7개　　④ 8개

PART

04

정답 및 해설

01 간부선발도구(지적능력)

≫ 문제 p.30

언어능력

01	02	03	04	05	06	07	08	09	10	11	12	13	14	15	16	17	18	19	20
④	④	②	②	①	⑤	④	①	②	①	④	④	④	③	③	④	①	④	③	⑤
21	22	23	24	25	26	27	28	29	30	31	32	33	34	35	36	37	38	39	40
④	⑤	②	②	④	①	④	②	③	⑤	②	④	②	①	⑤	②	③	①	⑤	③
41	42	43	44	45	46	47	48	49	50	51	52	53	54	55	56	57	58	59	60
①	③	①	④	④	⑤	③	⑤	③	①	③	②	④	②	②	①	②	④	④	②
61	62	63	64	65															
⑤	②	③	②	③															

01 ④

제시문의 '움직이다'는 '멈추어 있던 자세나 자리가 바뀌다. 또는 자세나 자리를 바꾸다'의 의미로 쓰였다.
① '가지고 있던 생각이 바뀌다. 또는 그렇게 바뀐 생각을 하다'의 의미로 쓰였다.
② '어떤 목적을 가지고 활동하다. 또는 활동하게 하다'의 의미로 쓰였다.
③ '어떤 사실이나 현상이 바뀌다. 또는 다른 상태가 되게 하다'의 의미로 쓰였다.
⑤ '기계나 공장 따위가 가동되거나 운영되다. 또는 가동하거나 운영하다'의 의미로 쓰였다.

02 ④

어미인 '-ㄴ지'는 '이다'의 어간, 받침 없는 형용사 어간, 'ㄹ' 받침인 형용사 어간 또는 어미 '-으시-' 뒤에 붙는다.
① 곁불 → 곁불
② 됀 → 된
③ 개재 → 게재
⑤ 순대국 → 순댓국

03 ②

반경 ··· '반지름'의 전 용어, 여기에서는 사고가 적용되는 범위로 풀이된다.
① 지경 : 나라나 지역 따위의 구간을 가르는 경계
③ 경치 : 산이나 들, 강, 바다 따위의 자연이나 지역의 모습
④ 경가 : 땅을 갈아서 농사를 지음
⑤ 경감 : 부담이나 고통 따위를 덜어서 가볍게 함

04 ②

경향 ··· 현상이나 사상, 행동 따위가 어떤 방향으로 기울어짐
① 학술 : 학문의 방법이나 이론
③ 풍습 : 풍속과 습관을 아울러 이르는 말
④ 증상 : 병을 앓을 때 나타나는 여러 가지 상태나 모양
⑤ 습관 : 어떤 행위를 오랫동안 되풀이하는 과정에서 저절로 익혀진 행동 방식

05 ①

인출 ··· 끌어서 빼냄
② 예치 : 맡겨 둠
③ 예탁 : 부탁하여 맡겨 둠
④ 출금 : 돈을 내어 쓰거나 내어 줌. 또는 그 돈
⑤ 출자 : 자금을 내는 일

06 ⑤

기여 ··· 도움이 되도록 이바지함
① 기각 : 소송을 수리한 법원이, 소나 상소가 형식적인 요건은 갖추었으나, 그 내용이 실체적으로 이유가 없다고 판단하여 소송을 종료하는 일
② 기립 : 일어나서 섬
③ 기만 : 남을 속여 넘김
④ 기승 : 성미가 억척스럽고 굳세어 좀처럼 굽히지 않음. 또는 그 성미

07 ④

결정 … 행동이나 태도를 분명하게 정함. 또는 그렇게 정해진 내용
① 미결 : 아직 결정하거나 해결하지 아니함
② 타협 : 어떤 일을 서로 양보하여 협의함
③ 결심 : 할 일에 대하여 어떻게 하기로 마음을 굳게 정함. 또는 그런 마음
⑤ 가격 : 물건이 지니고 있는 가치를 돈으로 나타낸 것

08 ①

부응 … 어떤 요구나 기대 따위에 좇아서 응함을 이르는 말이다.
② 응답 : 부름이나 물음에 응하여 답함을 이르는 말이다.
③ 응대 : 부름이나 물음 또는 요구 따위에 응하여 상대함을 이르는 말이다.
④ 호응 : 부름에 응답한다는 뜻으로, 부름이나 호소 따위에 대답하거나 응함을 이르는 말이다.
⑤ 응수 : 상대편이 한 말이나 행동을 받아서 마주 응함을 이르는 말이다.

09 ②

물고기 또는 짐승의 이름과 그 새끼의 이름이 짝지어진 관계이다. '개호주'는 '새끼 호랑이'를 일컫는 말이다.
③의 '무녀리'는 한 태가 여러 새끼를 낳았을때 제일 먼저 나온 새끼를 뜻하며 '부룩소'는 작은 수소를 뜻한다.

10 ①

'전진'은 '앞으로 나아감'을 뜻하고, '후퇴'는 '뒤로 물러남'을 뜻하므로 반의 관계이다. '막연'은 '뚜렷하지 못하고 어렴풋함'을 뜻하고, '명확'은 명백하고 확실함'을 뜻하므로 반의 관계이다.

11 ④

'팽창'은 '부풀어서 부피가 커짐'을 뜻하고, '수축'은 '부피나 규모가 줄어듦'을 뜻하므로 반의 관계이다. '눌변'은 '더듬거리는 서툰 말솜씨'를 뜻하고, '달변'은 '능숙하여 막힘이 없음'을 뜻하므로 반의 관계이다.

12 ④

주어진 글에서 ⓒ 점술이 ⊙ 과학의 도움을 받아 서로 공존을 이루어낸다고 하였으므로 보기 중 이와 유사한 관계로 이루어진 것은 '④ 꽃 : 나비'이다. 나비는 꽃으로부터 양분을 얻으며, 꽃은 나비를 통해 생식의 도움을 받는 방식으로 공생한다.

13 ④

괄호 앞의 내용은 '사헌부 감찰이나 암행어사 경력자 가운데에서 임명한 경우도 있었지만 대부분은 암행어사에 처음 임명된 자들이고 연소기예(年少氣銳)한 젊은이들이었다.'로 보아 대부분의 암행어사가 수행 경험이 부족한 내용이 들어가야 한다.

14 ③

㉠은 적응의 과정을 ㉡은 이질성의 극복 방안, ㉢은 동질성 회복이 쉽다는 이야기로 ㉣은 이질화의 극복에 대한 문제 제기를 하고 있다. 그러므로 ㉢ → ㉣ → ㉡ → ㉠이 가장 자연스럽다.

15 ③

㉡은 착한 사마리아인 법에 대한 정의를 이야기하고 있다. ㉣은 정의에 이어 법의 예시를 말하고 있으며, ㉠은 착한 사마리아인 법 규정에 대한 목적을 말하고 있다. ㉢ 착한 사마리아인 법 규정에 대한 문제 제기와 의견을 말하고 있다. 그러므로 ㉡ → ㉣ → ㉠ → ㉢ 이 가장 자연스럽다.

16 ④

㉢은 산업 재해에 대한 정부(고용노동부)의 통계를 제시하고 있다. ㉡ 역시 정부의 통계 자료로, 앞서 제시된 산업 재해에 대한 정부 통계를 뒷받침하며 산재 노동자가 증가세를 보이고 있다는 것을 말해준다. ㉣은 산재 노동자 증가에 대한 정부의 입장이며 ㉠에서는 작가의 의견으로 마무리를 짓고 있다. 그러므로 ㉢ → ㉡ → ㉣ → ㉠이 가장 자연스럽다.

17 ①

영화가 관객을 끌어들인다는 문맥에 비추어 볼 때, '유치(誘致)하기'가 가장 적당하다. '유치하다'는 '꾀어서 데려오다'는 뜻 외에 '관객을 유치하다, 월드컵 경기를 한국에 유치하다'와 같이 '고객이나 시설, 모임 등을 끌어오다'는 의미로도 사용된다.

18 ④

호론계는 본연지성의 현실적인 차별성을 전제하되, 기질변화의 필요성을 강조하였다.
① 첫 번째 문단 "대외적으로 청에 대해서는 북벌론과 북학이라는 서로 다른 시각이 나타났다." 문장에서 확인할 수 있다.
② 두 번째 문단 "호락논쟁을 벌인 성리학자들은 목적의식과 같았다." 문장에서 확인할 수 있다.
③ 두 번째 문단 "낙론계는 본연지성은 기질과 연관해서 논할 수 없는 보편적 선임을 강조하였다."에서 확인할 수 있다.
⑤ 세 번째 문단 호론계열 한원진의 낙론 비판에서 확인할 수 있다.

19 ③

제시문은 정보를 제공하기 위한 문서이다. 설명서나 안내서, 보도자료 등 정보 제공이 목적인 문서는 내용이 정확해야 하며 신속해야 한다.

20 ⑤

키 큰 나무를 포함한 5,000주의 나무를 식재했다고 하였으나, 소나무 외의 나무 종류가 언급되지 않는다.
① 첫 번째 문단에서 확인할 수 있다.
② 두 번째 문단에서 확인할 수 있다.
③④ 세 번째 문단에서 확인할 수 있다.

21 ④

제시문은 배출 오염을 줄이기 위해 네덜란드 연구진이 개발한 '도로 코팅법'에 대해 설명하고 있으나, ②은 질소산화물이라는 단편적인 정보에 대해 설명하고 있다.

22 ⑤

제시문은 스콧 피츠제럴드와 그의 소설 「위대한 개츠비」에 대한 이야기를 하고 있으나, ⑩은 청소년들에게 고전을 격려하고 있다.

23 ②

띠다 … 어떤 성질을 가지다.
① 용무나 직책, 사명 따위를 지니다.
③ 빛깔이나 색채 따위를 가지다.
④ 물건을 몸에 지니다.
⑤ 감정이나 기운 따위를 나타내다.

24 ②

제시문의 '밝다'는 '어떤 일에 대하여 잘 알아 막히는 데가 없다'의 의미로 쓰였다.
① '불빛 따위가 환하다'의 의미로 쓰였다.
③ '생각이나 태도가 분명하고 바르다'의 의미로 쓰였다.
④ '예측되는 미래 상황이 긍정적이고 좋다'의 의미로 쓰였다.
⑤ '빛깔의 느낌이 환하고 산뜻하다'의 의미로 쓰였다.

25 ④

제시문의 "인도하다"는 이끌어 지도함을 이르는 말이다.
① 길이나 장소를 안내함을 이르는 말이다.
② 물건에 대한 사실상의 지배를 이전하다는 의미이다.
③ 사물이나 권리 따위를 넘겨준다는 의미이다.
⑤ 미혹한 중생을 깨달음의 길로 들어서게 함을 이르는 말이다.

26 ①

제시문의 "통하다"는 어떤 과정이나 경험을 거침을 이르는 말이다.
② 막힘이 없이 들고 남을 이르는 말이다.
③ 말이나 문장 따위의 논리가 이상하지 아니하고 의미의 흐름이 적절하게 이어져 나감을 이르는 말이다.
④ 어떤 사람이나 물체를 매개로 하거나 중개하게 하는 것을 의미한다.
⑤ 일정한 공간이나 기간에 걸치는 것을 의미한다.

27 ④

유념 … 잊거나 소홀히 하지 않도록 마음속에 깊이 간직하여 생각함을 이르는 말이다.
④ **실념** : 생각에서 없어져 사라지거나 잊음, 정념(正念)을 이르는 말이다.
① **각심** : 잊지 않도록 마음에 깊이 새겨둠을 이르는 말이다.
② **명기** : 마음에 새기어 기억하여 둠을 이르는 말이다.
③ **처심** : 마음에 새겨두고 잊지 아니함을 이르는 말이다.
⑤ **강기** : 오래도록 잊지 아니하고 잘 기억함을 이르는 말이다.

28 ②

제시문은 과시소비의 경각심에 대해 이야기하고 있다. 乙은 디드로 효과, 즉 하나의 마케팅 사례를 이야기하고 있다.

29 ③

제시문은 근데 이전 독서 방법에 대해 이야기하고 있다. ㉢은 책을 사와 독서하는 방식이 현재에는 흔하다는 내용이 먼저 제시되고 있다. ㉠은 근대 이전에는 책을 소유하는 것이 어려웠으며 책을 쓰고 읽는 일 자체를 아무나 할 수 없었다는 내용이 제시되고 있다. 이어 ㉡은 이와 같은 이유로 옛사람들의 독서와 공부 방법이 현재와 다르다는 내용, ㉣은 관련된 일화와 일화에 대한 설명을 끝으로 마무리하고 있다. 그러므로 ㉢ → ㉠ → ㉡ → ㉣이 가장 자연스럽다.

30 ⑤

제시문은 언론의 진실되고 투명한 보도에 대해 이야기하고 있다. ㉣은 언론이 진실을 보도해야 함과 정확한 보도를 위한 준칙을 제시하고 있다. ㉡은 준칙을 지켜야 하는 이유(이해관계에 따라 달라질 수 있는 내용)를 언급하며 ㉢은 언론인들의 처음 지녔던 신념을 지켜야 하며, 이어 ㉠은 양심적인 언론인이 힘들어하는 이유와 그럼에도 양심적인 보도를 해야 하는 이유를 말하고 있다. 그러므로 ㉣→㉡→㉢→㉠이 가장 자연스럽다.

31 ②

제시문은 지식인의 정의 대해 이야기하고 있다. ㉡은 화제를 제시하고 ㉣㉢에서는 이에 대한 예시, ㉠은 자신의 견해를 나타내고 있다. 그러므로 ㉡→㉣→㉢→㉠이 가장 자연스럽다.

32 ④

제시문은 MBO에 대해 이야기하고 있으나, ㉣은 재화의 효용에 대해 이야기하고 있다.

33 ②

제시문은 임을 위한 행진곡에 이야기하고 있으나, ㉡은 8 · 15 민주화운동과 제주 4 · 3사건을 모티브로 한 문학작품에 대해 이야기하고 있다.

34 ①

제시문은 민담에서 등장인물의 성격이 어떤 방식으로 나타나는 지에 대해 언급하고 있다. ㉠은 민담에서 과거 사건이 드러나는 방법에 대한 내용으로 다른 문장과의 연관성이 떨어진다.

35 ⑤

프랑스혁명과 의복의 자유에 대한 글로 국기에 대한 내용은 언급되지 않았다.

36 ②

② 두 문장에 쓰인 '물다'의 의미가 '윗니와 아랫니 사이에 끼운 상태로 상처가 날 만큼 세게 누르다.' '이, 빈대, 모기 따위의 벌레가 주둥이 끝으로 살을 찌르다.'이므로 다의어 관계이다.
①③④⑤ 두 문장의 단어가 서로 동음이의어 관계이다.

37 ③

무안 … 수줍거나 창피하여 볼 낯이 없음을 이르는 말이다.
① 곤혹 : 곤란한 일을 당하여 어찌할 바를 모르는 모습을 이르는 말이다.
② 곤욕 : 심한 모욕, 또는 참기 힘든 일을 이르는 말이다.
④ 환멸 : 꿈이나 기대나 환상이 깨어짐, 또는 그때 느끼는 괴롭고도 속절없는 마음을 이르는 말이다.
⑤ 수모 : 모욕을 받음을 이르는 말이다.

38 ①

① '바람이 일어나서 어느 방향으로 움직이다'의 의미로 쓰였다.
②③④⑤ '입을 오므리고 날숨을 내어보내어, 입김을 내거나 바람을 일으키다'의 의미로 쓰였다.

39 ⑤

외국의 인명이나 지명은 외래어인지 외국어인지에 대한 논란의 여지가 있음을 언급하고 있다. 그러면서 전문 서적일수록 원어의 철자대로 쓰는 경향이 강하고 신문 등에서는 외국인 이름을 한글로 쓴다고 했으므로, 외국의 인명은 원어의 철자대로 쓰는 것이 원칙이라는 진술은 사실과 어긋난다.

40 ③

(가)에서 과학자가 설계의 문제점을 인식하고도 노력하지 않았기 때문에 결국 우주왕복선이 폭발하고 마는 결과를 가져왔다고 말하고 있다. (나)에서는 자신이 개발한 물질의 위험성을 알리고 사회적 합의를 도출하는 데 협조해야 한다고 말하고 있다. 두 글을 종합해보았을 때 공통적으로 말하고자 하는 바는 '과학자로서의 윤리적 책무를 다해야 한다.'라는 것을 알 수 있다.

41 ①

어려운 환경에서도 열심히 노력하면 좋은 결과를 이끌어낼 수 있다는 주제를 담은 이야기이므로, '협력을 통해 공동의 목표를 성취하도록 한다.'는 내용은 이끌어낼 수 없다.

42 ③

주어진 환경과 여건에 따라 그 가치가 다르게 형성될 수 있다는 내용을 추론할 수 있다.
① 생존에 필요한 조건의 중요성 강조한 내용
② 다른 것을 흉내낼 수 있어도 본바탕은 바꿀 수 없다는 내용
④ 동일한 물건도 상대적으로 그 가치가 달리 쓰일 수 있다는 내용
⑤ 사물마다 각자 고유의 역할이 있다는 내용

43 ①

다음 글을 횡단보도가 없어 생기는 현상을 부가설명하며 횡단보도를 설치해 줄 것을 건의하는 글로 학생의 거주지에 따른 통학 수단과의 관계를 연구한 통계 내용은 적절하지 않다.

44 ④

문화 지체 현상은 제시된 자료에서 추론할 수 없다.

45 ④

높임말은 외국인들이 입을 모아 말하는 한국어 특징 중 하나로 한국인의 언급은 없다.

46 ⑤

메타버스 플랫폼을 적극 활용한 취업 시장을 설명하고 있다.

47 ③

'이제 더 이상 대중문화를 무시하고 엘리트 문화지향성을 가진 교육을 하기는 힘든 시기에 접어들었다.'가 이 글의 핵심문장이라고 볼 수 있다. 따라서 대중문화의 중요성에 대해 말하고 있는 ③이 정답이다.

48 ⑤

㉠은 일반적이지 않게 오히려 없는 사람들까지 이를 모방하는 양상을 보이므로 '그런데'가 적절하다. ㉡은 앞의 정의에 예가 나오므로 '예를 들면'이 적절하다.

49 ③

㉠은 바로 전 문장과 반대되는 내용이 뒤의 문장에 나오므로 '반면에'가 적절하다. ㉡은 앞의 내용이 뒤의 내용의 이유나 원인이 되므로 '그러므로'가 적절하다.

50 ①

제시문의 '삼다'는 '무엇을 무엇이 되게 하거나 여기다'의 의미로 쓰였다.
②④ '무엇을 무엇으로 가정하다'의 의미로 쓰였다.
③⑤ '어떤 대상과 인연을 맺어 자기와 관계있는 사람으로 만들다'의 의미로 쓰였다.

51 ③

제시문의 '같다'는 '서로 다르지 않고 하나이다'의 의미로 쓰였다.
① '~ 라면'의 뜻을 나타낸다.
② '기준에 합당한'의 뜻을 나타낸다.
④ '지금의 마음이나 형편에 따르자면'의 뜻으로 쓰여 실제로는 그렇지 못함을 나타낸다.
⑤ 혼잣말로 남을 욕할 때 그 말과 다름없다는 뜻을 나타내는 말

52 ②

제시문의 '끓다'는 '액체가 몹시 뜨거워져서 소리를 내면서 거품이 솟아오르다'의 의미로 쓰였다.
① '지나치게 뜨거워지다'의 의미로 쓰였다.
③ '소화가 안 되거나 아파 배 속에서 소리가 나다'의 의미로 쓰였다.
④ '가래가 목구멍에 붙어서 숨 쉬는 대로 소리가 나다'의 의미로 쓰였다.
⑤ '많이 모여 우글거리다'의 의미로 쓰였다.

53 ④

제시문의 '이르다'는 '어떤 대상을 무엇이라고 이름 붙이거나 가리켜 말하다'의 의미로 쓰였다.
① '어떤 장소나 시간에 닿다'의 의미로 쓰였다.
②③ '어떤 정도나 범위에 미치다'의 의미로 쓰였다.
⑤ '어떤 사람의 잘못을 윗사람에게 말하여 알게 하다'의 의미로 쓰였다.

54 ②

제시문의 '보도'는 '대중 전달 매체를 통하여 일반 사람들에게 새로운 소식을 알림', 또는 '그 소식'의 의미로 쓰였다.
① '보호하여 지도함'의 의미로 쓰였다.
③ '보배로운 칼', 또는 '잘 만든 귀한 칼'의 의미로 쓰였다.
④ '보행자의 통행에 사용하도록 된 도로'의 의미로 쓰였다.
⑤ '도와서 올바른 데로 이끌어 감'의 의미로 쓰였다.

55 ②

제시문의 '내세우다'는 '주장이나 의견 따위를 내놓고 주장하거나 지지하다'의 의미로 쓰였다.
① '어떤 일에 나서게 하거나 앞장서서 행동하게 하다'의 의미로 쓰였다.
③ '대놓고 자랑하거나 높이 평가한다'의 의미로 쓰였다.
④ '나와 서게 하다'의 의미로 쓰였다.
⑤ '대표, 후보 따위의 역할을 하도록 나서게 하다'의 의미로 쓰였다.

56 ①

제시문의 '새다'는 '원래 가야 할 곳으로 가지 아니하고 딴 데로 가다'의 의미로 쓰였다.
② '기체, 액체 따위가 틈이나 구멍으로 조금씩 빠져 나가거나 나오다'의 의미로 쓰였다.
③ '어떤 소리가 일정 범위에서 빠져나가거나 바깥으로 소리가 들린다'의 의미로 쓰였다.
④ '비밀, 정보 따위가 보안이 유지되지 못하거나 몰래 밖으로 알려지다'의 의미로 쓰였다.
⑤ '모임, 대열, 집단 따위에서 슬그머니 빠지거나 다른 곳으로 나가다'의 의미로 쓰였다.

57 ②

'워프(Whorf) 역시 사피어와 같은 관점에서 언어가 우리의 행동과 사고의 양식을 주조(鑄造)한다고 주장한다'라는 문장을 통해 언어가 우리의 사고를 결정한다는 것을 확인할 수 있다.

58 ④

2번째 문단에서 '우월성 추구'에 대한 개념을 밝히고 있으며 3번째 문단에서 우월성의 추구 특징들을 자세히 설명하고 있다. 4

59 ④

첫 번째 단락에 '자연과학에서의 사실은 ~ 새로운 사실이 나올 때까지의 협약이다.'라고 제시되어 있으며, 이 때 '자연과학의 사실'은 '공인된 사실'이라고 볼 수 있다.
① '추측'은 과학적 가설이 아니며, 타당성 여부에 관계없이 '사실'이 되지 못한다.
② 과학자조차도 많은 사람이 옳다고 하는 것에 끌린다. 일반인들에게는 '사실' 여부가 판단되지 않는 것도 많다.
③ 자연과학에서 '수정'을 할 수 있다는 것은 커다란 강점이다.
⑤ 과학자는 예상치 못한 실험 결과도 소중히 여기고 받아들여야 한다.

60 ②

인터넷의 활성화가 시민 사회의 영향력을 강화시키는 내용을 나타내고 있다.

61 ⑤

숨겨진 패턴을 추출해 앞으로 발생할 현상에 대응한다는 것은 개인 행위에 대한 예측 가능성을 높일 수 있음을 의미한다.

62 ②

NFT는 디지털 자산의 소유를 증명할 수 있을 뿐만 아니라, 메타버스 속에서 특정 자산을 고유하게 표현할 수 있는 도구가 된다.
① 첫 번째 문단에서 확인할 수 있다.
③ 세 번째 문단에서 확인할 수 있다.
④ 네 번째 문단에서 확인할 수 있다.
⑤ 다섯 번째 문단에서 확인할 수 있다.

63 ③

조선 시대에는 양반과 평·천민 모두 교육에 대한 열의가 대단해 주변국보다 문자 해독력이 우수했다는 사실과 교육의 목표를 예의에 두고 이를 실천하게 했다는 유교적 교육관을 설명하고 있다.

64 ②

글의 둘째 문단에 의하면, 국민들은 국가로부터 많은 혜택을 받기를 원하지만 세금을 많이 내려는 사람은 드물다고 하였다.

65 ③

책의 표지나 목차 이야기는 쇼윈도의 역할을 비유적으로 설명하기 위한 것이지, 책을 읽는 능력이 공간 텍스트를 해독하는 데 도움을 준다는 것은 아니다.

01	02	03	04	05	06	07	08	09	10	11	12	13	14	15	16	17	18	19	20
②	①	②	④	②	③	①	②	④	②	③	②	④	③	④	④	④	③	②	④
21	22	23	24	25	26	27	28	29	30	31	32	33	34	35	36	37	38	39	40
③	④	②	④	②	①	②	①	③	④	③	①	③	④	②	④	③	④	③	④
41	42	43	44	45	46	47	48	49	50	51	52	53	54	55	56	57	58	59	60
②	①	③	②	①	③	①	④	③	①	①	②	③	②	①	③	③	①	③	②
61	62	63	64	65	66														
①	④	①	②	①	②														

01 ②

규칙을 보면 $+1$, $\div 2$, $+1$, $\div 2$, … 반복됨을 알 수 있다. 그러나 잘 살펴보면 정확하게는 전항이 홀수인 항은 $+1$, 전항이 짝수인 항은 $\div 2$가 되고 있다. 그러므로 $\frac{4}{2}=2$ 가 답이 된다.

02 ①

홀수 항과 짝수 항을 나누어 생각해 보면

홀수 항은 68, ( ), 73, 82 → 73과 82 사이에는 9 → 3^2을 의미하므로 자연스럽게 1^2, 2^2, 3^2이 됨을 알 수 있다. 그러므로 ( ) 안의 수는 69이다.

짝수 항은 71, 70, 68, 65 → 각 항은 -1, -2, -3의 순서를 나타내고 있다.

03 ②

구하는 항의 합을 S라 하면 이 값은 3행의 첫째 항부터 100번째 항까지의 합과 같으므로

$S=3+8+13+\cdots$ (공차가 5인 등차수열의 합)

$=\dfrac{100\times(2\times 3+99\times 5)}{2}=25,050$

04 ④

주어진 조건들로부터 다음과 같은 연립 방정식을 얻는다.

$$\begin{cases} x+y=19 \cdots \text{㉠} \\ z+6=x \cdots \text{㉡} \\ z+3=y \cdots \text{㉢} \end{cases}$$

식 ㉡과 ㉢을 더하고 식 ㉠을 사용하면,

$z=5$이다. 따라서 $x=11$이다.

05 ②

㉠ 2022년 경지 면적 중 상위 5개 시·도는 전남 > 경북 > 충남 > 전북 > 경기이다.

㉡ 울산의 2022년 논 면적은 5,238ha 이고, 2021년 밭 면적은 4,696ha로 두 배가 되지 않는다.

㉢ 2021년 전국 밭 면적은 751,179ha 이고, 2022년 전국 밭 면적은 740,902ha 이다. 따라서 (740.902ha − 751.179ha) ÷ (740.902ha × 100) = −1.387… ∴ −1.4가 된다.

㉣ 2021년 논 면적 중 상위 5개 시·도는 전남 > 충남 > 전북 > 경북 > 경기이다.

06 ③

• 스위스 : $\frac{7 - 6.35}{6.35} \times 100 = 10.2(\%)$

• 노르웨이 : $\frac{5.5 - 5.67}{5.67} \times 100 = 2.9(\%)$

• 미국 : $\frac{5.7 - 5.06}{5.06} \times 100 = 12.6(\%)$

• 한국 : $\frac{3.75 - 3.68}{3.68} \times 100 = 1.9(\%)$

• 일본 : $\frac{3.64 - 3.26}{3.26} \times 100 = 11.6(\%)$

• 중국 : $\frac{3.1 - 2.83}{2.83} \times 100 = 9.5(\%)$

07 ①

하루 대여 비용을 계산해보면 다음과 같다.

① 132,000원

② 60,000 × 3 = 180,000원

③ 84,000 × 2 = 168,000원

④ 122,000 × 2 = 244,000원

08 ②

2021년 총 수송인원은 2,645백만 명으로 전년대비 2.2% 증가하였다.

$\frac{2,645 - 2,587}{2,587} \times 100 = 2.2(\%)$

09 ④

① Mazda Motor의 판매 증가율이 가장 크고, Daimler Chrysler의 판매 감소율이 가장 크다.

② 4개 기업을 제외하고는 모두 작년과 같은 기간에 비해 판매가 늘었다.

③ 전체적으로 보면 작년과 같은 기간에 비해 판매가 늘었다.

10 ②

2019~2020년의 아시아주계 외교자격 수 = 2,627 + 4,474 + 5,235 + 3,115 = 15,451 … ㉠

2021~2022년의 아시아주계 외교자격 수 = 5,621 + 3,344 + 1,189 + 816 = 10,970 … ㉡

㉠ − ㉡ = 4,481(명)

11 ③

① 석유를 많이 사용할 것이라는 사람보다 적게 사용할 것이라는 사람의 수가 더 많다.

② 석탄을 많이 사용할 것이라는 사람보다 적게 사용할 것이라는 사람의 수가 더 많다.

④ 원자력을 많이 사용할 것이라는 사람이 많고 석유, 석탄은 적게 사용할 것이라는 사람이 많다.

12 ②

소득 수준의 4분의 1이 넘는다는 것은 다시 말하면 25%를 넘는다는 것을 의미한다. 하지만 소득이 150 ~ 199일 때와 200 ~ 299일 때는 만성 질병의 수가 3개 이상일 때가 각각 20.4%와 19.5%로 25%에 미치지 못한다. 그러므로 ②는 적절하지 않다.

13 ④

소방안전이수율 = 소방안전교육을 받은 주민 수 ÷ 주민등록인구 × 100

〈2022년 소방안전교육 이수율〉

구분	서울특별시	부산광역시	대구광역시	인천광역시	광주광역시	대전광역시	울산광역시	세종특별자치시	경기도
이수율	1.3	2.0	3.7	5.1	1.2	2.5	5.0	2.3	8.0

14 ③

보통예금은 요구불 예금이며, 정기적금은 이자 수익을 얻는 금융 상품이다. 주식을 보유하는 목적은 시세 차익과 배당금 수익이다. 또한 수익증권은 위탁받은 자산운용회사가 운영한 수익을 고객에게 지급하는 금융 상품이다.

15 ④

실험 결과에 따르면 A가 여자를 여자로 본 사람이 40명 중에 18명, 남자를 남자로 본 사람이 60명 중에 28명이므로 100명 중에 46명의 성별을 정확히 구분했다.

$$\therefore \frac{18+28}{100} \times 100 = 46(\%)$$

16 ④

ⓒ 2021년 상반기 취업자 고용률은 58.3이며 2022년 상반기 취업자 고용률은 59.7이다. 따라서 2021년 대비 2022년 상반기 취업자 고용률은 1.4%p 증가하였다.

17 ④

조건에 따른 대상은 경기도, 강원도, 충청도, 전라도, 경상도, 제주도이다. 이에 따른 증감률은 경기도 −2.6%p 강원도 −1.5%p 충청도 0.8%p 전라도 −0.3%p 경상도 −2.3%p 제주도 1.7%p 이므로 증가율이 가장 큰 지역은 제주도, 감소율이 가장 큰 지역은 경기도가 된다.

18 ③

라 지역의 태양광 설비투자액이 210억 원으로 줄어들 경우 대체에너지 설비투자액의 합인 B가 510억 원이 된다. 이때의 대체에너지 설비투자 비율은 $\frac{510}{11,000} \times 100 \fallingdotseq 4.63$이므로 5% 이상이라는 설명은 옳지 않다.

19 ②

가 지역의 지열 설비투자액이 250억 원으로 줄어들 경우 대체에너지 설비투자액의 합인 B가 417억 원이 된다. 이때의 대체에너지 설비투자 비율은 $\frac{417}{8,409} \times 100 \fallingdotseq 4.96$이다.

20 ④

④ 소득 수준, A 프로그램 시청 시간이 독립 변수, 성취 점수가 종속 변수이다.

21 ③

ⓒ 2시간 이상 시청한 경우, 계층 간의 점수 차이가 시청 전에는 10점이지만 시청 후에는 5점이다.
ⓔ 1시간 미만 시청한 경우, 점수 향상 폭은 고소득 계층에서 8점, 저소득 계층에서 5점이다.

22 ④

전체 신입생도 인원 및 무교 신입생도 종교시설 이용 현황은 다음과 같다.

(단위 : 명)

구분	전체 인원	교회	성당	법당	원불교	무교
2022년	130	50	32	25	6	17
2021년	144	52	39	30	4	19
2020년	127	49	32	25	6	15
2019년	148	54	37	28	9	20
2018년	127	43	29	26	5	24
2017년	155	49	39	27	3	37

따라서 2017년이 가장 많다

23 ②

사회학처 신입생도의 수는 2022년보다 2017년도가 더 높다. 제시된 그래프에서는 2022년도가 2017년보다 높게 나타났으므로 잘못된 그래프이다.

24 ④

① 선호도가 높은 2개의 산은 설악산과 지리산으로 38.9 + 17.9 = 56.8(%)로 50% 이상이다.
② 설악산을 좋아한다고 답한 주민은 38.9%, 지리산, 북한산, 관악산을 좋아한다고 답한 주민의 합은 30.7%로 설악산을 좋아한다고 답한 사람이 더 많다.
③ 주 1회, 월 1회, 분기 1회, 연 1 ~ 2회 등산을 하는 주민의 비율은 82.6%로 80% 이상이다.
④ A 지역주민들 중 가장 많은 사람들이 연 1 ~ 2회 정도 등산을 한다.

25 ②

1986년과 비교하여 2006년의 인구 변화를 살펴보면 0 ~ 14세는 감소하였고, 15 ~ 64세는 10,954명 증가하였으며, 65세 이상은 2,927명 증가하였다. 총인구 증가의 주요 원인은 15 ~ 64세임을 알 수 있다.

26 ①

② 피라미드형 계층 구조는 계층 구성 비중만 보여주므로 반드시 폐쇄적 계층 구조인 것은 아니다.
③ 세 계층의 비중이 같을 뿐 불평등이 존재하는 사회이다.
④ 상류층, 중류층, 하류층 비율은 A에서 10%, 30%, 60%이고, B에서 30%, 10%, 60%이다

27 ②

명시된 시간 외 기타 소요시간은 고려하지 않는다고 하였으므로,

10시(출발지에서 이동) → 10시 25분(택시로 甲 지역까지 이동, 이때 소요시간 25분) → 12시 25분(甲 지역에서 부모님과 외식 시간 2시간 소요) → 15시 25분(외식 후 甲 지역에서 전시회 일정 3시간 소요) → 15시 45분(전시회 일정 후 친구들 모임이 있는 乙으로 이동, 이때 소요시간 20분) 따라서 조건에 따라 외출할 경우 친구들 모임에 도착하는 시간은 15시 45분이 된다.

28 ①

명시된 시간 외 기타 소요시간은 고려하지 않는다고 하였으므로

10시(출발지에서 이동) → 10시 55분(버스로 甲 지역까지 이동, 이때 교통요금 1,500원) → 11시 55분(甲 지역에서 부모님과 외식 시간 1시간 소요) → 13시 55분(외식 후 甲 지역에서 전시회 일정 2시간 소요) → 14시 25분(전시회 일정 후 친구들 모임이 있는 乙으로 이동, 이때 교통요금 1,250원) → 17시 25분 (친구들 모임) → 18시 30분(친구들 모임 후 복귀, 이때 교통요금 16,000원)

따라서 복귀할 때까지의 교통요금은 총 1,500 + 1,250 + 16,000 = 18,750(원)이며, 도착시간은 20시가 된다.

29 ③

2019년의 고등어조림의 판매비율 6.5%p, 2022년 고등어조림의 판매비율 7.5%p이므로 1%p 증가하였다.

30 ④

2022년 떡볶이 판매비율은 11.0%이므로 판매개수는 1,500 × 0.11 = 165개이다.

31 ③

화재강도 위험도를 환산하면 80점, 화재확률 위험도를 환산하면 60점이며 해당 업소의 업종은 고시원이 므로 가중치 0.95를 적용하면 화재위험 점수 = (80 + 60) × 0.95 = 133점이 된다.

32 ①

매 학년 대학생 평균 독서시간 보다 높은 대학이 B대학이고 3학년의 독서시간이 가장 낮은 대학은 C대학이므로 ㉠은 C, ㉡은 A, ㉢은 D, ㉣은 B가 된다.

33 ③

B대학은 2학년의 독서시간이 1학년보다 줄었다.

34 ④

2019 ~2021년 동안 충청, 대전지역 외에 경남, 부산지역도 꾸준히 증가하고 있다.

35 ②

경기, 인천 지역은 2022년 가장 높은 지원자 수를 기록하였으며 2019년에는 가장 낮은 지원자수를 기록하였다.

36 ④

① 전년 대비 약 54% 감소하였다.
② 2018년부터 산불은 증감을 반족하고 있다.
③ 가장 큰 단일 원인은 입산자 실화이다.

37 ③

① A고등학교 1고사장 응시자 평균 : $\dfrac{(20 \times 6.0) + (15 \times 6.5)}{20 + 15} = \dfrac{120 + 97.5}{35} \fallingdotseq 6.2$

　甲중학교 1고사장 응시자 평균 : $\dfrac{(15 \times 6.0) + (20 \times 6.0)}{15 + 20} = \dfrac{90 + 120}{35} = 6$

② A고등학교 1고사장 응시자 평균 : $\dfrac{(20 \times 5.0) + (15 \times 5.5)}{20 + 15} = \dfrac{100 + 82.5}{35} \fallingdotseq 5.2$

　甲중학교 1고사장 응시자 평균 : $\dfrac{(15 \times 6.5) + (20 \times 5.0)}{15 + 20} = \dfrac{97.5 + 100}{35} \fallingdotseq 5.6$

③④ A고등학교 1고사장 응시자 중 남성의 평균 : $\dfrac{6.0 + 5.0}{2} = 5.5$

　甲중학교 1고사장 응시자 중 남성의 평균 : $\dfrac{6.0 + 6.5}{2} = 6.25$

　A고등학교 1고사장 응시자 중 여성의 평균 : $\dfrac{6.5 + 5.5}{2} = 6$

　甲중학교 1고사장 응시자 중 여성의 평균 : $\dfrac{6.0 + 5.0}{2} = 5.5$

38 ④

① 10대 팬의 수는 점점 감소하고 있으므로 증가 이유와는 관련이 없다.
② 10대 팬이 가장 많다.
③ 2021년 20대 팬이 전체에서 차지하는 비율은 약 29.1%이다.

39 ③

팬클럽에서 차지하는 연령대는 다음과 같다.

(단위 : 명, %)

구분	2020년	2021년	2022년
10대	450(33.5)	425(31.3)	384(26.6)
20대	420(31.2)	395(29.1)	373(25.8)
30대	310(23)	360(26.5)	441(30.6)
4·50대	165(12.3)	178(13.1)	245(17)
전체 인원	1,345(100)	1,358(100)	1,443(100)

따라서 '2021년 10대 팬 > 2022년 20대 팬 > 2020년 30대 팬 > 2022년 4·50대 팬' 순으로 나열할 수 있다.

40 ④

표를 보면 법을 준법 수준에서 '지키지 않는다'고 응답한 사람(2.4%)을 대상으로 '법을 지키지 않는 이유'를 조사한 것이므로 준법 수준이 '보통'이라고 응답한 국민(40.7%)이 많음을 알 수 있다.

41 ②

전체연습횟수를 x, 평균 43회까지의 연습횟수를 $x-1$로 놓으면

$$\frac{43(x-1)+63}{x}=48$$

$x=4$

4회가 된다.

42 ①

분속 30m로 걸으면 정해진 시간보다 5분 더 걸리므로

$v=30,\ t=t+5$

분속 40m로 걸으면 정해진 시간보다 3분 덜 걸리므로

$v=40,\ t=t-3$

거리는 시간×속도이므로

$30(t+5)=40(t-3)$

$t=27$이므로

$40\times(27-3)=960$

43 ③

수입금액＝지출금액＋저축금액

저축률＝$\dfrac{\text{저축금액}}{\text{수입금액}}\times 100$

만약 지난해 수입금액을 100만 원이라고 가정하면

지난해 수입금액은 100만 원, 저축금액은 10%이므로 10만 원, 지출금액은 90만 원

금년도 수입금액은 지난해 비해 6% 증가하였으므로 106만 원, 지출금액은 10% 증가하였으므로 99만 원, 저축금액은 나머지이므로 7만 원

금년도 저축률은 $\dfrac{7}{106}\times 100 = 6.603 ≒ 6.6\%$

44 ②

남자 지원자의 수를 x, 여자 지원자의 수를 y라 놓으면

작년 지원자 수 : $x+y=350 \cdots ㉠$

올해 지원자 수 : $0.94x+1.04y=334 \cdots ㉡$

위 두 식을 연립하여 계산하면

$x=300, \ y=50$

여기서 50명의 여자 지원자는 작년기준이므로

$50\times 1.04 = 52$명이 된다.

45 ①

남녀 600명이며 비율이 60 : 40이므로

전체 남자의 수는 360명, 여자의 수는 240명이다.

21 ~ 30회를 기록한 남자 수는 20%이므로 $360\times 0.2 = 72$명

41 ~ 50회를 기록한 여자 수는 5%이므로 $240\times 0.05 = 12$명

∴ $72-12 = 60$명

46 ③

해구의 이득은 무이자 행사로 인하여 할부 수수료를 내지 않아도 된다.

총 할부 수수료 $=\left(\dfrac{\text{할부 원금}\times\text{할부 수수료율}\times(\text{할부 개월 수}+1)}{2}\right)\div 12$

$\qquad\qquad\quad =\left(\dfrac{120\times 0.1\times 11}{2}\right)\div 12 = 5.5$만 원

47 ①

해마다 매출액이 감소하고 있다.

48 ④

$$\frac{2,096}{670} = 3.12억\ 원$$

49 ③

$545 \times (0.43 + 0.1) = 288.85 \rightarrow 289$건

50 ①

$244 \times 0.03 = 7.32$

$\therefore 7$건

51 ①

B출판사 북클럽 이용자가 3개월간 1권 정도 구입한 일반도서량은 2020년과 2022년 전년에 비해 감소했다.

52 ②

총 출생 성비가 점차적으로 감소한다는 것은 여아 출생자 수 100명 당 남아 출생자 수가 감소한다는 것을 의미하므로 총 출생자 중 여아 출생자의 비중은 증가함을 알 수 있다.

53 ③

$2,700 : 18 = x : 100$

$18x = 270,000$

$x = 15,000(명)$

54 ②

12%가 120명이므로 1%는 10명이 된다.

$12 : 120 = 1 : x$

$x = 10(명)$

55 ①

표본수가 짝수인 경우 중앙 좌우 두 개의 숫자의 평균으로 중앙값을 계산한다. 따라서 중앙값은 150이다.

56 ③

A 부품 창고는 140m² 이며 B 부품 창고는 100m² 로, 두 부품을 보관하기 위한 창고 면적은 240m², 즉 0.00024km² 이다.

57 ③

㉠ $\dfrac{\text{한별의 성적} - \text{학급 평균 성적}}{\text{표준편차}}$ 이 클수록 다른 학생에 비해 한별의 성적이 좋다고 할 수 있다.

국어 : $\dfrac{79-70}{15} = 0.6$, 영어 : $\dfrac{74-56}{18} = 1$, 수학 : $\dfrac{78-64}{16} = 0.875$

㉡ 표준편차가 작을수록 학급 내 학생들 간의 성적이 고르다.

58 ①

기타를 제외하고 위암이 18.1%로 가장 높다.

59 ③

$16,949 \div 2,289 = 7$배

60 ②

$200,078 - 195,543 = 4,535$백만 원

61 ①

$103,567 \div 12,727 = 8$배

62 ④

독일과 일본은 0 ~ 14세 인구 비율이 낮은데 그 중에서 가장 낮은 나라는 일본으로 0 ~ 14세 인구가 전체 인구의 13.2%이다.

63 ①

일본(22.6%) 〉 독일(20.5%) 〉 그리스(18.3%)

64 ②

㉠ 습도가 70%일 때 연간소비전력량은 790으로 A가 가장 적다.

㉡ 습도가 60%와 70%일 때 연간 소비전력량이 많은 순서대로 나열하면 60%일 때에는 D − E − B − C − A, 70%일 때에는 E − D − B − C − A이다.

㉢ 습도가 40%일 때 제습기 E의 연간 소비전력량은 660이고, 습도가 50%일 때 제습기 B의 연간 소비전력량은 640이다.

㉣ 습도가 40%일 때의 값에 1.5배를 한 값과 습도가 80%일 때를 비교해보면 다음과 같다.

A = 550 × 1.5 = 825

B = 560 × 1.5 = 840

C = 580 × 1.5 = 870

D = 600 × 1.5 = 900

E = 660 × 1.5 = 990

제습기 E는 1.5배 이하가 된다.

65 ①

$$\frac{4,000+6,000}{5,000+6,000} \times 100 = 90.9$$

66 ②

$$\frac{5,600+x}{5,000+6,000} \times 100 = 100$$

$$x = 5,400$$

01	02	03	04	05	06	07	08	09	10	11	12	13	14	15	16	17	18	19	20
①	③	④	④	③	②	③	④	②	①	②	④	③	①	③	③	③	①	④	②
21	22	23	24	25	26	27	28	29	30	31	32	33	34	35	36	37	38	39	40
④	④	②	③	①	①	②	④	②	③	③	④	③	③	①	①	①	①	③	②
41	42	43	44	45	46	47	48	49	50	51	52	53	54	55	56	57	58	59	60
③	④	③	①	③	②	④	①	③	①	④	②	③	①	②	①	④	③	③	③

01 ①

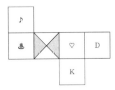

02 ③

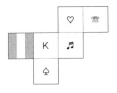

03 ④

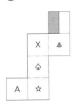

04 ④

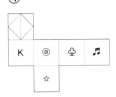

05 ③

06 ②

07 ③

08 ④

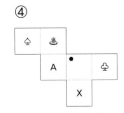

09 ②

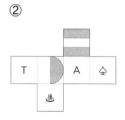

10 ①

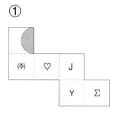

11 ②

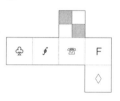

12 ④

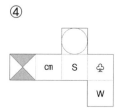

13 ③

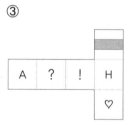

14 ①

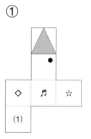

15 ③

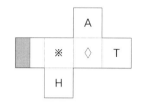

16 ③

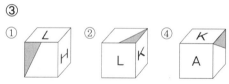

17 ③

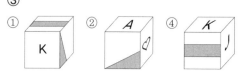

18 ①

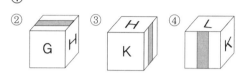

19 ④

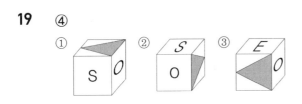

20 ②

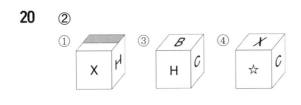

21 ④

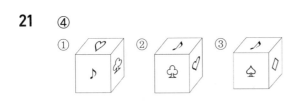

22 ④

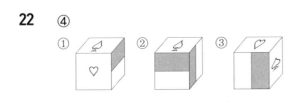

23 ②

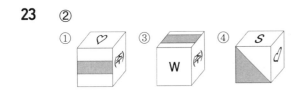

24 ③

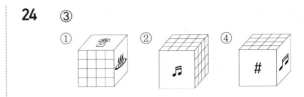

25 ①

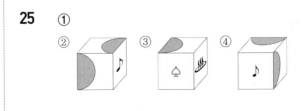

26 ①

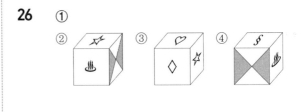

27 ②

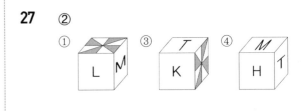

28 ④

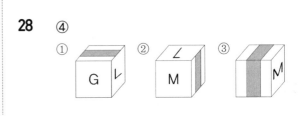

29 ②

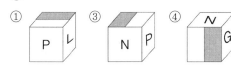

① ③ ④

30 ③

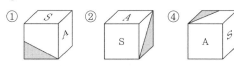

① ② ④

31 ③

1단 : 10개, 2단 : 3개, 3단 : 2개
총 15개

32 ④

1단 : 11개, 2단 : 3개
총 14개

33 ③

1단 : 12개, 2단 : 8개, 3단 : 3개, 4단 : 1개
총 24개

34 ③

1단 : 10개, 2단 : 8개, 3단 : 4개, 4단 : 2개
총 24개

35 ①

1단 : 11개, 2단 : 8개, 3단 : 5개, 4단 : 1개
총 25개

36 ①

1단 : 16개, 2단 : 5개, 3단 : 5개, 4단 : 1개,
5단 : 1개
총 28개

37 ①

1단 : 21개, 2단 : 16개, 3단 : 7개, 4단 : 2개
총 46개

38 ①

1단 : 16개, 2단 : 8개, 3단 : 3개, 4단 : 2개,
5단 : 1개
총 30개

39 ③

1단 : 17개, 2단 : 11개, 3단 : 8개, 4단 : 3개,
5단 : 3개
총 42개

40 ②

1단 : 15개, 2단 : 9개, 3단 : 2개, 4단 : 2개,
5단 : 2개
총 30개

41 ③

1단 : 16개, 2단 : 8개, 3단 : 5개, 4단 : 2개,
5단 : 1개
총 32개

42 ④

1단 : 15개, 2단 : 8개, 3단 : 4개, 4단 : 2개,
5단 : 1개
총 30개

43 ③

1단 : 12개, 2단 : 8개, 3단 : 5개, 4단 : 3개,
5단 : 2개, 6단 : 1개
총 31개

44 ①

1단 : 15개, 2단 : 8개, 3단 : 5개, 4단 : 2개
총 30개

45 ③

1단 : 10개, 2단 : 6개, 3단 : 4개, 4단 : 3개,
5단 : 3개, 6단 : 1개
총 27개

46 ②

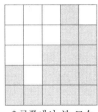

오른쪽에서 본 모습

4	3	4	1	
5	3	1		
3	2			
1				
2				

정면 위에서 본 모습

47 ④

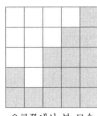

오른쪽에서 본 모습

5	3	3		1
	4	1	1	
		3		1
		1		1
		2		

정면 위에서 본 모습

48 ①

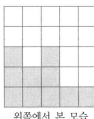

왼쪽에서 본 모습

3	1	2	2	1
2	1			1
3	2	1		1
1				
1				

정면 위에서 본 모습

49 ③

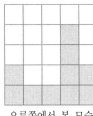

오른쪽에서 본 모습

2	2	1		1
4	1			3
1				
1				
2				

정면 위에서 본 모습

50 ①

오른쪽에서 본 모습

3	2	2	5	1
4	2	1	1	1
5	2	1		
2	2	1		
3	1	1		

정면 위에서 본 모습

51 ④

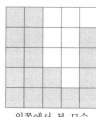

5	1	2	3	2
5				2
2				1
1				
4				

왼쪽에서 본 모습   정면 위에서 본 모습

52 ②

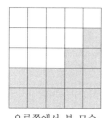

4	1		2	1
3	2			1
2	1			
1				2
2				

오른쪽에서 본 모습   정면 위에서 본 모습

53 ③

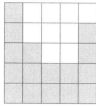

4	3	3	2	5
3	3	2	2	1
2	2	2	1	
2	1	1		
4	1			

왼쪽에서 본 모습   정면 위에서 본 모습

54 ①

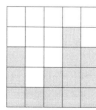

3	1	1	2	1
4				2
2	2			
1				
3	1			2

오른쪽에서 본 모습   정면 위에서 본 모습

55 ②

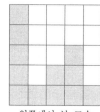

5	4	1	1	1
1	1	1	1	1
1		1		2
3				
	1			

왼쪽에서 본 모습   정면 위에서 본 모습

56 ①

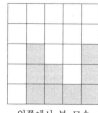

	3	2		2
			1	1
	2			1
	3	1		

왼쪽에서 본 모습   정면 위에서 본 모습

57 ④

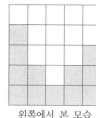

4	1	1	3	1
2			1	
1				
2	1	1		
3				2

왼쪽에서 본 모습   정면 위에서 본 모습

58 ③

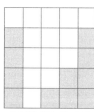

3	2	4	1	1
2				1
1				
4				3

오른쪽에서 본 모습   정면 위에서 본 모습

59 ③

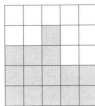

왼쪽에서 본 모습

3	2	2	1	
3	2	1	1	
4	3	2		
1	2	2	1	
			2	

정면 위에서 본 모습

60 ③

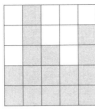

오른쪽에서 본 모습

4	3	4		
2	1			
1	1		3	
5				
2				

정면 위에서 본 모습

01	02	03	04	05	06	07	08	09	10	11	12	13	14	15	16	17	18	19	20
①	②	①	①	②	①	①	②	①	②	③	④	③	②	③	②	②	①	④	③
21	22	23	24	25	26	27	28	29	30	31	32	33	34	35	36	37	38	39	40
①	②	②	①	②	①	②	①	②	①	②	②	②	①	②	②	①	②	②	①
41	42	43	44	45	46	47	48	49	50	51	52	53	54	55	56	57	58	59	60
②	③	①	②	①	③	①	②	③	③	③	②	③	④	③	②	④	②	④	①
61	62	63	64	65	66	67	68	69	70	71	72	73	74	75	76	77	78	79	80
③	④	③	③	③	③	③	①	①	②	②	①	②	①	②	②	①	②	①	②
81	82	83	84	85	86	87	88	89	90	91	92	93	94	95	96	97	98	99	100
①	①	②	②	②	③	②	④	③	①	①	②	②	①	①	②	②	①	②	②

01 ①

f = 동, c = 사, g = 기, e = 나, b = 옹

02 ②

전 고 애 기 사 나 – d a n **g** **c** e

03 ①

a = 고, b = 옹, c = 사, d = 전, e = 나, f = 동

04 ①

d = 전, e = 나, f = 동, g = 기, h = 애, c = 사

05 ②

나 옹 사 기 고 동 전 – e **b** **c** g a f d

06 ①

정 = ▶, 부 = ▤, 대 = ♨, 전 = ◁, 청 = ◈, 사 = ♠

07 ①

청 = ◈, 렴 = ✖, 방 = ●, 위 = ♫, 사 = ♠, 업 = ✿

08 ②

■ ★ ● ♫ ♠ ✿ ♡ – 한국방위사업**원**

09 ①

대 = ♨, 한 = ■, 민 = ◈, 국 = ★, 국 = ★, 방 = ●, 부 = ▤

10 ②

★ ◁ ★ ● ✖ ♡ △ – 국**전**국방**렴**원회

11 ③

7853189**2**313791357541154933737**3**21**8**22**7**42
18

12 ④

공적 프로그램의 **가**장 중요한 **특**징은 **강**제**적**이고 **공적**이다

13 ③

희망은 **볼** 수 없는 것**을** 보고, 만져**질** 수 없는 것**을** 느끼고, **불**가능한 것**을** 이룬다

14 ②

필**요**한 시간과 해**역에** 대해 적**의** 사용**을** 거부하고 **아**군**의** 사용**을** 보**장**하는 것

15 ③

2587491**3**579851**33**5697842**3**154698**733**115940**73**6841**3**257939

16 ②

the Cheon**a**n ship s**a**nk into the deep se**a** with 46 s**a**ilors.

17 ②

The gl**o**ry **o**f great men sh**o**uld always be measured by the means they have used t**o** acquire it

18 ①

159753842687894561**2**39873**2**165474**1**852369258**1**47

19 ④

eve**r**y yea**r** the a**r**my and navy hold maneuve**r** fo**r** p**r**actice

20 ③

한반도 전 해**상**에 함정이 **상시** 배치되어 있어 해**상**재난 **시 신속**히 구조

21 ①

설 = k, 명 = f, 특 = l, 성 = j, 원 = c, 리 = g

22 ②

해 결 전 망 소 개 – h d **b** e a **i**

23 ②

결 성 특 명 소 리 – d j **l** f a g

24 ①

4 = ㅂ, 8 = ㅅ, 3 = ㄹ, 6 = ㅈ, 1 = ㄱ

25 ②

1 2 4 6 1 2 – **ㅌ** ㅂ ㅈ ㄱ **ㄷ**

26 ①

12 = ㅌ, 9 = ㅍ, 3 = ㄹ, 18 = ㅋ, 4 = ㅂ

27 ②

3 9 6 3 2 – W O T <u>W</u> Q

28 ①

11 = P, 6 = T, 5 = E, 4 = R, 1 = U

29 ②

8 7 2 10 7 – G Y <u>Q</u> <u>I</u> Y

30 ①

2 = ∀ 8 = Ⅎ 6 = ∂ 9 = ∃ 16 = ∅

31 ②

8 11 13 22 2 – Ⅎ <u>┴</u> <u>Ⅱ</u> ∮ ∀

32 ②

14 9 11 13 6 – ∩ ∃ <u>┴</u> <u>Ⅱ</u> ∂

33 ②

ㅍ ㅚ ㄴ ㅇ ㅕ – k m ℋ <u>s</u> ✖

34 ①

ㅜ = †, ㅟ = ✦, ㅋ = t, ㅟ = ✦,
ㅕ = ✖

35 ②

ㅋ ㅛ ㄴ ㅛ ㅗ – t e ℋ <u>e</u> <u>X</u>

36 ②

참 모 본 부 – ◖ ✇ ◈ ◆

37 ①

한 = ◗, 미 = ▣, 연 = ▼, 합 = ○,
사 = ◆

38 ②

지 대 공 미 사 일 – ▲ ◈ ◖ ▣ ◇ ⊗

39 ②

대 전 공 항 – ◈ ● ◖ ◎

40 ①

함 = ◔, 대 = ◈, 지 = ▲, 시 = ◇

41 ②

curre<u>n</u>t <u>n</u>avy artillery ca<u>n</u> o<u>n</u>ly shoot
about 12 miles

42 ③

159937<u>4</u>68294513725648963852<u>74</u>13219<u>4</u>87
65<u>4</u>1237894<u>54</u>6

43 ①

고가의 심해저**탐**사장비, 플랫폼, 시추장비 등 해양자원 개발을 위한 시설과 장비

44 ②

the navy are cons<u>i</u>der<u>i</u>ng buy<u>i</u>ng s<u>i</u>x new warsh<u>i</u>ps

45 ①

2142<u>0</u>1841326546884<u>1010</u>16321908720790
59730004189101567893

46 ③

<u>생명</u>보다 더 고귀한 것<u>이</u> **명예**다

47 ①

whatever you <u>d</u>o, <u>d</u>o cautiously, an<u>d</u> look to the en<u>d</u>

48 ②

2<u>5</u>01841218<u>15</u>22293025316929105172445<u>1</u>
11825219<u>15625</u>6310512

49 ③

기뢰**대**항전 훈련 **등** 해외 연합훈련을 통해 해군의 역량을 **대**내·외에 널리 과시

50 ③

a high<u>l</u>y restricted area c<u>l</u>ose to the o<u>l</u>d nava<u>l</u> airfie<u>l</u>d

51 ③

전승을 주도할 야전 임무수행능**력과 군**사전문**가**의 **기**본소양을 **갖**춘 정예장**교** 양성

52 ②

3238964923205107015898308216942320522
85952123481925

53 ③

자유민**주주**의 **정**신에 기초한 국가관 확립 군사**전**문**지**식 습득 및 활용능력 배양

54 ④

<u>1</u>245<u>1</u>2598<u>1</u>2491<u>1</u>5082<u>3</u>13547899<u>1</u>35789165
37989<u>1</u>03513

55 ③

장교로서의 사명감과 투철**한** 직업**윤리관** 확립 강**인한** 체력 **연**마

56 ②

323145698774125896**3**75395142**3**68971**3**32
145698796**3**147654

57 ④

평화를 추구하는 드높**은 이상을** 견지 **정의를** 지향하는 **청**백한 품**성**과 필**승의** 신념**을** 배양

58 ②

19517531235789456318**7**9113659735157**99**
55143529**99**87153**9**71531

59 ④

국가를 **보**호하는 **방**패가 되고 육군의 초석이 되는 명예**롭**고 권위 있는 정예간**부**

60 ①

259367148**3**579128**6**43146798**2**5962187435 126578943365**8**21498

61 ③

◈●◉■◎◉●●◈◉○●●●◉◈

62 ④

0319**2**3205135781012**5**31992**5**900

63 ③

♤♠♡♥♧♣♧♥♡♠♤♠♥♧♧♥♡♠♤

64 ③

욕망에 따른 행위는 모두 자발**적**인 **것**이다

65 ③

97**88**962**8**5014**8**59725**8**65157**8**05

66 ③

역사를 기**억**하고 기록하느냐**에** 따라 **의**미**와** 깊**이**가 변할 수 **있**다

67 ③

my head wa**s s**pinning from an exce**ss** of plea**s**ure.

68 ①

망 = e, 명 = f, 소 = a, 원 = c, 해 = h, 성 = j

69 ①

원 = c, 성 = j, 특 = l, 전 = b, 해 = h, 결 = d

70 ②

개 성 전 원 망 명 - i j b **c** e f

71 ②

1 8 Q D 9 - 小 **體 生** 大 長

72 ①

e = 德, M = 軍, 12 = 徒, 5 = 知, 27 = 中

73 ②

2 7 Q 5 8 D - **中** 生 **知** 體 大

74 ①

13 = 즘, 1 = 키, I = 린, 6 = 싯, 9 = 녑

75 ②

L 2 s 9 1 – 해 코 드 펼 기

76 ②

2 1 I 13 6 – 코 기 립 즘 시

77 ①

$2 = x^2$, $0 = z^2$, $9 = l^2$, $5 = k$, $4 = z$

78 ②

$3 \ 7 \ 4 \ 6 \ 1 - \underline{\boldsymbol{k^2}} \ l \ z \ x \ y^2$

79 ②

$8 \ 1 \ 5 \ 2 \ 0 - y \ y^2 \ k \ \underline{\boldsymbol{x^2}} \ z^2$

80 ②

159**3**798496**2**3157961**3**891**3**5795**2**31548249
91**2**35741**2**3**7**

81 ①

법의 내용과 본질은 사회의 기본적인 특징인
유기적 연**대**

82 ①

오늘 하루 기운차게 **달**릴 수 있**도**록 힘을 내자

83 ②

GcAshH7**4**8vdafo25W6**4**1981

84 ②

밝핥핞핣핳핱밝핥않핥핮핝핣흵핝핳핣

85 ②

social media companie**s** have taken **s**tep**s**
to re**s**trict Ru**ss**ian **s**tate media account**s**

86 ③

those who ca**nn**ot remember the past
are co**n**dem**n**ed to repeat it

87 ②

④❾②⑧⑥⑤①⑦❶⑨❺⑧④③❼❷

88 ④

(symbols)

89 ③

∪∬∈╫**Ƶ**Σ∀∩∯⅄╤∗**Ƶ**∈△

90 ①

이 = h, 사 = a, 정 = d, 보 = e, 체 = b, 크 = k

91 ①

정 = d, 보 = e, 기 = f, 지 = I, 이 = h, 용 = l

92 ②

사 유 지 이 다 – a g i **h** c

93 ②

용 지 크 기 지 정 – l i k f i **d**

94 ①

용 = l, 사 = a, 유 = g, 물 = j, 보 = e, 기 = f

95 ①

b = ㉠, i = ㉣, g = ㉢, m = ㉢, a = ㉡,
m = ㉢, a = ㉡

96 ②

t e l l m e – ㉠ ㉢ **㉦ ㉦** ㉢ ㉢

97 ②

g e n e r a l – ㉢ ㉢ **㉦** ㉢ ㉥ ㉡ ㉦

98 ①

m = ㉢, e = ㉢, n = ㉦, t = ㉠, a = ㉡,
l = ㉦

99 ②

l a b a m b a – ㉦ **㉡ ㉠ ㉡** ㉢ ㉠ ㉡

100 ②

t a l l e r m a n – ㉠ ㉡ ㉦ ㉦ ㉢ ㉥ ㉢ ㉡ **㉦**

제1회 실력평가 모의고사

≫ 문제 p.154

언어능력

01	02	03	04	05	06	07	08	09	10	11	12	13	14	15	16	17	18	19	20
⑤	②	③	①	③	①	④	①	②	④	②	⑤	③	②	⑤	④	④	②	④	③
21	22	23	24	25															
①	①	④	①	④															

01 ⑤

① 행위자 : 어떤 일을 하는 사람을 이르는 말이다.
② 약자 : 힘이나 세력이 약한 사람을 이르는 말이다.
③ 다수자 : 많은 수의 사람을 이르는 말이다.
④ 타자 : 자기 외의 사람을 이르는 말이다.

02 ②

제시문에 사용된 '낳다'는 '어떤 결과를 이루거나 가져오다'는 뜻이다. 이와 비슷한 의미를 가진 것은 ②이다.
①③ '배 속의 아이, 새끼, 알을 몸 밖으로 내놓다'의 의미로 쓰였다.
④⑤ '어떤 환경이나 상황의 영향으로 어떤 인물이 나타나도록 하다'의 의미로 쓰였다.

03 ③

한창 … '어떤 일이 가장 활기 있고 왕성하게 일어나는 때. 또는 어떤 상태가 가장 무르익은 때'를 이르는 말이다.
② '시간이 상당히 지나는 동안'을 이르는 말이다.
④ '일정한 정도에서 한 단계 더'를 이르는 말이다.
⑤ '수량이나 범위 따위를 제한하여 정함. 또는 그런 한도'를 이르는 말이다.

04 ①

소담히 … 음식이 풍족하여 먹음직하게

② 사치스럽고 화려한 느낌이 있다를 이르는 말이다.

③ 물건의 품질이나 겉모양, 또는 사람의 옷차림 따위가 그리 좋지도 않고 나쁘지도 않고 제격에 어울리는 품이 어지간하다를 이르는 말이다.

④ 호화롭게 사치하는 태도가 있다를 이르는 말이다.

⑤ 여럿이 정신이 어지럽도록 시끄럽게 떠들고 지껄이다. 또는 그런 소리가 나다를 이르는 말이다.

05 ③

와해 … 조직이나 계획 따위가 산산이 무너지고 흩어짐을 이르는 말이다.

① **분해** : 여러 부분이 결합되어 이루어진 것을 그 낱낱으로 나눔을 이르는 말이다.

② **멸실** : 멸망하여 사라짐을 이르는 말이다.

④ **붕괴** : 무너지고 깨어짐을 이르는 말이다.

⑤ **자멸** : 스스로 자신을 망치거나 멸망함을 이르는 말이다.

06 ①

갈무리 … 물건 따위를 잘 정리하거나 간수하다. 일을 처리하여 마무리함을 이르는 말이다.

07 ④

제시문의 '하나'는 '수효를 세는 맨 처음 수'의 의미로 쓰였다.

① 뜻, 마음, 생각 따위가 한결같거나 일치한 상태

② 여러 가지로 구분한 것들 가운데 어떤 것을 가리키는 말

③ 오직 그것뿐을 이르는 말이다.

⑤ 전혀, 조금도를 이르는 말이다.

08 ①

제시문의 '따라'는 '어떤 경우, 사실이나 기준 따위에 의거하다'의 의미로 쓰였다.

② 다른 사람이나 동물의 뒤에서 그가 가는 대로 같이 가는 것을 이르는 말이다.

③ 앞선 것을 좇아 같은 수준에 이르다는 것을 의미한다.

④ 남이 하는 대로 같이 함을 이르는 말이다.

⑤ 어떤 일이 다른 일과 더불어 일어남을 이르는 말이다.

09　②

①③④⑤는 위 내용들을 비판하는 근거가 되지만, ②는 위 글의 주장과는 연관성이 거의 없다.

10　④

제시문은 유전자조작식품에 대한 이야기를 하고 있으나, ⓔ은 아메리카 인디언의 토템을 말하고 있다.

11　②

제시된 글은 이기혁의 '민족 문화의 전통과 계승'의 일부분으로, 크게 전통에 대해 언급하고 있는 ⓐⓑⓒ과 그에 대해 반론을 제시하고 있는 ⓓⓔⓕ으로 나눌 수 있다. 맨 첫 문장인 ⓐ은 전통에 대한 일반적인 개념을 제시하고 있으며, ⓑ은 ⓐ에 대해 부연 설명을 하고 있다. 또한 ⓒ은 ⓑ의 결과이다. '그러나'로 이어지는 ⓓ은 ⓐ에 대한 반론에 해당하며, ⓔ은 ⓓ의 근거, 마지막 줄은 결과에 해당한다.

12　⑤

서문은 근대의 기본권 사상은 천부 인권 사상 또는 자연법 사상을 바탕으로 하고 있음을 알 수 있다. 그러나 ⑤는 실정법 사상에 대한 설명으로 지금의 기본권은 국법의 범위 안에서 인정되는 실정법상의 권리라는 입장이 우세하다.

13　③

제시된 문장에서 '눈'은 '사물을 보고 판단하는 능력'의 의미로 쓰였다.
① '빛의 자극을 받아 물체를 볼 수 있는 감각 기관'의 의미로 쓰였다.
② '물체의 존재나 형상을 인식하는 눈의 시력'의 의미로 쓰였다.
④ '무엇을 보는 표정이나 태도'의 의미로 쓰였다.
⑤ '사람들의 눈길'의 의미로 쓰였다.

14　②

분업은 생산 공정을 전문화시켜 생산성을 높여 줌으로써 경제의 효율성은 증가시키나, 소득을 균등하게 배분해 주지는 못한다.

15　⑤

농산물 수확량이 줄어들어 농산물 가격이 치솟는 현상이나 가축 폐사로 인해 고깃값이 인상되는 현상은 사회·문화 현상과 인과 관계가 있음을 알 수 있다.

16 ④

제시문은 빈센트 반 고흐의 「별이 빛나는 밤(사이프러스와 마을)」을 묘사하고 있다.
① 비교, ② 서사, ③ 설명, ⑤ 대조

17 ④

제시문은 비유에 대해 이야기하고 있다. ㉢은 화제를 제시하고 ㉠에서는 이에 대한 예시, ㉺㉣㉡은 구체적인 예시를 언급한 순서대로(신체 → 동물) 언급하고 있다. 따라서 ㉢ → ㉠ → ㉺ → ㉣ → ㉡이 가장 자연스럽다.

18 ②

제시문은 대표적인 식충 식물 파리지옥에 대해 이야기하고 있다. ㉠은 화제를 제시하고 ㉺에서는 파리지옥에 대해 부가적인 묘사를 하고 있다. ㉢은 ㉺의 묘사에 이어 보다 자세하게 묘사하고 있으며 ㉣은 곤충이 파리지옥에서 소화되는 과정을 설명하고 있다. ㉡은 ㉣에서 언급된 사항을 보충하여 설명하고 있다. 따라서 ㉠ → ㉺ → ㉢ → ㉣ → ㉡이 가장 자연스럽다.

19 ④

㉠㉣㉢는 언어의 본질과 은유에 대해 설명하고 있다. ㉺는 ㉢의 예로 ㉢ 뒤에 오는 것이 적절하며 ㉡는 ㉺에 대한 예로 볼 수 있으므로 ㉺ 뒤에 와야 한다. 따라서 ㉠ → ㉣ → ㉢ → ㉺ → ㉡이 가장 자연스럽다.

20 ③

㉠은 앞의 내용을 뒷받침 하는 이유나 원인이 나오므로 '그러므로'가 적절하다. ㉡은 앞의 내용을 근거로 제시하므로 '그러니까'가 적절하다.

21 ①

㉠은 인위적인 것을 규탄하기 때문에 노자가 '지부지상 부지지병(知不知上 不知之病)을 주장한다는 것을 설명하므로 '그래서'가 적절하다. ㉡은 지(知)로 연구하는 바는 천박한 것에 불과하다고 말하는 이유를 언급하므로 '왜냐하면'이 적절하다.

22 ①

다음 글에서는 서로 다른 전통문화의 차이로 한국에서는 육질 섭취 수단으로 개가 선택되었지만 유럽국 가에서 개는 수렵생활의 중요 수단이었으므로 쇠고기와 돼지고기를 즐겨 먹는다는 내용을 제시하고 있으 므로 '서로 다른 전통문화의 영향으로 식생활의 차이가 발생할 수 있다'라는 문장이 글에서 주장하는 바로 가장 적절하다.

23 ④

창의성의 발휘는 자기 영역의 규칙이나 내용에 대한 이해뿐만 아니라 현장에서 적용되는 평가 기준과 밀 접한 관련이 있다는 것이 이 글이 전달하고자 하는 중심적인 내용이다.

24 ①

시설 현대화 사업은 획일적인 사업으로 효과를 내지 못하고 있으며 상품권 사업도 사업이 정착되기까지 는 많은 시간이 필요하다는 글의 내용을 통해 시설 현대화 사업과 상품권 사업이 재래시장 활성화의 큰 영향을 미치지 못하고 있음을 알 수 있다.

25 ④

내이는 단단한 뼈로 둘러싸여 있다고 하였다.

자료해석

01	02	03	04	05	06	07	08	09	10	11	12	13	14	15	16	17	18	19	20
②	③	④	②	②	④	②	②	③	①	②	②	③	③	②	③	①	④	③	①

01 ②

$$\frac{4}{12} = 0.333$$

02 ③

각 계급에 속하는 정확한 변량을 알 수 없는 경우에는 중간값인 계급값을 사용하여 평균을 구할 수 있다. 따라서 빈칸에 들어갈 인원수를 x라 두고 다음과 같이 계산하면 된다.

$(10 \times 10) + (30 \times 20) + (50 \times 30) + (70 \times x) + (90 \times 25) + (110 \times 20) \div (10 + 20 + 30 + x + 25 + 20) = 65$

이를 정리하면 $(6,650 + 70x) \div (105 + x) = 65$

$6,650 + 70x = 6,825 + 65x$

$5x = 175$

$x = 35$명

03 ④

58기의 병과 선호도만 알 수 있을 뿐 경험을 중시하는 성향은 알 수 없다.

04 ②

승소율 $= \dfrac{\text{승소건수}}{\text{처리건수}} \times 100$이므로

- ㉠ : $35.0\% = \dfrac{x}{4,140} \times 100$

    $x = 0.35 \times 4,140$

    $x = 1,449$점

- ㉡ : $\dfrac{1,170}{3,120} \times 100 = 37.5\%$

05 ②

시간= $\dfrac{거리}{속력}$ 이므로 $\dfrac{3}{60} = \dfrac{0.5 + x}{50}$

$3 \times 50 = 60(0.5 + x)$

$150 - 30 = 60x$

$60x = 120$

$x = 2$

06 ④

두 작업을 병행하여 100개를 만드는 데 걸리는 시간은

$\left(\dfrac{1}{3} + \dfrac{1}{2} \right) \times x = 100$

$x = 120$분

손으로 100개를 만드는 데 걸리는 시간은 $3 \times 100 = 300$분

기계로 100개를 만드는 데 걸리는 시간은 $2 \times 100 + 50 = 250$분

300분과 250분이 최소공배수를 구하면 1,500분

1,500분 동안 손으로는 500개, 기계로는 600개를 만들 수 있으므로

총 1,100개를 만드는 데 1,500분이 걸린다.

총 1,200개를 만들어야 하므로 100개를 더하면 1,500분에 120분을 더하면 된다.

총 1,200개를 만드는 데 1,620분이 걸리므로 이를 시간으로 계산하면 $\dfrac{1,620}{60} = 27$시간이 걸린다.

07 ②

오답을 x로 가정하면,

$10(15 - x) - 8x \geq 100$

$x \leq 2.7$

따라서 2개까지 허용된다.

08 ②

백분율 = 일부 값 ÷ 전체 값 × 100

㉠ = 25(%), ㉡ = 40(%), ㉢ = 38(%), ㉣ = 25(%)

∴ 128(%)

09 ③

승민이의 속력을 x, 인태의 속력을 $2x$라 하면 2분 40초의 시간을 초로 환산하면 160초
승민이의 거리는 $160x$, 인태의 거리는 $320x$
같은 방향으로 뛰어 승민이를 잡는다면 둘의 거리는 1바퀴 차이
$320x - 160x = 480$
$x = 3$
인태의 속력은 $2x$이므로 $2 \times 3 = 6\text{m}$

10 ①

여리의 나이를 x, 도치의 나이를 y, 해주의 나이를 z라고 하면 다음과 같은 3개의 식이 완성된다.
$x + y + z = 4y = 3z$
$y + 6 = 4(x - z)$
$y - 3 = \dfrac{1}{2}x$
위 3개의 식을 하나씩 정리하여 보면
$x + y + z = 4y = 3z \;\longrightarrow\; 4y = 3z \;\longrightarrow\; z = \dfrac{4y}{3}$
$y + 6 = 4(x - z) \;\longrightarrow\; y + 6 = 4x - 4z$
$y - 3 = \dfrac{1}{2}x \;\longrightarrow\; x = 2y - 6$
두 번째 식에 대입하여 계산하면
$y + 6 = 4x - 4z \;\longrightarrow\; y + 6 = 4 \times (2y - 6) - \left(4 \times \dfrac{4y}{3}\right)$
$y + 6 = 8y - 24 - \dfrac{16y}{3} \;\longrightarrow\; 3y + 18 = 24y - 72 - 16y$
$5y = 90 \;\longrightarrow\; y = 18$
현재 도치의 나이는 18살이다.

11 ②

첫 월급을 x라 하면
$\left(\dfrac{(100-20)}{100} \times \dfrac{(48-5)}{48} \times \dfrac{(43-25)}{43}\right)x = 36$
$x = 120$만 원

12 ②

정보의 재가공이 가장 용이한 매체는 사회 관계망 서비스(SNS)이다. 남성 중에서는 24%, 여성 중에서는 12%가 사회 관계망 서비스(SNS)를 선호한다.

13 ③

총 비용에서 태양광이 673.6으로 가장 높고 바이오매스가 51.1로 가장 낮다.

14 ③

고도의 기술력을 요구하는 첨단 산업과 고부가가치 산업의 수출 비중이 커지고 있다. 반도체는 신속한 이동을 필요로 하며, 무게나 부피에 비해 부가가치가 매우 커 주로 항공기를 이용한다.
① 총 수출액 중 5대 수출 품목의 비중은 점점 증가하고 있다.
② 반도체는 항공기를 이용하므로 항공을 이용한 수출 화물의 운송량은 증가하고 있다.
④ 수출품의 운반거리는 항공기 등의 이용을 통해 늘어남을 알 수 있다.

15 ②

구형기계를 x, 신형기계를 y라 놓으면
$3x + 5y = 1,050$
$5x + 3y = 950$
두 식을 계산하면
$x = 100$, $y = 150$이므로
구형기계 1대와 신형기계 1대를 가동했을 때 1시간에 만들 수 있는 부품의 개수는 $100 + 150 = 250$개다.

16 ③

$(343 + 390 + 505) \times 3,500원 + 621 \times (3,500원 \times 0.8) = 6,071,800원$

17 ①

분속 30m로 걸으면 정해진 시간보다 8분 더 걸리므로
$v = 30$, $t = t + 8$
분속 45m로 걸으면 정해진 시간보다 4분 덜 걸리므로
$v = 45$, $t = t - 4$
거리는 시간×속도이므로
$30(t + 8) = 45(t - 4)$
$t = 28$이므로
$45 \times (28 - 4) = 1,080$

18 ④

$30 \div 30 = 1$(억 원)이고 5km이므로 $1 \times 5 = 5$(억 원)

19 ③

㉠ $= 60 - (3 + 5 + 19 + 25) = 8$(명)

봉사활동 이수 시간이 40시간 이상인 직원은 $25 + 8 = 33$(명)이다. 그러므로 확률은 $\frac{11}{20}$이 된다.

20 ①

$\dfrac{\text{이수인원}}{\text{계획인원}} \times 100 = \dfrac{2,159.0}{5,897.0} \times 100 ≒ 36.7(\%)$

공간능력

01	02	03	04	05	06	07	08	09	10	11	12	13	14	15	16	17	18		
①	④	①	②	③	④	②	①	①	③	④	③	②	②	③	②	②	③		

01 ①

02 ④

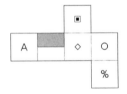

03 ①

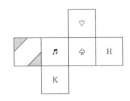

04 ②

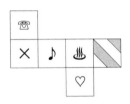

05 ③

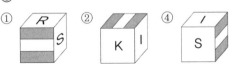

06 ④

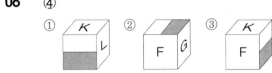

07 ②

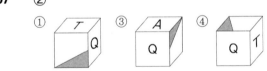

08 ①

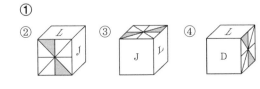

09 ①

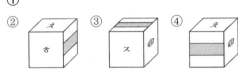

10 ③

1단 : 14개, 2단 : 8개, 3단 : 4개, 4단 : 1개,
5단 : 1개
총 28개

11 ④

1단 : 14개, 2단 : 11개, 3단 : 7개, 4단 : 4개,
5단 : 2개
총 38개

12 ③

1단 : 10개, 2단 : 7개, 3단 : 5개, 4단 : 3개,
5단 : 2개
총 27개

13 ②

1단: 13개, 2단 : 6개, 3단 : 2개, 4단 : 2개
총 23개

14 ②

1단 : 12개, 2단 : 5개, 3단 : 5개, 4단 : 2개
총 24개

15 ③

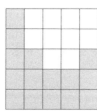

왼쪽에서 본 모습   정면 위에서 본 모습

16 ②

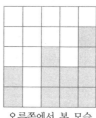

오른쪽에서 본 모습   정면 위에서 본 모습

17 ②

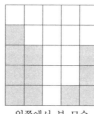

왼쪽에서 본 모습   정면 위에서 본 모습

18 ③

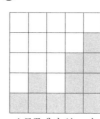

오른쪽에서 본 모습   정면 위에서 본 모습

01	02	03	04	05	06	07	08	09	10	11	12	13	14	15	16	17	18	19	20
①	①	②	①	②	①	①	②	①	②	①	②	①	②	②	③	③	②	③	②
21	22	23	24	25	26	27	28	29	30										
④	④	②	②	③	①	④	③	①	①										

01 ①

강 = 1, 남 = 2, 단 = 3, 락 = 4, 맏 = 5

02 ①

남 = 2, 찾 = 0, 받 = 5, 강 = 1, 살 = 7, 잡 = 9

03 ②

1 8 7 0 4 2 5 → 강 잎 살 찾 락 남 **맏**

04 ①

ㅇ = s, ㄴ = i, ㄷ = l, ㅊ = v, ㄱ = e,
ㅅ = r

05 ②

v e r s i o n → ㅊ ㄱ ㅅ <u>ㅇ ㄴ</u> ㅂ ㅁ

06 ①

ㄷ = l, ㄴ = i, ㄹ = m, ㄴ = i, ㅈ = t

07 ①

0 = 군, 5 = 대, 3 = 국, 6 = 방, 3 = 국,
9 = 가

08 ②

굴 비 구 조 가 방 → 2 8 1 <u>**7**</u> <u>**9**</u> 6

09 ①

3 = 국, 9 = 가, 0 = 군, 9 = 가, 0 = 군,
8 = 비, 4 = 인, 9 = 가

10 ②

조 국 대 구 방 조 대 국 인 조
→ 7 3 <u>**5**</u> 1 <u>**6**</u> 7 5 3 4 7

11 ①

福 = 18, 糟 = 4, 易 = 11, 功 = 2,
和 = 23, 妻 = 5

12 ②

易 溫 苦 福 易 來 – 11 3 1 18 11 <u>**9**</u>

13 ①

福 = 18, 溫 = 3, 易 = 11, 來 = 9, 妻 = 5,
和 = 23

14 ②

易 易 妻 功 福 苦 – 11 11 5 <u>**2**</u> 18 1

15 ②

糟 石 妻 溫 石 功 - 4 10 **5** 3 10 **2**

16 ③

앞서가**는** 육**군** 함께하**는** 육**군** 최고를 꿈꾸**는** 자의 **선**택

17 ③

come over **a**nd st**a**rt up **a** conversation with just me

18 ②

125**7**8945138**7**913468161**7**7**7**4932187416198 41684**7**35

19 ③

台**宗**太祖世**宗**文**宗**斷種世潮中**宗**停操靈照

20 ②

백두산 정**기** 뻗은 삼천리**강**산 무**궁**화 대한은 온 누리의 빛

21 ④

▨▪▥▪▨▨▥▨▥▨▫▤▫▥▨▪▥▤▫▫▨

22 ④

671**8**1930381**3**101521**3**53843**3**12719252936 1**6**

23 ②

管鮑**之**交伯牙絕絃金蘭**之**交莫逆**之**友肝膽相照水 魚**之**交

24 ②

다문**화**적 가치를 이**해하**고 존중**하**는 군 의표 문**화** 조성에 앞장선다

25 ③

2101**2**31334**2**3**2**3819**2**730411**22**671**2**194536

26 ①

200**2**9**2**102741055**7**5**9**53**9**78432**6**9**6**2415869 7310**9**12**2**9**7**1

27 ④

기본과 원**칙**에 **충**실한 군인다운 군인 양성교 육**체**계 **구축**

28 ③

0**3**795170**8**321898412**3**25489793018603031 874693154

29 ①

△▽□◇◎○☆◎◆△▽☆●○◇□◇△▽☆ ○▽☆○◇◇◎

30 ①

If the**r**e is one custom that might be assumed to be beyond c**r**iticism.

제2회 실력평가 모의고사

≫ 문제 p.192

언어능력

01	02	03	04	05	06	07	08	09	10	11	12	13	14	15	16	17	18	19	20
④	④	⑤	③	⑤	②	⑤	①	④	②	③	①	②	③	④	⑤	③	②	③	③

21	22	23	24	25
⑤	②	③	④	②

---

01 ④

밑줄 친 부분은 '어떤 심정에 잠기다'의 의미로 ④와 같은 의미로 쓰였다.

① 물이 배어 축축하게 되다.
② 감각에 익다.
③ 하늘이 어떤 빛깔을 띤 상태가 되다.
⑤ 어떤 영향을 받아 몸에 배다.

02 ④

㉠의 '동요'는 각이나 처지가 확고하지 못하고 흔들림을 의미하며 문맥적 의미로는 인간이 대상에 대해 지닐 수 있는 문제의식이나 의문을 의미한다.

① 의표(意表) : 생각 밖이나 예상 밖을 이르는 말이다.
② 당위(當爲) : 마땅히 그렇게 하거나 되어야 하는 것을 이르는 말이다.
③ 현혹(眩惑) : 정신을 빼앗겨 하여야 할 바를 잊어버림, 또는 그렇게 되게 함을 이르는 말이다.
⑤ 당혹(當惑) : 무슨 일을 당하여 정신이 헷갈리거나 생각이 막혀 어찌할 바를 몰라 함, 또는 그런 감정을 이르는 말이다.

03 ⑤

처음으로 사관후보생이 된 4명의 여학생에 관한 설명이므로, '재주가 뛰어난 젊은 여자'를 나타내는 말인 '재원(才媛)'이 들어가는 것이 적절하다.

① 재자(才子) : 재주가 뛰어난 젊은 남자
② 귀인(貴人) : 사회적 지위가 높고 귀한 사람
③ 인재(人才) : 어떤 일을 할 수 있는 학식이나 능력을 갖춘 사람
④ 거장(巨匠) : (문학·예술·과학 따위의) 어느 일정한 분야에서 특별히 뛰어난 재능을 나타내어 일반에게 인정되고 있는 사람

04 ③

"인간은 일상생활에서 다양한 역할을 수행한다."라는 일반적 진술을 뒷받침하기 위해서는 다양한 역할이 무엇인지에 대한 구체화가 이어져야 한다.

05 ⑤

⑤ 어떤 상태를 촉진 · 증진시키는 것을 의미한다.
①②③④ 위험을 벗어나게 하는 것을 의미한다.

06 ②

'숲'을 발음할 때 일어나는 현상을 예리하게 관찰하고 철저하게 분석한 논리를 시적으로 설명하고 있다. 또한 'ㅅ'과 'ㅍ'을 '바람의 잠재태'로 표현하는 등 은유적 표현이 돋보인다.

07 ⑤

⑤ '아름답게'의 기본형은 '아름답다'로 형용사이다.
① '두루'는 '빠짐없이 골고루'의 의미를 갖는 부사이다.
② '가장'은 '여럿 가운데 어느 것보다 정도가 높거나 세게'의 의미를 갖는 부사이다.
③ '풍성히'는 '넉넉하고 많이'의 의미를 갖는 부사이다.
④ '아낌없이'는 '주거나 쓰는 데 아까워하는 마음이 없이'의 의미를 갖는 부사이다.

08 ①

주어진 글에서는 밑줄 친 ㉠과 ㉡은 한 단어의 의미가 다른 단어의 역할이 되는 주체 – 행위관계를 나타낸다.
②⑤ 상하관계를 나타낸다.
③ 모순관계를 나타낸다.
④ 유의관계를 나타낸다.

09 ④

주어진 글에서 밑줄 친 ㉠과 ㉡은 한 단어의 의미가 다른 단어의 의미를 포함하는 상하관계를 나타낸다.
①⑤ 유의어관계이다.
② 부분 – 전체관계를 나타낸다.
③ 원료 – 제품관계를 나타낸다.

10 ②

① 부당 특칭 결론의 오류
③ 후건 긍정의 오류
④ 순환 논증에 따른 오류
⑤ 역공격의 오류

11 ③

① 은밀한 재정의의 오류
② 분할의 오류
③ 애매어의 오류
④ 흑백 논리의 오류
⑤ 인신공격의 오류

12 ①

① 취지 : 어떤 일의 근본이 되는 목적이나 긴요한 뜻을 이르는 말이다.
② 논지 : 하는 말이나 글의 취지를 이르는 말이다.
③ 이치 : 사물의 정당한 조리(條理), 또는 도리에 맞는 취지를 이르는 말이다.
④ 성취 : 목적한 바를 이룸을 이르는 말이다.
⑤ 철리 : 아주 깊고 오묘한 이치를 이르는 말이다.

13 ②

주어진 글은 개인적인 공간, 즉 자기 혼자만의 시간과 다른 사람으로부터 온전히 보호받을 수 있고 굳이 공유하지 않아도 되는 정신적인 영역에 대한 권리에 대해 이야기하고 있다.

14 ③

ⓛ은 화제를 제시하고 있다. ⓜⓙ은 '프로젝트 룬'에 대해 추가 설명을 하고 있으며 ⓡ은 사례를 설명하고 있다. ⓒ은 ⓡ에서 언급한 사례의 실패 이유와 결론을 말하고 있다. 그러므로 ⓛ→ⓜ→ⓙ→ⓡ→ⓒ이 가장 자연스럽다.

15 ④

ⓒ은 화제를 제시하고 있다. 이어, ⓜⓡ에서는 예시를 설명하고 있으며 ⓙⓛ은 이에 대한 부정적인 입장을 설명하고 있다. 그러므로 ⓒ→ⓜ→ⓡ→ⓙ→ⓛ이 가장 자연스럽다.

16 ⑤

제시문은 고령화사회에 대해 언급하고 있으나 ㉤은 스프롤현상에 대해 이야기 하고 있다.

17 ③

제시문의 '이루어지다'는 몇 가지 부분이나 요소가 모여 일정한 성질이나 모양을 가진 존재가 되다'의 의미로 쓰였다.
① '뜻한 대로 되다'의 의미로 쓰였다.
②④⑤ '어떤 대상에 의하여 일정한 상태나 결과가 생기거나 만들어지다'

18 ②

첫 문장을 보면 우리나라의 중산층 연구는 여러 학문 분야마다 서로 다른 대상을 가리키며 진행되어 온 것으로 명시되어 있다.

19 ③

고든 무어는 반도체의 발전 주기를 주장한 사람이다.

20 ③

제시문의 '셈'은 '어떤 일의 형편이나 결과'를 의미한다.
① 수를 세는 일을 의미한다.
② 어떻게 하겠다는 생각을 의미한다.
④ 미루어 가정함을 의미한다.
⑤ 어떻게 하겠다는 생각을 의미한다.

21 ⑤

① 잘못된 인과 관계
② 흑백 논리의 오류
③ 역공격(피장파장)의 오류
④ 발생학적 오류
⑤ 무지에의 호소 오류

22 ②

'관객과 무대와의 관계'에서의 동서양 연극의 차이점을 드러내는 내용을 찾으면, ㉠㉢㉣이다. ㉡에는 동양 연극만 드러나 있고, ㉣에는 관객과 무대와의 관계에 관한 내용이 나타나 있지 않으므로, ㉡과 ㉣은 자료로 활용하기에 적절하지 않다.

23 ③

㉠ ~ ㉣은 법률, 도덕, 관습을 준수하는 행위로, 모두 인간의 행위가 사회적 규약의 제약을 받는다는 것을 서술하기 위한 내용에 해당된다.

24 ④

마지막 문단에서 역사가가 참여하고 있는 행렬의 지점이 과거에 대한 그의 시각을 결정한다고 하였으므로 역사를 볼 때 현재가 중요시됨을 알 수 있다.

25 ②

귀성행렬의 사진촬영, 육로로 접근이 불가능한 지역으로의 물자나 인원이 수송, 화재 현장에서의 소화와 구난작업, 농약살포 등에 헬리콥터가 등장하는 이유는 일반 비행기로는 할 수 없는 호버링(공중정지), 전후진 비행, 수직 착륙, 저속비행 등이 가능하기 때문이라고 하였다. 따라서 이 글을 바탕으로 ②와 같은 추론을 하는 것은 적절하지 않다.

01	02	03	04	05	06	07	08	09	10	11	12	13	14	15	16	17	18	19	20
②	①	②	②	④	②	④	①	③	②	④	①	①	③	④	④	③	④	③	②

01 ②

한국사 시험은 총 20문항이므로 진영이가 맞춘 정답 문항 수는 19개가 된다.
그러므로 진영이의 점수는 95점이 된다.

02 ①

① 주의표지 : $\dfrac{245-175}{175} \times 100 = 40$

② 규제표지 : $\dfrac{250-190}{190} \times 100 = 31.57$

③ 지시표지 : $\dfrac{165-130}{130} \times 100 = 26.92$

④ 보조표지 : $\dfrac{150-135}{135} \times 100 = 11.11$

03 ②

응용기기의 생산규모는 2021년에 감소하였다.

04 ②

총 여성 입장객수는 3,030명

$21 \sim 25$세 여성 입장객이 차지하는 비율은 $\dfrac{700}{3,030} \times 100 \fallingdotseq 23.1(\%)$

05 ④

총 여성 입장객수 3,030명

$26 \sim 30$세 여성 입장객수 850명이 차지하는 비율은 $\dfrac{850}{3,030} \times 100 \fallingdotseq 28(\%)$

06 ②

중량이나 크기 중에 하나만 기준을 초과하여도 초과한 기준에 해당하는 요금을 적용한다고 하였으므로,
보람이에게 보내는 택배는 10kg지만 130cm로 크기 기준을 초과하였으므로 요금은 8,000원이 된다. 또
한 설희에게 보내는 택배는 60cm이지만 4kg으로 중량기준을 초과하였으므로 요금은 6,000원이 된다.

∴ $8,000 + 6,000 = 14,000$(원)

07 ④

제주도까지 빠른 택배를 이용해서 20kg 미만이고 140cm 미만인 택배를 보내는 것이므로 가격은 9,000
원이다. 그런데 안심소포를 이용한다고 했으므로 기본요금에 50%가 추가된다.

∴ $9,000 + \left(9,000 \times \dfrac{1}{2}\right) = 13,500$(원)

08 ①

㉠ 타지역으로 보내는 물건은 140cm를 초과하였으므로 9,000원이고, 안심소포를 이용하므로 기본요금에
50%가 추가된다.

∴ $9,000 + 4,500 = 13,500$(원)

㉡ 제주지역으로 보내는 물건은 5kg와 80cm를 초과하였으므로 요금은 7,000원이다.

09 ③

15초, 20초 상품 광고의 개수를 각각 x, y로 놓으면, $x + y = 10$ ⋯ ㉠

(상품 광고 시간) $= 15 \times 2x + 20y$(초)

(광고 사이 시간) $= 2x + y - 1$(초)

총 광고 시간이 275초 이므로

$30x + 20y + 2x + y - 1 = 275$ ⋯ ㉡

㉠, ㉡을 연립하면 $x = 6$, $y = 4$

∴ 방송 횟수의 합 $= 2 \times 6 + 4 = 16$

10 ②

판매된 선물 세트 A의 개수를 x개, 선물 세트 B의 개수를 y개라 하면

사용된 비누의 개수는 $6x + 5y = 5,200$ ⋯ ㉠

사용된 치약의 개수는 $2x + 3y = 2,400$ ⋯ ㉡

㉠, ㉡을 연립하여 풀면

$x = 450$, $y = 500$

따라서 총 판매 이익은

$450 \times 1,000 + 500 \times 1,100 = 1,000,000$(원)

11 ④

- 마스코트 인형 : 5,000(원) × 300(개) = 1,500,000(원)
- 벽걸이 달력 : 3,000(원) × 330(개) = 990,000(원)
- 우산 : 5,000(원) × 330(개) = 1,650,000(원)
- 수건 : 1,000(원) × 660(개) = 660,000(원)
- 3색 볼펜 : 500(원) × 360(개) = 180,000(원)
- ∴ 1,500,000 + 990,000 + 1,650,000 + 660,000 + 180,000 = 4,980,000(원)

12 ①

선물세트별 비용은 다음과 같다.
- 한과 : 100,000 × 5 × 0.96 = 480,000(원)
- 보리굴비 : 150,000 × 11 × 0.92 = 1,518,000(원)
  700,000원 이상이므로 3% 추가 할인
  1,518,000 × 0.97 = 1,472,460(원)
- 한돈 : 110,000 × 8 × 0.96 = 844,800(원)
  700,000원 이상이므로 3% 추가 할인
  844,800 × 0.97 = 819,456(원)
- 한우 : 150,000 × 14 × 0.92 = 1,932,000(원)
  700,000원 이상이므로 3% 추가 할인
  1,932,000 × 0.97 = 1,874,040(원)
- 곶감 : 130,000 × 4 = 520,000(원)
- 꿀 : 120,000 × 3 = 360,000(원)
- ∴ 480,000 + 1,472,460 + 819,456 + 1,874,040 + 520,000 + 360,000 = 5,525,956(원)

13 ①

$x = 667.6 - (568.9 + 62.6 + 22.1) = 14.0$

14 ③

① 2019년 : $\dfrac{605.5 - 591.4}{591.4} \times 100 ≒ 2.4(\%)$

② 2020년 : $\dfrac{609.1 - 605.5}{605.5} \times 100 ≒ 0.6(\%)$

③ 2021년 : $\dfrac{667.6 - 609.1}{609.1} \times 100 ≒ 9.6(\%)$

④ 2022년 : $\dfrac{697.7 - 667.6}{667.6} \times 100 ≒ 4.5(\%)$

15 ④

④ A시의 민원접수 대비 민원수용비율은 70%가 넘는 반면에 B시의 민원접수 대비 민원수용비율은 60%가 채 되지 않는다.

①③ 주어진 표로는 A, B시의 시민의 수를 알 수 없다.

② A, B시는 완료건수 대비 민원수용비율이 5%p 정도의 차이가 난다.

16 ④

2차 필기시험 합격자가 총 180명이며 필기시험을 통과한 남녀의 비율이 4 : 6이라고 했으므로,

2차 필기시험 합격 여자 지원자 수 $= 180 \times \dfrac{6}{4+6} = 108$(명)

∴ 108명

17 ③

A 씨의 경우 작년 기준으로 집행유예 6개월을 선고 받았으나 만료된 날짜로부터 1년이 경과하지 않았으므로 ⓒ에 해당한다.

18 ④

주어진 예산은 월 3천만 원이며, 이를 초과할 경우 광고수단은 선택하지 않는다. 조건에 따라 광고수단은 한 달 단위로 선택되며 4월의 광고비용을 계산해야 하므로 모든 광고수단은 30일을 기준으로 한다. 조건에 따른 광고 효과 공식을 대입하면 아래와 같이 광고 효과를 산출할 수 있다.

광고 수단	광고 횟수(회/월)	회당 광고 노출자 수(만 명)	월 광고 비용(천 원)	광고 효과
TV	3	100	30,000	0.01
버스	30	10	20,000	0.015
지하철	1,800	0.2	25,000	0.0144
SNS	1,500	0.5	30,000	0.025

월별 광고 효과가 가장 좋은 SNS를 선택한다.

19 ③

20 ~ 29세 인구에서 도로구조의 잘못으로 교통사고가 발생한 인구수를 k라 하면

$\dfrac{k}{10만명} \times 100 = 3(\%)$

$k = 3,000$(명)

20 ②

60세 이상의 인구 중에서 도로교통사고로 가장 높은 원인은 운전자나 보행자의 질서의식 부족이고 49.3%를 차지하고 있으며, 그 다음으로 높은 원인은 운전자의 부주의이며 29.1%이다. 따라서 49.3%과 29.1%의 차는 20.2%이다.

공간능력

01	02	03	04	05	06	07	08	09	10	11	12	13	14	15	16	17	18		
③	②	①	①	④	①	③	④	②	③	②	③	③	①	③	④	①	③		

01 ③

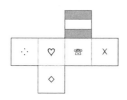

02 ②

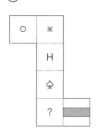

03 ①

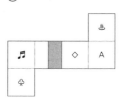

04 ①

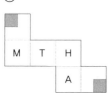

05 ④

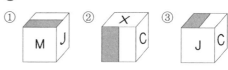

06 ①

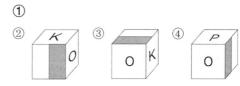

07 ③

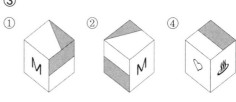

08 ④

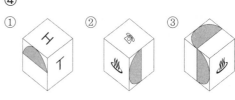

09 ②

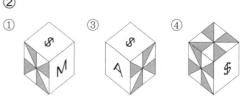

10 ③

1단 : 15개, 2단 : 14개, 3단 : 13개, 4단 : 10개
총 52개

11 ②

1단 : 13개, 2단 : 7개, 3단 : 5개, 4단 : 2개,
5단 : 1개
총 28개

12 ③

1단 : 13개, 2단 : 11개, 3단 : 7개 4단 : 3개,
5단 : 1개
총 35개

13 ③

1단 : 11개, 2단 : 5개, 3단 : 3개, 4단 : 2개,
5단 : 1개
총 22개

14 ①

1단 : 14개, 2단 : 11개, 3단 : 6개, 4단 : 3개,
5단 : 1개
총 35개

15 ③

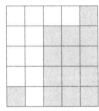

오른쪽에서 본 모습　　　정면 위에서 본 모습

16 ④

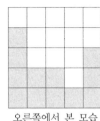

왼쪽에서 본 모습　　　정면 위에서 본 모습

17 ①

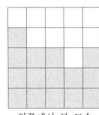

오른쪽에서 본 모습　　　정면 위에서 본 모습

18 ③

왼쪽에서 본 모습　　　정면 위에서 본 모습

지각속도

01	02	03	04	05	06	07	08	09	10	11	12	13	14	15	16	17	18	19	20
①	②	①	①	②	②	①	②	②	②	①	②	②	①	②	②	④	③	③	④
21	22	23	24	25	26	27	28	29	30										
③	②	③	③	②	②	③	①	③	③										

01 ①

1 = 학, 9 = 사, 4 = 후, 8 = 보, 3 = 생

02 ②

학 군 사 관 - 1 5 <u>9</u> 6

03 ①

5 = 군, 6 = 관, 7 = 예, 8 = 보, 9 = 사, 0 = 교

04 ①

1 = 학, 2 = 비, 3 = 생, 4 = 후, 5 = 군, 6 = 관

05 ②

관 비 보 후 교 생 - 6 2 8 4 <u>0</u> <u>3</u>

06 ②

신 임 신 체 검 사 - 7 8 7 0 <u>3</u> 6

07 ①

관 = 2, 사 = 6, 분 = 5, 임 = 8, 신 = 7, 검 = 3

08 ②

임 관 구 분 체 면 - 8 2 1 5 <u>0</u> 4

09 ②

면 접 검 사 신 임 - 4 <u>9</u> <u>3</u> 6 7 8

10 ②

사 신 관 임 구 분 체 - 6 7 <u>2</u> <u>8</u> 1 5 0

11 ①

1 = a, 4 = d, 0 = v, 1 = a, 7 = n, 3 = c, 5 = e

12 ②

a v e n g e r s - 1 0 5 7 <u>6</u> <u>5</u> 8 9

13 ②

d a n g e r - 4 1 7 6 <u>5</u> <u>8</u>

14 ①

2 = b, 1 = a, 7 = n, 7 = n, 5 = e, 8 = r

15 ②

c a r a v a n - 3 1 8 1 <u>0</u> <u>1</u> 7

16 ②

7472128302319890259717852793072597326570923971597257930**7**954

17 ④

해저유**물** **탐**사 **및** 인양작업 지원으로 찬란한 **민**족유산과 전통**문**화의 보존 · 계승

18 ③

can you pl**ea**se t**e**ll m**e** wh**e**r**e** you ar**e** calling from?

19 ③

1**9**604**99**11304091208**9**13**9**3**9**4**9**8061**9**5805374010256**5**912**9**7653

20 ④

군의 존재 목적은 **궁극적**으로 전쟁에서 승리하여 **국가**를 보전하는 일이지만, 싸우지 않**고** 이**기**는 **것**이 최선이다

21 ③

of course, **t**ha**t**'s **t**he way **t**he navy wan**t**s you

22 ②

23**4**985**4**791**4**39**4**9500**4**98232**84**00**4**98**34**102**44**9934217894351

23 ③

군 목표는 '군**의** 존재 **의의**, 곧 존립목적'**이**며, **육군의** 모든 **역량을** 집**중**해**야** 할 지**향**점**이**다

24 ③

cargo spa**c**e reserved with the lo**c**al shipping firms

25 ②

842659173**9**8218**3**898**68**4**8**57369741259204700**9**8713**88**3015812673

26 ②

Ч Ц Ы Ш Ъ Э К **Ч** ɦ ʃ з Ы **Ч** К ë Ю **Ч** Я ɸ г **Ч** Й О э д Ҩλ **Ч Ч**

27 ③

reactivation of **s**hop facilitie**s** at the yoko**s**uka navy yard

28 ①

1346791425367889455612625395782615 74
9965826648 66327

29 ③

작전을 포**함한** 제반 **항**공기 지**휘** 및 참모 산 불진**화**, **환**자이송 등 대민 지원임무

30 ③

the city of athens **p**re**p**ared its navy to fight the **p**ersians

제3회 실력평가 모의고사

≫ 문제 p.235

언어능력

01	02	03	04	05	06	07	08	09	10	11	12	13	14	15	16	17	18	19	20
④	①	②	③	⑤	④	③	④	①	②	④	⑤	①	②	③	③	⑤	②	②	③

21	22	23	24	25
①	④	③	⑤	④

01 ④

허점 … 불충분하거나 허술한 점. 또는 주의가 미치지 못하거나 틈이 생긴 구석
① 하자 : 옥의 얼룩진 흔적이라는 뜻으로, '흠'을 이르는 말
② 여백 : 종이 따위에, 글씨를 쓰거나 그림을 그리고 남은 빈자리
③ 결점 : 잘못되거나 부족하여 완전하지 못한 점
⑤ 트집 : 공연히 조그만 흠을 들추어내어 불평을 하거나 말썽을 부림. 또는 그 불평이나 말썽

02 ①

화합 … 화목하게 어울림
② 조합 : 두 사람 이상이 출자하여 공동 사업을 경영하기 위하여 결합한 단체
③ 사양 : 겸손하여 받지 아니하거나 응하지 아니함
④ 양보 : 남을 위하여 자신의 이익을 희생함
⑤ 배합 : 이것저것을 일정한 비율로 한데 섞어 합침

03 ②

면밀히 … 자세하고 빈틈없이
① 확고히 : 태도나 상황 따위가 튼튼하고 굳게
③ 소담히 : 김새가 탐스럽게
④ 간략히 : 간단하고 짤막하게
⑤ 한참동안 : 시간이 상당히 지나는 동안

04 ③

간신히 … 겨우 또는 가까스로
① 괜스레 : 까닭이나 실속이 없는 데가 있게
② 부산히 : 급하게 서두르거나 시끄러울 정도로 떠들어 어수선하게
④ 한갓지게 : 한가하고 조용함
⑤ 소잡하게 : 소란스럽고 번잡함

05 ⑤

기피 … 꺼리거나 싫어하여 피함
① 모면 : 어떤 일이나 책임을 꾀를 써서 벗어남
② 도피 : 도망쳐 몸을 피함
③ 혼돈 : 마구 뒤섞여 갈피를 잡을 수 없는 상태
④ 혼란 : 뒤죽박죽이 되어 어지럽고 질서가 없음

06 ④

아무리 훌륭한 사람이어도 남 앞에서 겸손하고 자신을 낮출 줄 알아야 한다는 뜻
① 어떤 일이든 기회가 있을 때 곧바로 실행해야 한다는 뜻
② 자식이 많을 둔 부모의 걱정은 끊이지 않는다는 뜻
③ 지난 일은 생각하지 못하며 처음부터 잘난 듯이 행동하는 것
⑤ 확실한 일이어도 한 번 더 확인하고 조심하라는 뜻

07 ③

③의 '철썩철썩'은 의성어, '아장아장'은 의태어이다.

08 ④

정확한 어음과 발음 습관화는 발음 기관이 유연할 때 해야 한다고 2번째 문단에 나와 있다.
①③ 문법 규칙보다는 외국어를 기억하게하며 대화를 통한 학습이 중요하다.
②⑤ 외국어를 배울 경우 다른 언어의 개입이 없어야 한다. 이때, 모국어 읽는 법을 잊어버리지 않도록 모국어 독서력을 유지해줘야 한다.

09 ①

대체 에너지원인 조력발전은 친환경적 에너지로 포장되어 있으며 조력발전을 위한 댐 건설이 자연환경에 부담을 초래하는 일이라며 정책을 비판하고 있다. ⓒⓜ에서 조력발전의 정의를 설명하면서 화제를 제시하며 ㉠ⓛ에서는 조력발전의 문제를 제기한다. ㉣에서는 앞선 문제를 바탕으로 정책을 비판하고 있다.

10 ②

㉠은 뒷말에 대해 앞말이 토지 문제에 대한 근거를 말하고 있으므로 '따라서'가 들어가야 한다. ⓛ은 상품 투자에 대한 설명과 상반되는 내용이므로 '그러나'가 와야 한다.

11 ④

앞에서 토지는 상품 투자의 일종이라고 하였으므로 귀금속 · 주식 · 은행 등의 상품을 예로 들 수 있다.

12 ⑤

동양의 나라에서 우리나라만 '세는 나이'를 사용하고 있으므로 이에 따른 불편함과 해결방안을 제시하는 글이 뒤따라 와야 한다.

13 ①

근로기준법에 '1주란 휴일을 포함한 7일을 말한다' 한 문장의 추가로 최대 근로시간 계산법의 차이점을 알려주고 있다.

14 ②

갯벌은 썰물에 드러난다.
② 드러나다 : 보이지 않던 것이 보이게 되다.
① 쾌청하다 : 구름 한 점 없이 날씨가 맑고 상쾌하다.
③ 움츠리다 : 몸이나 몸의 일부를 오그리어 작아지게 하다.
④ 얽히고설키다 : 이리저리 복잡하게 되다.
⑤ 설레다 : 마음이 들떠서 두근거리다.

15 ③

㉠ 前面(앞 전, 낯 면), ㉡ 正拳(바를 정, 주먹 권)이 올바른 표기이다.
- **全面** : 모든 부분
- **轉眄** : 잠깐 사이
- **正權** : 정당한 권리
- **呈券** : 과거의 답안지를 시관에게 내던지는 일

16 ③

질병은 성별 · 계층 · 직업 등의 사회적 요인에 따라 다르게 나타난다고 앞에서 제시하고 있다.

17 ⑤

마지막 줄에 따르면 전문 연명의료 전문 상담의 생략에 대해서는 논의중이라고 제시되어 있다.

18 ②

자산이나 자금 따위의 사용이나 변동의 금지 됨
①④ 사업, 계획, 활동 따위가 중단됨
③⑤ 추위나 냉각으로 얼어붙음

19 ②

내세우다 … 주장, 의견을 내놓고 주장하거나 지지함
① 나와 서게 함
③ 내놓고 자랑하거나 높이 평가함
④ 역할을 하도록 나서게 함
⑤ 어떤 일에 나서거나 앞장서서 행동하게 함

20 ③

붙다 … 맞닿아 떨어지지 않음
① 시험에 합격함
② 좇아서 따름
④ 조건, 이유, 구실이 따름
⑤ 바로 옆에서 돌봄

21 ①

불수의근은 근육의 의식적 통제가 불가능한 것으로 내장근육과 심장근육을 말한다.
② 움직임의 의식적 통제가 가능한 근육은 수의근육이다.
③ 달리기, 들어올리기 등의 운동은 뼈대근육을 발달시킨다.
④ 근섬유의 줄무늬 유무와 의식적 통제 가능성 두 가지를 기준으로 분류한다.
⑤ 뼈대근육과 심장근육에 줄무늬가 있다.

22 ④

주로 심리치료사, 점쟁이, 사기꾼 등이 있다. 상대의 반응을 살피며 높은 확률로 추측한다면 누구나 사용할 수 있는 커뮤니케이션 기술이다.
③ 사람의 마음을 들여다본 정보를 악용하면 사기꾼이 된다.
⑤ 콜드리더는 상대방을 분석하여 마음을 읽어내므로 거짓말을 들킬 가능성이 높다.

23 ③

예측 … 미리 헤아려 짐작함
③ 예견 : 앞으로 일어날 일을 미리 짐작함
① 예감 : 어떤 일이 일어나기 전 본능적으로 미리 느낌
② 예상 : 어떤 일을 직접 당하기 전에 미리 생각한 내용
④ 예사 : 보통 있는 일
⑤ 예기 : 앞으로 닥칠 일에 대해 미리 생각하고 기다림

24 ⑤

㉠과 ㉡은 제품과 원료 관계를 나타낸다. 숯은 목재를 가열하여 만들어지는 것이다. 따라서 참나무가 그 재료가 된다. 도자기의 재료는 점토이며 이를 빚어 구워낸 것이다.

25 ④

우리나라의 국경일에는 3·1절, 제헌절(7.17), 광복절(8.15), 개천절(10.3), 한글날(10.9)이 있다. 현충일은 국경일이 아닌 기념일이다.

01 ①

지역가입자 수는 지역가입자의 총 보험료를 지역가입자 1인당 월 보험료로 나누어 계산할 수 있다(보험료 단위를 동일하게 환산하지 않아도 된다). 따라서 전체 보험료를 한 해 전체로 판단하여 1인당 연 보험료를 산정하여 연도별 지역가입자 수를 계산해 보면, 지역가입자 수가 매년 감소했음을 알 수 있다.

② 2021년은 $399,446 \div 475,931 \times 100 = 83.9\%$이며, 2022년은 $424,486 \div 504,168 \times 100 = 84.2\%$이다.

③ 직장가입자의 경우는 $(48,266-36,156) \div 36,156 \times 100 = 33.5\%$이며,
지역가입자의 경우는 $(47,847-37,357) \div 37,357 \times 100 = 28.1\%$이다.

02 ①

구분	2017년	2018년	2019년	2020년	2021년
시간급 최저시급	6,470	7,530	8,350	8,590	8,720
전년 대비 인상률(%)	7.3	16.4	10.9	2.9	1.5
영향률(%)	23.3	24	25.9	24.3	25.9
적용대상 근로자 수	18,734	19,240	20,757	21,678	21,453
수혜 근로자 수	4,366	4,625	5,376	5,264	5,546

㉠ 전년 대비 인상률$(\%) = \dfrac{\text{해당년도 시급} - \text{전년도 시급}}{\text{전년도 시급}} \times 100$이므로,

2018년 전년 대비 인상률은 $\dfrac{7,530-6,470}{6,470} \times 100 = 16.4$이다.

㉡ 적용대상 근로자 수 $= \dfrac{\text{수혜 근로자 수}}{\text{영향률}} \times 100$ 이므로,

2019년 적용대상 근로자 수는 $\dfrac{5,376}{25.9} \times 100 = 20,757$이다.

㉢ 전년 대비 인상률$(\%) = \dfrac{\text{해당년도 시급} - \text{전년도 시급}}{\text{전년도 시급}} \times 100$이므로,

2020년 전년 대비 인상률은 $\dfrac{8,590-8,350}{8,350} \times 100 = 2.9$이다.

03 ④

④ 전년 대비 인상률(%) = $\dfrac{해당년도 시급 - 전년도 시급}{전년도 시급} \times 100$이므로,

$2.5 = \dfrac{x - 8,720}{8,720} \times 100$이므로, $x = 0.025 \times 8,720 + 8,720$

∴ $x = 8,938(원)$이다.

① 2020년 수혜근로자 수는 감소하였다.

② 적용대사 근로자수는 작년대비 2018년은 506,000명, 2019년은 1,517,000명, 2020년은 921,000명, 2021년도는 -225,000명이므로 가장 많이 증가한 시기는 2019년이다.

③ 2021년을 보면 수혜근로자 수는 증가하지만 적용대상 근로자 수는 감소하였으므로 옳지 않다.

04 ①

2022년의 기초연금 수급률이 65.6%이므로 기초연금 수급률은 65세 이상 노인 수 대비 수급자의 비율이라고 볼 수 있다.

따라서 이에 의해 2015년의 기초연금 수급률을 구해 보면, $3,630,147 \div 5,267,708 \times 100 = 68.9\%$가된다. 따라서 68.9%와 65.6%와의 증감률을 구하면 된다.

이것은 다시 $(65.6 - 68.9) \div 68.9 \times 100 = -4.8\%$가 된다.

05 ③

1인 수급자는 전체 부부가구 수급자의 약 17%에 해당하며, 전체 기초연금 수급자인 4,581,406명에 대해서는 약 8.3%에 해당한다.

① $4,581,406 \div 6,987,489 \times 100 = 65.6\%$이므로 올바른 설명이다.

② 기초연금 수급자 대비 국민연금 동시 수급자의 비율은
2015년이 $719,030 \div 3,630,147 \times 100 = 19.8\%$이며,
2022년이 $1,541,216 \div 4,581,406 \times 100 = 33.6\%$이다.

④ 2015년 대비 2022년의 65세 이상 노인인구 증가율은
$(6,987,489 - 5,267,708) \div 5,267,708 \times 100 = 약 32.6\%$이며,
기초연금수급자의 증가율은 $(4,581,406 - 3,630,147) \div 3,630,147 \times 100 = 약 26.2\%$이므로
올바른 설명이다.

06 ①

재확진 된 경우에 대한 설명이 제시되어 있지 않다.

② 총 지역별 자가격리자 수

인원(명)	A	B	C	D
자가격리자	17,574	1,795	1,288	16,889

③ B지역 전일 기준 자가격리자 수 : 508 − 52 + 33 = 489명

∴ 내국인의 해제인원은 195명이므로 294명 더 많다.

④ 내외국인의 신규인원이 가장 적은 곳은 모두 C지역이다.

07 ③

먼저 내외국인을 합친 인원은 다음과 같다.

인원(명)	A	B	C	D
자가격리자	17,574	1,795	1,288	16,889
신규인원	1,546	122	35	1,543
해제인원	1,160	228	12	1,370
모니터링 요원	10,142	710	196	8,898

㉠ 전일 기준 자가격리자(해당일 기준 자가격리자 + 해제인원 − 신규인원)

• A : 17,574 + 1160 − 1546 = 17,188명

• B : 1,795 + 228 − 122 = 1,901명

• C : 1,288 + 12 − 35 = 1,265명

• D : 16,889 + 1370 − 1543 = 16,716명

∴ 전일 기준 대비 자가격리자가 줄어든 곳은 과천시 뿐이므로 B가 과천시이다.

㉡ 외국인 격리자가 가장 많은 곳은 고양시이다. A가 고양시이다.

㉢ 모니터링 요원 대비 자가격리자의 비율

• A : 10,142 ÷ 17,574 × 100 = 57.7%

• B : 710 ÷ 1,795 × 100 = 39.5%

• C : 196 ÷ 1,288 × 100 = 15.2%

• D : 8,898 ÷ 16,889 × 100 = 52.6%

∴ 고양시, 과천시, 파주시는 모두 18% 이상이므로 C는 남양주시이다.

08 ③

보기에 다르면 날짜는 다음과 같다.

5월							6월						
1	2	3	4	5	6	7	1	2	3	4	5	6	7
8	9	10	11	12	13	14	8	9	10	11	12	13	14
15	16	17	18	19	20	21	15	16	17	18	19	20	21
22	23	24	25	26	27	28	22	23	24	25	26	27	28
29	30	31					29	30					

순서	소요 기간	해당 날짜
계약 의뢰	1일	5월28일
서류 검토	2일	5월29일
입찰공고	긴급계약의 경우로 10일	5월 31일
공고 송료 후 결과통지	1일	6월 10일
입찰서류 평가	7일	6월 11일
우선순위 대상자와 협상	5일	6월 18일
계약 체결일	협상 후 다음날	6월 23일

09 ②

㉠ 영업이익 + 영업비용 = 매출액 이므로, 13,251 + 3,084 = 16,335(억 원)이다.

㉡ 매출액 − 영업이익 = 영업비용 이므로, 238,550 − 17,112 = 221,438(억 원)이다.

㉢ 전체 사업체 수 4,266 = 335 + ㉡ + 302 + 457 + 154 + 65 + 16 + 1,339 이므로 대리중개업의 사업체 수는 1,598(개)이다.

10 ④

④ 238,550 ÷ 4,266 = 55.918⋯≒55.9억 원

① 매출액은 65,287(억 원)과 영업이익 3,709(억 원) 모두 대리중개업이 1위이다.

② 영업이익률(%) = $\dfrac{영업이익}{매출액} \times 100$ 이므로, $\dfrac{17,112}{221,438} \times 100 = 7.727\cdots ≒ 7.7\%$ 이다.

③ 영업이익률을 구해보자면,

- 화물운송업 : 1,440 ÷ 59,279 × 100 = 2.4(%)
- 대리중개업 : 3,709 ÷ 65,287 × 100 = 5.7(%)
- 항만부대업 : 3,084 ÷ 16,335 × 100 = 18.9(%)
- 수리업 : 1,037 ÷ 8,751 × 100 = 11.9(%)
- 창고업 : 1,086 ÷ 41,840 × 100 = 7.3(%)
- 하역업 : 3,234 ÷ 15,892 × 100 = 20.3(%)

- 여객운송업 : 51 ÷ 948 × 100 = 5.4(%)
- 선용품공급업 : 3,471 ÷ 57218 × 100 = 6.1(%)이므로, 화물운송업을 제외한 모든 업종이 3% 이상의 영업이익률을 나타낸다.

11 ②

② C와 D 지역의 1인당 피해액은 합계는 16,282(원)이므로 전국 1인당 피해액 3,419(원)이므로 4.76배이다. 따라서 4배 이상이다.

① D는 23,371,458(천 원)으로 전국 피해액의 19.2%이다. 따라서 20%이상이 아니다.

③ 피해밀도는 다음과 같다.
- A : 2,787,341 ÷ 1,052 = 2649.56(원/㎢)
- B : 3,364,044 ÷ 10,875 = 309.34(원/㎢)
- C : 6,351,457 ÷ 18,226 = 348.48(원/㎢)
- D : 23,371,458 ÷ 9,031 = 2587.91(원/㎢)
- E : 85,537,504 ÷ 18,861 = 4535.15(원/㎢)

④ A지역은 B지역의 2649.56 ÷ 309.34 = 8.57배이다.

31 ③

권역＼정당	A	B	C	D	E	합
甲	57	9	0	1	3	72
乙	3	2	27	0	1	33
丙	48	94	2	1	5	150
전체	108	105	29	2	9	253

③ 권역별 비율은 다음과 같다.

- C정당 전체 당선자 중 乙권역 당선자가 차지하는 비율 : $\frac{27}{29} \times 100 = 93.1\%$

- A정당 전체 당선자 중 丙권역 당선자가 차지하는 비율 : $\frac{48}{108} \times 100 = 44.4\%$

∴ 93.1 ÷ 44.4 = 2.1 이므로 2배 이상이다.

① E정당의 당선자 수는 甲권역이 3명 乙권역이 1명이므로 甲이 더 많다.

② 당선자수의 합은 丙권역이 150명 甲권역이 72명이므로 丙권역이 2배 이상이다.

④ $\frac{94}{105} \times 100 = 89.5\%$ 이므로, 60% 이상이다.

32 ④

간편식	A	B	C	D	E	F	평균
판매량	48	78	50	78	50	20	54

㉠ C는 E와 같으므로 E는 50이다.

㉢ E의 배달 횟수는 D보다 28회 적다고 하였으므로 D는 50 + 28 = 78이다.

㉡ B는 D와 같으므로 B는 78이다.

∴ (48 + 78 + 50 + 78 + 50 + F) ÷ 6 = 54 이므로, F는 20이다.

33 ②

② C지역의 풍속이 2월, 7월, 11월은 E지역보다 보다 크다.

① '운전' 작업제한 조치는 9월에만 시행되있다.

③ E지역의 '운전'작업제한 조치는 2월과 11월을 제외하고 모든 '월'에 시행하였다.

④ B지역은 3개 '월', D지역은 매월 '운전' 작업제한 조치를 시행하였다.

34 ③

㉠ 독일만 2022년 13.8% 증가하였다.

㉡ 일본의 전체 발전량 중 원자력 발전량의 비중은 437.4 ÷ 568.5 × 100 = 76.9%이므로, 75% 이상이다.

㉢ 프랑스의 2022년 신재생 에너지 발전량 비중은 80.9 ÷ 339.1 × 100 = 23.9%로 2015년의 6.2% 대비 15%이상 증가하였다.

35 ④

④ A ~ E의 4과목 평균 점수는 다음과 같다.

• A : (80 + 90 + 75 + 95) ÷ 4 = 85

• B : (85 + 100 + 70 + 90) ÷ 4 = 86.25

• C : (90 + 80 + 85 + 80) ÷ 4 = 83.75

• D : (95 + 65 + 100 + 90) ÷ 4 = 87.5

• E : (75 + 100 + 100 + 80) ÷ 4 = 88.75

∴ E − C = 88.75 − 83.75 = 5 이다.

① (80 + 85 + 90 + 95 + 75) ÷ 5 = 85

② A ~ E의 영어와 한국사의 평균점수는 다음과 같다.

• A : (90 + 95) ÷ 2 = 92.5

• B : (100 + 90) ÷ 2 = 95

• C : (80 + 80) ÷ 2 = 80

• D : (65 + 80) ÷ 2 = 72.5

• E : (100 + 80) ÷ 2 = 90

∴ 영어와 한국사의 평균점수는 B가 가장 높다.

③ 성별 수학 평균 점수는 다음과 같다.

• 남 : (75 + 100) ÷ 2 = 87.5

• 여 : (70 + 85 + 100) ÷ 3 = 85

∴ 남학생의 평균 점수가 더 높다.

36   ③

구분 \ 연도	2021	2022	2023	2024	2025	2026	2027	2028
시스템반도체	2,410	2,213	2,576	2,823	3,375	3,358	3,390	3,596
인공지능반도체	69(2.9)	158(7.1)	352(13.7)	493(17.5)	675(20)	827(26.3)	1,197(30)	2,197(60.9)

③ 먼저, 2025년 시스템반도체 시장규모는 675 ÷ 0.2 = 3,375(억 달러) 이다. 2023년 대비 2025년 증가율은 다음과 같다.

• 시스템반도체 : (3,375 − 2,576) ÷ 2,576 × 100 = 31(%)

• 인공지능반도체 : (675 − 352) ÷ 352 × 100 = 91.8(%)

∴ 91.8 ÷ 31 = 약 3배이다.

① 2023년 비중은 352 ÷ 2,576 × 100 = 13.7 이므로 비중이 매년 증가하고 있음을 알 수 있다.

② 2027년 시스템반도체 시장규모는 1197 ÷ 0.3 = 3,390(억 달러) 이므로 3,390 − 2,410 = 980(억 달러) 이다.

④ 2,197 ÷ 3,596 × 100 = 60.9(%)

37   ②

㉠ SNS 계정을 소유하고 있는 비율은 남성이 49.1%, 여성이 71.1%로 여성이 남성보다 높다.

㉡ 10대의 계정 소유 비율은 61.7%으로 40 ~ 50대 계정 소유 비율 31.3%의 2배가 되지 않는다.

㉢ SNS 계정을 소유한 연령 중 20~30대 비율이 84.9%로 가장 높다.

㉣ 40 ~ 50대는 SNS 계정을 소유하지 않은 비율이 68.7%이고, 소유한 비유이 31.3%로 SNS 계정을 소유한 비율이 소유하지 않은 비율보다 낮다.

38 ③

㉠ 3,026 − 1,144 − 1,258 − 371 = 253(명)

㉡ '감소'의 응답자수를 알아야 '변동 없음'의 비율을 알 수 있다.
- '감소'의 응답자수 : 253 × 0.167 = 42.251(명)
- '변동 없음'의 응답자 수 : 253 − 42.251 = 210.749(명)
- ∴ 210.749 ÷ 253 × 100 = 83.3(%)이다.

㉢ '변동 없음'의 비율 = 100 − 26.3 − 0.5 = 73.2(%)

39 ④

④ 5 ~ 7천만 원 미만부터는 '감소' 응답 비율이 낮아지지만 7천 ~ 1억 원 미만, 1억 원 이상도 '감소' 응답 비율이 5 ~ 7천만 원 보다 낮아지므로 틀린 말이다.

① 연령별 소득 변화의 '증가'를 경험한 인원은 다음과 같다.
- 20대 이하 : 371 × 0.012 = 4.452 ≒ 4.5(명)
- 30 ~ 40대 : 1,258 × 0.006 = 7.548 ≒ 7.5(명)
- 50 ~ 60대 : 1,144 × 0.004 = 4.576 ≒ 4.6(명)
- 70대 이상 : 252 × 0 = 0(명)

따라서, 소득변화의 증가를 경험한 인원은 30 ~ 40대 인원이다.

② 1 ~ 3천만 원의 응답자 수는 다음과 같다.
- '변동없음' 응답자수 수 : 701 × 0.771 = 540.471 ≒ 540.5(명)
- '감소' 응답자수 수 : 701 × 0.221 = 154.921 ≒ 154.9(명)
- ∴ 540.5 ÷ 154.9 = 3.489⋯ 이므로, 3배 이상이다.

③ '증가' 응답비율은 모두 2%를 넘지 않는다.

공간능력

01	02	03	04	05	06	07	08	09	10	11	12	13	14	15	16	17	18
④	②	②	③	①	②	①	④	①	③	①	①	④	①	③	①	①	④

01 ④

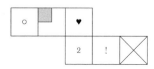

02 ②

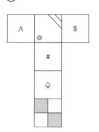

03 ②

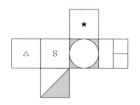

04 ③

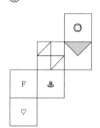

05 ①

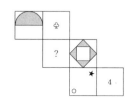

06 ②

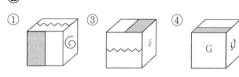

07 ①

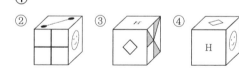

08 ④

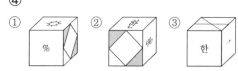

09 ①

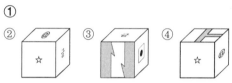

10 ③

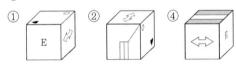

11 ①

1층 : 12개, 2층 : 8개, 3층 : 6개, 4층 : 3개,
5층 : 1개
총 30개

12 ①

1층 : 17개, 2층 : 9개, 3층 : 7개, 4층 : 3개,
5층 : 3개, 6층 : 1개
총 40개

13 ④

1층 : 11개, 2층 : 9개, 3층 : 6개, 4층 : 4개,
5층 : 2개, 6층 : 1개
총 33개

14 ①

1층 : 16개, 2층 : 9개, 3층 : 7개, 4층 : 4개,
5층 : 1개
총 37개

15 ③

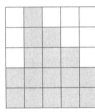

오른쪽에서 본 모습   오른쪽 정면 위에서 본 모습

16 ①

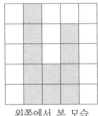 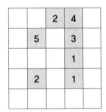

왼쪽에서 본 모습   왼쪽 정면 위에서 본 모습

17 ①

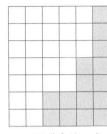 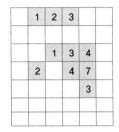

오른쪽에서 본 모습   오른쪽 정면 위에서 본 모습

18 ④

왼쪽에서 본 모습   왼쪽 정면 위에서 본 모습

지각속도

01	02	03	04	05	06	07	08	09	10	11	12	13	14	15	16	17	18	19	20
④	③	①	②	④	④	②	③	④	②	①	③	①	④	③	②	③	③	④	①
21	22	23	24	25	26	27	28	29	30										
④	②	③	③	②	①	④	②	③	①										

01 ④

catalogcale**n**derholiday
− catalogcale**m**derholiday

02 ③

ㄷㅋㅌㄷㄱㅂ − ㄷㅋㅌㅌㄱㅂ

03 ①

LjǸD**Ž**ÃÔÆA ȒÂ − LjǸ**Đ**ÃÔÆA ȒÂ

04 ②

No͏W&%$#"Q⟨= − No͏W&%$#"Q⟨=

05 ④

∞≠⟩ ℂ ∴ ⟨∽∝ − ∞≠⟩ ℂ ∴ ⟨∽∝

06 ④

현 = Ⅶ, 역 = ix, 부 = xⅱ, 사 = Ⅸ,
관 = Ⅳ

07 ②

체 = vi, 력 = Ⅲ, 검 = Ⅴ, 사 = Ⅸ,
장 = Ⅻ

08 ③

지 = Ⅹ, 휘 = xi, 관 = Ⅳ, 부 = xⅱ,
대 = ⅱ, 장 = Ⅻ

09 ④

대 = L, 한 = a, 민 = d, 국 = I, 육 = H,
군 = f

10 ②

대 = L, 학 = b, 적 = M, 성 = J, 평 = e,
가 = c, 제 = K

11 ①

AstSPJjIIjiisueQp → **pQeusiijIIjJPStsA**

12 ③

!#¶ $"%&*®«± → **±«®*&%"$¶#!**

13 ①

塞翁之馬指鹿爲馬 → **馬爲鹿指馬之翁塞**

14 ④

처콕츠쿄카퇴쾨멍건핑 → **핑건멍쾨퇴카쿄츠콕처**

15 ③

1110101100111101011

→ <u>1101011110011010111</u>

16 ②

아래의 표를 보면 '시인'은 두 번 제시되었다.

시작	시집	시가	시도	시책	시구	시차
시경	시주	시지	시무	시문	시주	시루
시간	시계	시표	시타	시청	시추	시하
<u>시인</u>	시댁	시사	시골	<u>시인</u>	시절	시장
시차	시하	시절	시차	시작	시청	시정
시루	시장	시격	시주	시계	시간	시골
시절	시집	시소	시호	시표	시주	시작

17 ③

아래의 표를 보면 '시주'는 네 번 제시되었다.

시작	시집	시가	시도	시책	시구	시차
시경	<u>시주</u>	시지	시무	시문	<u>시주</u>	시루
시간	시계	시표	시타	시청	시추	시하
시인	시댁	시사	시골	시인	시절	시장
시차	시하	시절	시차	시작	시청	시정
시루	시장	시격	<u>시주</u>	시계	시간	시골
시절	시집	시소	시호	시표	<u>시주</u>	시작

18 ③

아래의 표를 보면 '시표' 2번, '시책', '시구', '시무', '시소'는 1번으로 제시되었으므로 총 6개이다.

시작	시집	시가	시도	<u>시책</u>	<u>시구</u>	시차
시경	시주	시지	<u>시무</u>	시문	시주	시루
시간	시계	<u>시표</u>	시타	시청	시추	시하
시인	시댁	시사	시골	시인	시절	시장
시차	시하	시절	시차	시작	시청	시정
시루	시장	시격	시주	시계	시간	시골
시절	시집	<u>시소</u>	시호	<u>시표</u>	시주	시작

19 ④

아래의 표를 보면 '시작' 3번, '시장' 2번, '시사', '시댁', '시격'은 1번, '시탁' 0번으로 총 8개이다.

<u>시작</u>	시집	시가	시도	시책	시구	시차
시경	시주	시지	시무	시문	시주	시루
시간	시계	시표	시타	시청	시추	시하
시인	<u>시댁</u>	<u>시사</u>	시골	시인	시절	<u>시장</u>
시차	시하	시절	시차	<u>시작</u>	시청	시정
시루	<u>시장</u>	<u>시격</u>	시주	시계	시간	시골
시절	시집	시소	시호	시표	시주	<u>시작</u>

20 ①

아래의 표를 보면 '시차'는 3번, '시하', '시청' 2번, '시지', '시호'는 1번, '시중'은 0번으로 총 9개이다.

시작	시집	시가	시도	시책	시구	<u>시차</u>
시경	시주	<u>시지</u>	시무	시문	시주	시루
시간	시계	시표	시타	<u>시청</u>	시추	<u>시하</u>
시인	시댁	시사	시골	시인	시절	시장
<u>시차</u>	<u>시하</u>	시절	<u>시차</u>	시작	<u>시청</u>	시정
시루	시장	시격	시주	시계	시간	시골
시절	시집	시소	<u>시호</u>	시표	시주	시작

21 ④

보급품<u>이</u> 낙하산으로 낙하하거나 장**비** 및 보급품<u>이</u> 자유낙하로 투하되는 특정**지**대

22 ②

♠ ♥ ♧ ♣ ♙ ⚄ ♭ ◈ ♧ ♙ ♡ ♣ ♙ ♙ ♠ ♙ ▷ ▶ ◉ ◑

23 ③

<u>t</u>he sou<u>t</u>h korean led official inves<u>t</u>iga<u>t</u>ion carried ou<u>t</u> by a <u>t</u>eam

24 ③

芝<u>蘭</u>之交莫逆之友金<u>蘭</u>之契九曲肝腸金<u>蘭</u>之交

25 ②

교전**당**사국<u>의</u> **쌍방의** 합<u>의에</u> <u>의</u>하**여** 적대**행위**를 **정**지시키는 **행위**

26 ①

<u>f</u>18g473<u>f</u>O039g42lwgdb8904wp8z28<u>f</u>d65

27 ④

m<u>i</u>l<u>i</u>tary <u>i</u>s respons<u>i</u>ble for ma<u>i</u>nta<u>i</u>n<u>i</u>ng the sovere<u>i</u>gnty

28 ②

鷄卵有**骨**刻**骨**銘心靑雲之士見利思義白**骨**難忘

29 ③

ⓔſʎƷƐϟ$ʄΚʃΖɪΛƔѲɜϟɖⅠɛƎ¥ɦɀƒ$ꓹ$ƷƐ¥ΛꙨȝⳑⳁ

30 ①

↙ ⇋ ⇑ ↗ ↖ ↯ ⇓ ⇌ ↔ ⇄ ⇕ ⇆ ↘ ↘ ↙ ⇋ ↥ ↑ ⇇ ∥ ⇔

》 문제 p.280

언어능력

01	02	03	04	05	06	07	08	09	10	11	12	13	14	15	16	17	18	19	20
③	⑤	①	②	④	⑤	④	⑤	③	②	⑤	④	④	⑤	②	④	⑤	⑤	③	①

21	22	23	24	25															
②	①	⑤	②	④															

01 ③

너스레웃음 … 너스레(수다스럽게 벌려 놓는 말이나 행동)를 떨면서 웃는 웃음
① 거드름 : 거만스러운 태도
② 게으름 : 행동이 느릿느릿하며 움직이거나 일하는 것을 싫어하는 태도나 버릇
④ 너주레하다 : 조금 허름하고 지저분하다. 또는 조금 하찮고 시시하다.
⑤ 달풀이 : 정월부터 섣달까지 매달의 절기나 행사를 노래로 지어 부르는 일 또는 그 노래

02 ⑤

코웃음(을) 치다 … 남을 깔보고 비웃다.
① 마각(馬脚)을 드러내다 : 숨기고 있던 일이나 정체를 드러내다.
② 마수를 걸다 : 장사를 시작하여 맨 처음으로 물건을 팔다.
③ 발을 맞추다 : 여러 사람이 각자의 행동이나 말 따위를 하나의 목표나 방향을 향하여 일치시키다.
④ 오금을 떼다 : 걸음을 옮기다.

03 ①

선호하다 … 여럿 가운데서 특별히 가려서 좋아하다.
② 영호하다 : 서로 사이좋게 오래오래 지내다 또는 뛰어나고 훌륭하다.
③ 지양하다 : 더 높은 단계로 오르기 위해 어떠한 것을 하지 아니하다.
④ 철회하다 : 이미 제출하였던 것이나 주장하였던 것을 다시 회수하거나 번복하다.
⑤ 호가하다 : 팔거나 사려는 물건의 값을 부르다.

04 ②

진상하다 … 진귀한 물품이나 지방의 토산물 따위를 임금이나 고관에게 바치다.
① **대상하다** : 상대에게 끼친 손해에 대한 보상으로, 그것에 상당한 대가를 다른 물건으로 대신 물어 주다.
③ **변상하다** : 남에게 진 빚을 갚다.
④ **물어내다** : 남에게 입힌 손해를 돈으로 갚거나 본래의 상태로 되돌려주다.
⑤ **보상하다** : 남에게 진 빚 또는 받은 물건을 갚다.

05 ④

담외하다 … 벌벌 떨면서 두려워하다.
① **낙락하다** : 작은 일에 얽매이지 않고 대범하다.
② **담대하다** : 겁이 없고 배짱이 두둑하다
③ **담략하다** : 대담하고 꾀가 많다.
⑤ **담용하다** : 대담하고 용맹스럽다.

06 ⑤

열흘 붉은 꽃 없다 … 부귀영화는 일시적인 것으로서 오래 계속되지 못함을 이르는 말이다.
① **촌각을 다투다** : 시간이 매우 짧고 사태가 매우 급박하다.
② **손이 뜨다** : 일하는 동작이 매우 굼뜨다.
③ **코가 빠지다** : 근심에 싸여 기가 죽고 맥이 빠지다.
④ **눈에 밟히다** : 잊히지 않고 자꾸 눈에 떠오르다.

07 ④

④ 어떤 일의 결과나 징후를 겉으로 드러내다.
① 보이지 아니하던 어떤 대상이 모습을 드러내다.
② 내면적인 심리 현상을 얼굴, 몸, 행동 따위로 드러내다.
③⑤ 생각이나 느낌 따위를 글, 그림, 음악 따위로 드러내다.

08 ⑤

⑤ 어떠한 사실에 대하여 그러하다고 믿거나 생각하는 것을 의미한다.
①②③④ 어떤 일을 할 능력이나 소양이 있음을 의미한다.

09 ③

③ '지난'의 기본형은 '지나다'로 '시간이 흘러 그 시리에서 벗어남'의 의미를 갖는 동사이다.
① '최근'은 '얼마 되지 않은 지나간 날부터 현재 또는 바로 직전까지의 기간'의 의미를 갖는 명사이다.
② '주말'은 '한 주일의 끝 무렵'의 의미를 갖는 명사이다.
④ '이전'은 '이제보다 전'의 의미를 갖는 명사이다.
⑤ '수치'는 '계산하여 얻은 값'의 의미를 갖는 명사이다.

10 ②

첫 문장과 두 번째 문장에서, 공시 송달은 상대방을 알 수 없거나 소재를 알 수 없을 때 공시송달의 방법이 인정된다고 명시되어 있다.

11 ⑤

한산 모시는 잠자리 날개보다 얇은 것이 아니라 그에 비유될 만큼 얇다고 명시되어 있다.

12 ④

글의 전체적인 내용은 과거의 우리나라 최초 장애인 복지 종합 법률 제정과 그에 대한 전후 상황에 관한 것이다. ㄹ의 내용은 장애등급제 폐지에 대한 내용이기 때문에 논리 전개상 불필요하다.

13 ④

글의 전체적인 내용은 궐련을 피우는 사람과 시가를 피우는 사람들에 대한 상반된 인식과 그 차별에 대한 이유에 관한 것이다. ㄹ의 내용은 궐련 혹은 시가와 관련이 있는 듯 보이지만, 내용 전개상 궐련을 피우는 사람과 시가를 피우는 사람들의 차별에 대한 진짜 이유에 대하여 설명하는 것이 필요하므로 흡연 욕구에 대하여 설명하는 ㄹ은 논리 전개상 불필요하다.

14 ⑤

㉠은 앞 문장에서는 과거를, 따라오는 문장에서는 현재를 설명하고 있으므로 '하지만'이 들어가야 한다.
㉡은 앞 문장과 같이 제품 매뉴얼의 역할에 대한 설명이므로 '또한'이 들어가야 한다.

15 ②

오늘날에는 인쇄된 매뉴얼뿐만 아니라 온라인으로도 함께 제공되긴 하지만 인쇄된 매뉴얼이 편리하다는 내용은 명시되어 있지 않다.

16 ④

주어진 글은 국내 연구진의 3차원 바이오프린팅 기술을 통한 암 모델 개발 성공에 관해 이야기하고 있다.

17 ⑤

① 부분 – 전체 관계
② 상하관계
③ 반의 관계
④ 유의 관계

18 ⑤

ⓒ에서 웰빙에 대한 화두를 던지고 있으나, ⓔ에서 반전을 이루며 인간의 건강이 아닌 환경의 건강을 논하고자 하는 필자의 의도를 읽을 수 있다. 이에 따라 환경파괴에 의한 생태계의 변화와 그러한 생태계의 변화가 곧 인간에게 영향을 미치게 된다는 논리를 펴고 있으므로 이어서 ㉠, ㉡의 문장이 순서대로 위치하는 것이 가장 적절한 문맥의 흐름이 된다.

19 ③

'가려야'는 동사 '가다'의 어간에 '–(으)려고 해야'에서 '–고'와 '하–'가 생략된 과정을 거쳐 결합된 형태이다. '–(으)ㄹ래야'는 비표준어이다.

20 ①

① 우레 : 뇌성과 번개를 동반하는 대기 중의 방전 현상
② 개발품 : 새로이 개발된 상품이나 품목
③ 뒤치다꺼리 : 뒤에서 일을 보살펴서 도와주는 일
④ 오뚝이 : 밑을 무겁게 하여 아무렇게나 굴려도 오뚝오뚝 일어서는 어린아이들의 장난감
⑤ 개구쟁이 : 심하고 짓궂게 장난을 하는 아이

21 ②

미봉책 … 눈가림만 하는 일시적인 계책을 뜻한다.
① 등용문 : 용문에 오른다는 뜻으로, 어려운 관문을 통과해 크게 출세하게 됨을 뜻한다.
③ 백일몽 : 실현될 수 없는 헛된 공상을 뜻한다.
④ 비익조 : 전설상의 새로, 남녀나 부부 사이의 정이 두터움을 뜻한다.
⑤ 사이비 : 겉으로는 비슷하나 속은 완전히 다름을 뜻한다.

22   ①

① **사필귀정**(事必歸正) : 무슨 일이든 결국 옳은 이치대로 돌아감
② **남가일몽**(南柯一夢) : 한갓 허망한 꿈, 또 꿈과 같이 헛된 한때의 부귀와 영화
③ **여리박빙**(如履薄氷) : 살얼음을 밟는 것과 같다는 뜻으로, 아슬아슬하고 위험한 일을 비유적으로 이르는 말
④ **삼순구식**(三旬九食) : 한 달 동안 아홉 끼니를 먹을 정도로 몹시 가난하고 빈궁한 생활을 말함
⑤ **입신양명**(立身揚名) : 출세를 하여 이름을 세상에 떨침

23   ⑤

세 번째 문단에서, 일본은 해전에서 조총의 화력을 압도하는 대형 화기의 위력에 눌려 끝까지 열세를 만회하지 못했다고 명시되어 있으므로 해전에서의 조총 사용과 일본의 승리는 관련이 없다.

24   ②

은행은 소모적 활동 및 성장이 아닌, 경제적 활동과 성장을 위한 금융 지원에 있어서 중심적인 역할을 담당하고 있다.

25   ④

글의 전반부에서 비은행 금융회사의 득세에도 불구하고 여전히 은행이 가진 유동성 공급의 중요성을 언급한다. 여기서는 은행이 글로벌 금융위기를 겪으며 제기된 비대칭정보 문제를 언급하며, 금융시스템 안정을 위해서 필요한 은행의 건전성을 간접적으로 강조하고 있다. 후반부에서는 수익성이 함께 뒷받침되지 않을 경우의 부작용을 직접적으로 언급하며, 은행의 수익성은 한 나라의 경제 전반을 뒤흔들 수 있는 중요한 과제임을 강조한다. 따라서 후반부가 시작되는 첫 문장은 건전성과 아울러 수익성도 중요하다는 화제를 제시하는 보기 ④의 문구가 가장 적절하다고 볼 수 있다. 또한, 자칫 수익성만 강조하게 되면 국가 경제 전반에 영향을 줄 수 있는 불건전한 은행의 문제점이 드러날 수 있으므로 '적정 수준'이라는 문구를 포함시킨 것으로 볼 수 있다.

자료해석

01	02	03	04	05	06	07	08	09	10	11	12	13	14	15	16	17	18	19	20
①	②	①	④	③	①	①	③	②	③	②	②	③	①	②	①	②	②	③	①

01 ①

검정색 볼펜 : 800(원) × 1,800(개) − 144,000원(10% 할인) = 1,296,000(원)
빨강색 볼펜 : 800(원) × 600(개) = 480,000(원)
파랑색 볼펜 : 900(원) × 600(개) = 540,000(원)
각인 무료, 배송비 무료
∴ 1,296,000(원) + 480,000(원) + 540,000(원) = 2,316,000(원)

02 ②

나머지 회사의 점유율은 3개 회사의 점유율의 합을 뺀 수치가 될 것이므로 연도별로 61.6%, 60.1%, 60.4%, 59.2%, 57.0%를 나타낸다. 따라서 매년 감소한 것은 아니다.
① A사는 지속 증가, B사는 지속 감소, C사는 증가 후 감소하는 추이를 보인다.
③ C사는 (7.8 − 9) ÷ 9 × 100 = 약 −13.3%이며, B사는 (10.5 − 12) ÷ 12 × 100 = 약 −12.5%로 C사의 감소폭이 B사보다 더 크다.
④ 매년 증가하여 2022년에 3개 회사의 점유율은 43%로 가장 큰 해가 된다.

03 ①

첫 번째 수 × 세 번째 수 + 2 = 두 번째 수가 되는 규칙을 가지고 있다. 따라서 빈칸은 5 × 2 + 2 = 12이다.

04 ④

자녀가 3명 이상인 경우에만 여성의 고용률이 전년보다 감소하였다.
① 주어진 두 개의 그래프로 판단할 수 있는 내용이 아니다.
② 자녀가 없는 여성의 고용률에 대한 자료는 제시되어 있지 않다.
③ 자녀의 연령이 6세 이하인 경우의 연도별 변동폭이 1.6%p로 가장 크다.

05 ③

기차가 이동한 거리 = 다리의 길이 + 기차의 길이이고, 시간 = $\dfrac{거리}{속력}$이므로

$$30 = \frac{60 + 180}{x}$$

$$30x = 240$$

$$x = 8$$

따라서 시속은 8m/s이다.

06 ①

㈎ 남편과 아내가 한국 사람인 경우에 해당하는 수치가 되므로 신혼부부의 수와 구성비 모두 감소하였음을 알 수 있다.

㈏ (88,929 − 94,962) ÷ 94,962 × 100 = 약 −6.35%가 되어 증감률은 마이너스(−) 즉, 감소한 것이 된다.

㈐ 5.0 → 6.9(남편), 32.2 → 32.6(아내)로 구성비가 변동된 베트남과 기타 국가만이 증가하였다.

㈑ 남편의 경우 2021년이 61.1%, 2022년이 60.2%이며, 아내의 경우 2021년이 71.4%, 2022년이 71.0%로 남녀 모두 두 시기에 50% 이상씩의 비중을 차지한다.

07 ①

일본인이 남편인 경우는 2021년에는 22,448명 중 7.5%를 차지하던 비중이 2022년에 22,114명 중 6.5%의 비중으로 변동되었다.

따라서 22,448 × 0.075 = 1,683명에서 22,114 × 0.065 = 1,437명으로 변동되어 246명이 감소되었다.

08 ③

보기에 다르면 날짜는 다음과 같다.

연도	C기업	D기업
2022년	200억	600억
2023년	–	600억+120억=720억
2024년		720억+144억=864억

864억−200억(2022년 기준)=664억

09 ②

점유 형태가 무상인 경우의 미달 가구 비율은 시설 기준 면에서 전세가 더 낮음을 알 수 있다.
① 각각 60.8%, 28.0%, 11.2%이다.
③ 15.5%와 9.1%로 가장 낮은 비율을 보이고 있다.
④ 33.4%로 45.6%보다 더 낮다.

10 ③

모두 100%의 가구를 비교 대상으로 하고 있으므로 백분율을 직접 비교할 수 있다.
광역시 시설기준 미달가구의 비율 대비 수도권 시설기준 미달가구의 비율 배수는 37.9 ÷ 22.9 = 1.66배가 된다.
저소득층 침실기준 미달가구의 비율 대비 중소득층 침실기준 미달가구의 비율 배수는 같은 방식으로 45.6 ÷ 33.4 = 1.37배가 된다.

11 ②

'소득 = 총수입 − 경영비'이므로 2022년의 경영비는 974,553 − 541,450 = 433,103원이 된다. 또한, '소득률 = (소득 ÷ 총수입) × 100'이므로 2021년의 소득률은 429,546 ÷ 856,165 × 100 = 약 50.2%가 된다.

12 ②

2개의 생산라인을 풀가동하여 3일 간 525개의 레일을 생산하므로 하루에 2개 생산라인에서 생산되는 레일의 개수는 525 ÷ 3 = 175개가 된다. 이 때, A라인만을 풀가동하여 생산할 수 있는 레일의 개수가 90개이므로 B라인의 하루 생산 개수는 175 − 90 = 85개가 된다.
따라서 구해진 일률을 통해 A라인 5일, B라인 2일, A+B라인 2일의 생산 결과를 계산하면, 생산한 총 레일의 개수는 (90 × 5) + (85 × 2) + (175 × 2) = 450 + 170 + 350 = 970개가 된다.

13 ③

A사는 대규모기업에 속하므로 양성훈련의 경우 총 필요 예산인 1억 3,000만 원의 60%를 지원받을 수 있다. 따라서 1억 3,000만 원 × 0.6 = 7,800만 원이 된다.

14 ①

다음과 같은 벤다이어그램을 그려 보면 쉽게 문제를 해결할 수 있다.

국민연금만 가입한 사람은 27명, 고용보험만 가입한 사람은 20명, 두 개 모두 가입한 사람은 8명임을 확인할 수 있다.

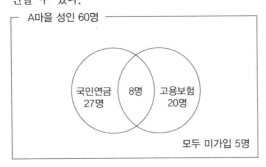

15 ②

B가구의 전월세전환율은 주어진 공식에 의해 $(60 \times 12) \div (42,000 - 30,000) \times 100 = 6\%$이다. A가구의 전월세전환율이 B가구 대비 25% 높으므로 $6 \times 1.25 = 7.5$가 된다.

따라서 A가구의 전세금을 x라 하면 $(50 \times 12) \div (x - 25,000) \times 100 = 7.5$이므로 이를 풀면 x는 33,000만 원이 된다.

16 ①

수계별로 연도별 증감 추이는 다음과 같다.

한강수계: 감소–감소–감소–감소

낙동강수계: 증가–감소–감소–감소

금강수계: 증가–증가–감소–감소

영·섬강수계: 증가–감소–감소–감소

따라서 낙동강수계와 영·섬강수계의 증감 추이가 동일함을 알 수 있다.

17 ②

직원 1인당 영업거리와 주행거리는 영업거리와 주행거리를 직원 수로 나눈 값이므로 직원 1인당 영업거리는 $13,032 \div 3,696 = $ 약 3.5천km인 A공사가 가장 크고, 직원 1인당 영업거리는 $22.6 \div 600 = $ 약 0.038km인 D공사가 가장 크다.

18 ②

각 인원의 총 보수액을 계산하면 다음과 같다.

갑: $850,000 + (15,000 \times 3) + (20,000 \times 3) - (15,000 \times 3) = 910,000$원

을: $900,000 + (15,000 \times 1) + (20,000 \times 3) - (15,000 \times 3) = 930,000$원

병: $900,000 + (15,000 \times 2) + (20,000 \times 2) - (15,000 \times 3) = 925,000$원

정: $800,000 + (15,000 \times 5) + (20,000 \times 1) - (15,000 \times 4) = 835,000$원

따라서 총 보수액이 가장 큰 사람은 을이 된다.

19 ③

고혈압성 질환의 경우 2012년보다 2021년에 순위가 더 낮아졌으나 사망률은 오히려 더 상승하였음을 알 수 있다.

20 ①

심장질환은 사망원인이 3위에서 2위로 상승하였고, 사망률도 41.1%에서 58.2%로 증가하였다. 폐렴 역시 10위에서 4위로 상승하였고, 9.3%에서 32.2%로 큰 폭의 증가를 보였다.

01	02	03	04	05	06	07	08	09	10	11	12	13	14	15	16	17	18	
②	③	①	①	④	④	②	③	①	④	②	②	③	①	③	②	④	①	

01 ②

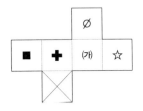

02 ③

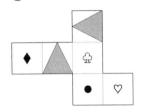

03 ①

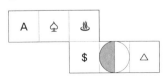

04 ①

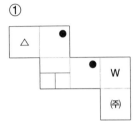

05 ④

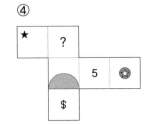

06 ④

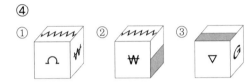

07 ②

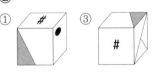

08 ③

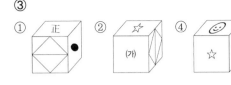

09 ①

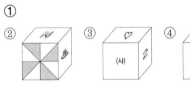

10 ④

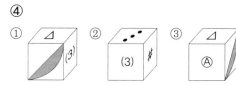

11 ②

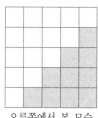

오른쪽에서 본 모습   정면 위에서 본 모습

12 ②

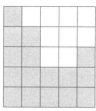

왼쪽에서 본 모습   정면 위에서 본 모습

13 ③

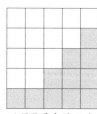

오른쪽에서 본 모습   정면 위에서 본 모습

14 ①

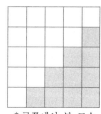 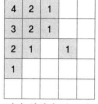

오른쪽에서 본 모습   정면 위에서 본 모습

15 ③

1단 : 8개, 2단 : 3개, 3단 : 2개, 4단 : 1개
총 14개

16 ②

1단 : 13개, 2단 : 8개, 3단 : 5개, 4단 : 3개
총 29개

17 ④

1단 : 18개,   2단 : 16개,   3단 : 10개,   4단 : 5
개, 5단 : 1개
총 50개

18 ①

1단 : 12개, 2단 : 8개, 3단 : 4개, 4단 : 1개
총 25개

01	02	03	04	05	06	07	08	09	10	11	12	13	14	15	16	17	18	19	20
①	②	②	①	①	②	①	②	②	①	③	②	④	③	①	④	②	①	④	③
21	22	23	24	25	26	27	28	29	30										
③	①	④	③	②	④	④	③	①	④										

01 ①

육 = 5, 군 = 9, 삼 = 0, 사 = 6, 관 = 1, 학 = 8, 교 = 4

02 ②

5 8 3 2 3 7 → 육 **학** 생 도 생 활

03 ②

5 1 3 8 2 9 → **육** 관 생 학 도 군

04 ①

군 = 9, 교 = 4, 관 = 1, 사 = 6, 생 = 3, 활 = 7

05 ①

관 = 1, 학 = 8, 사 = 6, 군 = 9, 교 = 4

06 ②

6 2 3 4 9 1 – 산 **남** 에 나 철 **위**

07 ①

나 = 4, 남 = 2, 갑 = 5, 무 = 0, 철 = 9, 저 = 8, 무 = 0

08 ②

1 6 7 2 3 2 – 위 산 소 **남** 에 **남**

09 ②

5 4 6 2 4 9 – 갑 나 산 남 나 **철**

10 ①

무 = 0, 철 = 9, 소 = 7, 산 = 6, 소 = 7, 나 = 4

11 ③

the**imm**ediatecause – the**inn**ediatecause

12 ②

→◁⋈**⇸**↕↔①◉ – →◁⋈**⊶**↕↔①◉

13 ④

唯天下至誠爲能化 – **催**天下至誠爲能**花**

14 ③

witHtheVoluntEErefforT

– **TrofferEEtnuloVehtHtiw**

15 ①

千里之行始于足下 – **下足于始行之里千**

16 ④

아래의 표를 보면 '인아'은 네 번 제시되었다.

인가	인당	인용	인삼	인연	인간	면도
인세	인생	인욕	인아	인재	인세	인면
인격	인아	인력	인성	인용	인기	인사
인정	인용	인쇄	인임	인보	인정	인세
인견	인명	인세	인의	인용	인공	인물
인아	인용	인병	인아	인접	인결	인목
인경	인세	인문	인수	인장	인용	인구

17 ②

아래의 표를 보면 '인정'는 두 번 제시되었다.

인가	인당	인용	인삼	인연	인간	인도
인세	인생	인욕	인아	인재	인세	인면
인격	인아	인력	인성	인용	인기	인사
인정	인용	인쇄	인임	인보	인정	인세
인견	인면	인세	인의	인용	인공	인물
인아	인용	인병	인아	인접	인결	인목
인경	인세	인문	인수	인장	인용	인구

18 ①

아래의 표를 보면 '인용'는 여섯 번 제시되었다.

인가	인당	인용	인삼	인영	인간	인도
인세	인생	인욕	인아	인재	인세	인면
인격	인아	인력	인성	인용	인기	인사
인정	인용	인쇄	인임	인보	인전	인세
인견	인면	인세	인의	인용	인공	인물
인아	인용	인병	인아	인접	인결	인목
인경	인세	인문	인수	인장	인용	인구

19 ④

아래의 표를 보면 '인세'는 다섯 번, '인면'은 두 번, '인공'과 '인력'은 각각 한 번 제시되어 총 9개이다.

인가	인당	인용	인삼	인연	인간	인도
인세	인생	인욕	인아	인재	인세	인면
인격	인아	인력	인성	인용	인기	인사
인정	인용	인쇄	인임	인보	인정	인세
인견	인면	인세	인의	인용	인공	인물
인아	인용	인병	인아	인접	인결	인목
인경	인세	인문	인수	인장	인용	인구

20 ③

아래의 표를 보면 '인당', '인연', '인의', '인결'은 각각 한 번씩 제시되어 총 4개이다.

인가	인당	인용	인삼	인연	인간	인도
인세	인생	인욕	인아	인재	인세	인면
인격	인아	인력	인성	인용	인기	인사
인정	인용	인쇄	인임	인보	인정	인세
인견	인면	인세	인의	인용	인공	인물
인아	인용	인병	인아	인접	인결	인목
인경	인세	인문	인수	인장	인용	인구

21 ③

군수품의 조달 · 관리 및 유지를 경제적 · 효율적으로 **수**행한다

22 ①

the europa clipper **s**pacecraft will vi**s**it a moon of jupiter that might harbor life

23 ④

36894518**7**53236544133977446974523694323219

24 ③

▦◆▶◈▾◑◇●▦◖◉◆◖▶▤▷○▽●◑◇◖▤▦◖◻▪◇▦◈◖◆

25 ②

the platform **i**s struggl**i**ng w**i**th a host of f**i**nanc**i**al **i**ssues

26 ④

44996**3**2**3**14999547853694103**3**51890856546485

27 ④

지**역**지원을 위한 **격**자형 통신체계의 **핵**심통신소 **기**능을 수행하는 통신소

28 ③

父子**有**親君臣**有**義夫婦**有**別長幼**有**序朋友**有**信

29 ①

many refinanced to relieve **m**oney stress in the first place

30 ④

항공기의 안전**한** 활동을 보장**하**기 위해 **협**조 고도 이**하**에 설치**하**는 공역통제 수단

1 **금융상식 2주 만에 완성하기**

금융은행권, 단기간 공략으로 끝장낸다! 필기 걱정은 이제 NO! <금융상식 2주 만에 완성하기> 한 권으로 시간은 아끼고 학습효율은 높이자!

2 **중요한 용어만 한눈에 보는 시사용어사전 1130**

매일 접하는 각종 기사와 정보 속에서 현대인이 놓치기 쉬운, 그러나 꼭 알아야 할 최신 시사상식을 쏙쏙 뽑아 이해하기 쉽도록 정리했다!

3 **중요한 용어만 한눈에 보는 경제용어사전 961**

주요 경제용어는 거의 다 실었다! 경제가 쉬워지는 책, 경제용어사전!

4 **중요한 용어만 한눈에 보는 부동산용어사전 1273**

부동산에 대한 이해를 높이고 부동산의 개발과 활용, 투자 및 부동산 용어 학습에도 적극적으로 이용할 수 있는 부동산용어사전!

기출문제 총집합!

자격증 별로 정리된
기출문제로 깔끔하게 합격하자!

건강운동관리사, 스포츠지도사, 손해사정사, 손해평가사,
농산물품질관리사, 수산물품질관리사, 관광통역안내사, 국내여행안내사, 보세사, 사회조사분석사